物理学思想概论 新编

（教学版）

朱鋐雄　编著

清華大学出版社
北　京

内 容 简 介

本书以当前正在为各类高校使用的若干"大学物理"优秀教材的内容体系为主要依据，以物理学发展进程的丰富史料为主要背景，尤其重视物理学的发展与我国悠久的优秀传统文化的关系，以物理学知识体系中体现的物理学思想为主要线索，对目前在物理教学中涉及的有关的物理学思想和方法论问题作了适当的评述，突出了在大学物理教学过程中渗透物理学思想的重要性和可操作性。

本书是对《物理学思想概论》（朱鋐雄）（已由清华大学出版社在 2009 年 5 月出版）一书进行较大的增补和修改编著而成，可作为高等学校理工科各专业开设"大学物理"课程和相关选修课程的教材或教学参考书。在相关专业的研究生课程特别是在中学物理教师攻读教育硕士学位课程和接受继续教育的各级培训进修学习过程中本书可作为教材使用。

图书在版编目（CIP）数据

物理学思想概论新编 : 教学版 / 朱鋐雄编著.—北京 : 清华大学出版社, 2024.5
ISBN 978-7-302-65737-8

Ⅰ. ①物…　Ⅱ. ①朱…　Ⅲ. ①物理学 – 思想方法 – 高等学校 – 教材　Ⅳ. ①O4

中国国家版本馆CIP数据核字 (2024) 第052059号

责任编辑：鲁永芳
封面设计：常雪影
责任校对：赵丽敏
责任印制：刘　菲

出版发行：清华大学出版社
网　　址：https://www.tup.com.cn，https://www.wqxuetang.com
地　　址：北京清华大学学研大厦 A 座　　**邮　　编**：100084
社 总 机：010-83470000　　**邮　　购**：010-62786544
投稿与读者服务：010-62776969，c-service@tup.tsinghua.edu.cn
质量反馈：010-62772015，zhiliang@tup.tsinghua.edu.cn
印 装 者：大厂回族自治县彩虹印刷有限公司
经　　销：全国新华书店
开　　本：170mm × 240mm　　**印　张**：15.5　　**字　　数**：268 千字
版　　次：2024 年 7 月第 1 版　　**印　　次**：2024 年 7 月第 1 次印刷
定　　价：59.00 元

产品编号：104478-01

前言

这是一本配合“大学物理”课程编写的教学参考书，是在《物理学思想概论》（朱鋐雄编著，清华大学出版社 2009 年 5 月出版）的基础上进行较大的增补和修改而成的。

为了更有利于教师在物理教学中使用，首先，本书按教育部对大学物理课程提出的基本要求所列出的“大学物理”课程的教学内容体系依次分为力学中的物理学思想、热学中的物理学思想、电磁学中的物理学思想、波和光学中的物理学思想、相对论中的物理学思想和量子论中的物理学思想。在每一章的论述中，有“史”有“论”，每一章开头有一段引入，提出本章讨论的主要问题，既强调了大学物理知识体系在教学上的连贯性和系统性，又突出了在大学物理教学过程中渗透物理学思想的重要性和可操作性。由于本书仍然依照目前流行的大学物理教材的知识结构体系进行编写，但在内容上又配合教学做了相应修改和补充，故题为《物理学思想概论新编（教学版）》。

相比《物理学思想概论》，本书在以下几个方面做了修改和增补。

（1）无论是经典物理学还是现代物理学，它们已经为人们展现了一幅美妙的画卷，这幅画卷正在深刻影响着人们的科学思维方式。尤其是在现代物理学中体现的科学思想和科学方法论的新突破与传统物理学思想方法之间的“撞击”，已影响和渗透到了社会生活的各方面。正是以这样的世界观和认识论为明显特征，现代物理学成为人类对自己生存发展目标的认识——例如，道德、精神和美学价值的有力手段。物理学在人类文明史上写下了精彩的篇章，物理学已经成为当代人类文化的一个重要组成部分。大学物理课程及其丰富的物理学思想是进入物理教育领域的一种特定的物理学科文化。

在大学物理课程中构建的“学科结构”体系始终体现着教材编写者和教师的物理学科文化理念——以符合学生认知规律的方式把物理学的内容、思想方法和内在的科学精神，以及价值、信念、情感和动力赋予学生。

为了更好地从整体上把握大学物理的学科文化思想，我们除了大体按照大学物理课程的教学内容体系对前6章的内容进行编排，还专门增加了第7章大学物理课程的“学科文化”思想。

（2）为了更好地理解物理学思想的形成和发展，关注物理学的发展与我国悠久优秀传统文化的关系，本书对力学、热学、电磁学、波和光学等部分补充了较多古代的有关思想史料。

（3）为了有助于展开课堂和课外讨论，在《物理学思想概论》的每一章最后附有若干思考题。十多年来，我们在教学中依然不断地积累类似的问题，有的来自大学物理教学过程，有的来自中学物理教学过程。为了使问题更集中，更便于在教学中使用，我们把这些思考题和后来在教学中积累的问题整理归纳为《大学物理学科教学知识的108个“大问题”》（朱鋐雄、王向晖、朱广天、尹亚玲编著，清华大学出版社2020年12月出版）。因此，本书不再列出思考题。

本书尝试为开设“大学物理”课程的教师提供物理学思想方法的启发性和探究性的引导和启示，希望为从事“大学物理”课程教学的教师，尤其为担任“大学物理”课程教学任务不久的青年教师提供一本比较实用的教学参考书。

本书也是学习“大学物理”课程的各专业大学生在学习物理学知识的同时，理解物理学思想的一本参考读物。可作为相关专业的本科或研究生物理学思想选修课程的教材。在中学物理教师接受在职的继续教育或攻读教育硕士学位的课程中和在各级培训进修过程中，本书也是一本较为合适的教科书。

在编写过程中作者参阅和引用了许多学者的有关论著、论文和他们的观点，对于引用的原句以脚注的形式附在每一页下方，文献附在书末。在此向他们一并表示感谢。在本书的写作过程中，作者得到了清华大学出版社鲁永芳编辑的大力支持，在此表示感谢。

虽然经过多次核查，书中仍然可能存在不妥和错误之处，期望得到读者的批评和指正。

编著者
2023年6月
于华东师范大学丽娃河畔

目录

第1章

力学中的物理学思想

本章引入

大学物理课程开宗明义的第1章往往就是经典力学中的运动学。理工科大学生对运动学内容并不陌生，因为在中学物理课程中他们第一次接触物理时就是学习位移、速度、加速度及其有关的运动学公式，相当一部分学生能够流利地背出这些公式并熟练运用。不少理工科大学生学习了大学物理中的运动学以后，一个直观的感觉就是除了利用微积分解决问题，大学物理似乎与中学物理没有什么不同。一些学生甚至还能熟练地用中学的数学方法，对大学物理运动学的一些习题进行求解。再加上一部分理工科专业的大学生认为，以后的专业学习与运动学知识无关，学习运动学知识没有用。因此，在大学物理教学中存在的一个比较普遍的现象就是，相当一部分理工科大学生不重视这部分内容的学习。

继运动学以后是动力学，动力学的主要内容是牛顿运动定律，学生对此也不陌生。不少中学生在学习动力学的过程中做过大量的习题，就所做过的题量和解题的熟练程度而言，列在第一位的可能就是利用所谓的“隔离法”对物体作受力分析后用牛顿第二定律求解的类型。因此，理工科大学生再一次学习动力学内容时往往或者觉得与中学重复，没有兴趣，或者只凭兴趣，到处寻找大学物理中动力学的偏题和难题。

很多大学生在学习了大学物理的运动学和动力学部分以后，最深刻的印象往往是一“多”一“难”。“多”是公式多，路程公式、速度公式，还有受力分析列出的等式等，看了记不住，记了却无用。“难”是题目难做，面对着仍然是质点、滑轮和斜面之类的题目，却感到一时找不到解题思路。有些题目似乎还能套用初等数学方法计算，而更多的题目必须利用高等数学方法才能求解，但是学生往往学习了高等数学，却不知如何应用数学工具解决物理问题。

在力学中出现的概念和公式看起来确实与中学物理有不少重复，这部分教学内容常常被教师以“短平快”的教学方式“一笔带过”。

大学物理中的经典力学是中学物理知识的简单重复吗？大学物理的力学究竟与中学物理的力学有什么不同？大学物理不过是“中学物理加高等数学”吗？与中学物理相比，大学物理难在公式复杂、难在数学计算吗？学习大学物理的运动学和动力学究竟还有什么价值？在大学生学习大学物理的入门阶段，通过力学教学，应该引导学生在哪些方面获得比中学物理更有价值的内容？这就是大学物理教学的过程中值得思考的问题。

如果说，中学物理中的力学是引导学生向物理学的大门跨进第一步而初步了解什么是运动学的话，那么在大学物理学习中再一次学习力学时，就应该在更高的层次上系统展开力学内容。教师应向学生揭示力学内容所包含的物理图像和渗透的物理思想。作为基础课的大学物理的力学，与以后学习的热学、电磁学等一样，它的基础作用不仅在于使学生通过学习掌握必要的物理知识，为学习后续课程打下良好的基础，还在于帮助学生转变学习方式，在学习物理知识的同时注重领会和感悟物理思想方法，提高物理学核心素养，为今后的终身学习和发展打下坚实的基础。从“以学生的发展为本”的意义上看，后一个基础比前一个基础更重要。

大学物理课程中的力学往往从描述最常见的机械运动开始。从太阳、月亮和行星的运动到飞机的升空起降、车辆的高速行驶，呈现着千姿百态的机械运动。大学和中学物理教科书的第 1 章的运动学之所以往往从这个问题开始，正是对早期物理学思想的一种追溯，也是对后来物理学关于运动观和时空观思想的发展和进步的一个自然的衔接。

本章沿着物理学史发展的脉络，首先探讨“物体为什么会运动以及怎样运动”的思想。我国古人很早就提出了对机械运动的一般认识，而在力学中最早发展运动学思想的科学家是古希腊哲学家亚里士多德。到了文艺复兴时代，伽利略十分重视理性思考和逻辑推理，又依靠实验检验，并通过数学和实验两者的结合推进他对“物体怎样运动”的探讨，从而在运动观上比亚里士多德跨进了一大步。继运动学主要在“量”的方面描述运动以后，动力学对物体位置变化原因的描述就涉及了物体本身的“质”，于是，牛顿探讨物体运动变化原因就与“质”不可分割地联系在一起，并且以三大定律的形式集中体现了机械因果观的思想。

有史以来，人类不断思考的一个问题就是，世界上如此丰富多彩的、具有如此千差万别“质”的万事万物究竟是由什么构成的，以及是怎样构成的？牛顿提出了

“质点”这个理想模型。这个模型的提出不是仅仅为了简化问题而引入的，而是从最早人们探究物质本原的“原子”的模型的物质观思想发展而来的。

与动量是对物体机械运动量度的一种方式一样，动能也是量度机械运动的一种方式，这种量度方式是怎样引入的？动能和动量两者有什么区别？能量有多种形式，在力学中虽然只涉及机械能——动能和势能，但这样的讨论为后面讨论其他能量，树立能量观的思想做了很好的开端和准备。

1.1　物体为什么会运动以及怎样运动的运动观思想

1.1.1　“动，或徒也”——古代人们关于机械运动的思想

运动是物质的最基本属性之一。什么是机械运动？物体的机械运动通常指的是物体在空间位置的迁移。在这方面，我国古代已经有了对机械运动的一些初步认识。

早在 2300 多年前，我国古代思想家墨翟（约公元前 468—公元前 376）的弟子们搜集他的言行，约公元前 388 年，整理成《墨子》一书，《墨经》便是《墨子》中的部分内容。《墨经》中给出了机械运动的一般定义：“动，或徒也。”这里的徒就是步行运动，就是物体位置的迁移。

在春秋战国时期还有人提出“镞矢之疾，而有不行不止之时”“飞鸟之影未尝动也”的运动学思想。“镞”就是箭头，“行”就是运动，“止”就是静止。这里的“不行不止”是指箭头在某个时刻既不运动，也不处于静止状态。这里蕴含着怎样的思想呢？由于箭头在运动过程中的位置是随时间而变化的，某一个时刻在位置 A 点，下一个时刻又在相邻的位置 B 点。由此可以推断，有一个时刻，箭头既在 A 点又不在 A 点，既在 B 点又不在 B 点。在这个时刻，箭头岂不是“不行不止”的吗？飞鸟在飞行过程中的影子同样也会处于这样的状态。以上这些说法正是一种辩证的运动观思想，正如恩格斯指出的：“运动本身就是矛盾。”正是由于“行”和“止”这一对矛盾的产生和解决，简单的机械运动才能够得以实现。[①]

有一个运动学问题曾经长时期引起古代人们的关注，那就是：当船停泊在河

---

① 王锦光，洪震寰．中国古代物理学史略［M］．石家庄：河北科学技术出版社，1990：63.

中，而河水又相对于地面平稳流动时，船、河岸与水三者究竟哪个在运动？古希腊的亚里士多德认为，停泊在河中的船实际上是在运动，因为不断有新的水流与它接触。而我国晋代天文学家束晳（约264—约303）的看法恰恰与亚里士多德相反。他说："乘舟以涉水，水去而船不徒矣。"（《隋书·天文志》）束晳认为，当船始终保持与河岸线垂直的方向过江时，如果水流方向与河岸线平行（"水去"），那么船与河流的相对位置就不改变，因此，水在流动，而运动着的船实际上是不动的（"不徒"）。①

此外，古人还曾经关注的另一个运动学问题是，天和地、月和云谁在运动？古人的记载有："仰游云以观，日月常动而云不移"（《隋书·天文志》），"见游云西行，而谓月之东驰"（《抱朴子·内篇·塞难》）。乘坐在船舱里的人观望四周，往往感觉到"不疑行舫动，唯看远树来"（南朝梁元帝诗《早发龙巢》），"看山恰似走来迎"（《敦煌曲子词集》）。②《尚书纬》中《考灵曜》篇云："地恒动不止，而人不知，譬如人在大舟中，闭牖而坐，舟行而人不觉。"③

以上两个运动学问题实际上已经提出了运动相对性的思想，比伽利略提出相对性原理早了1500多年。

1.1.2 "力，刑之所以奋也"——古代人们关于力和运动关系的思想

对于物体为什么会运动这个问题，《墨经》中这样记载："力，刑之所以奋也。"这里的"刑"通"形"，即"形体"的意思。"奋"的本意指鸟类振羽展翅，后引申为自然界物体的运动。《墨经》还以重力为例作了具体阐述，指出："力，重之谓。下，舆。重奋也。"这里的"下"就是下落，"舆"是举物向上，"奋"是指运动状态的改变。全句的意思是，重也是一种力，在重的作用下，物体会自由下落，而要将重物举起，亦须施之以力。④ 由此可以看出，《墨经》对力的界定就是，力是有着一定形状的物体之所以发生移动的原因所在。这个界定与后来的牛顿第一定律的表述几乎一致，然而比牛顿定律早了2000多年，是一个非常了不起的认识。

---

① 戴念祖，张蔚河．中国古代物理学［M］．北京：商务印书馆，1997：31.

② 戴念祖，刘树勇．中国物理学史：古代卷［M］．南宁：广西教育出版社，2006：119.

③ 王锦光，洪震寰．中国古代物理学史略［M］．石家庄：河北科学技术出版社，1990：65-66.

④ 杨仲耆，申先甲．物理学思想史［M］．长沙：湖南教育出版社，1993：60.

1.1.3　运动的“四因说”——亚里士多德提出“运动四因”的思想

古希腊人从观察到的天体运动开始就提出了这样的问题：物体究竟是怎样运动的？物体为什么会作这样或那样的运动？最早发展起这些运动思想的科学家是古希腊的哲学家亚里士多德（公元前384—公元前322）。

在古希腊时期主流的思想认为，地球是宇宙的中心，人在宇宙中占有比自然界更重要的位置，整个自然界从属于人及其永恒的命运。亚里士多德在《形而上学》一书中以物体作为对象，研究物质抽象的组成并由此探索运动和静止根源的原因和各种现象的目的，从而建立起一套庞大的关于运动的目的论哲学体系。

亚里士多德首先仔细区分了构成物质的四个本质因素：质料（质料因）、形式（形式因）、动力（动力因）和目的（目的因）。亚里士多德认为：质料是事物的原料，形式是事物的本质，动力是事物的制造者，目的是事物所要达到的目标。正是有了这些“因”，才有事物的运动和变化的“果”。例如，在建筑房子时，建筑材料就是质料因，建筑师的设计图就是形式因，建筑师的艺术创作就是动力因，建成的房屋就是目的因。涉及物体为什么运动时，在这四个因中，亚里士多德看重的是物体的形式因和目的因。

对于形式因，亚里士多德认为，任何实物都是以被形式化了的质料出现的。形式比质料更具有实在性。他相信，形式因蕴藏在一切自然物体和作用之内，一开始这些形式因是潜伏着的，物体一旦有了发展，这些形式因就显露出来了。他认为，一切自然界的变化，都是质料与形式之间的转化，是从无形到有形的变化，是由可能性向现实性的转化。例如，利用石头盖成房子，花的种子生长为一朵花，都是由可能性向现实性的转化。

对于目的因，亚里士多德认为，宇宙是有目的的，任何存在于宇宙中的物体，都一定具有一个致力于追求实现的目的。事物发展所要达到的目的体现着物体存在的意义，目的因是这四个本质元素中最重要的元素。例如，一个建筑师设计房屋的图纸的最终目的就是使房屋能够拔地而起，这就是目的因；人的心脏跳动的目的就是给人体全身输送血液，这就是目的因。

1.1.4　自然运动和强迫运动——亚里士多德对运动的分类思想

正是基于这样的目的论哲学体系，亚里士多德以物体为研究对象，从直接的观察和生活的常识加上纯思辨的逻辑方法去探讨运动的原因。在亚里士多德看来，当人们研究一个物体的运动时，相比追求其他的动力因和形式因，追问物体为了什么原因或怎样运动的目的因才是第一位的。正是基于目的因，亚里士多德通过对周围事物的认真和敏锐的观察，把自然界物体的各种运动划分为自然运动和强迫运动两大部分，对它们怎样运动作出了一番描述。

所谓自然运动就是物体能够“无阻碍”地竖直向上或向下的运动，所有向上和向下的自然运动都是加速运动。例如，石块的下落和火焰的上升都归于自然运动。亚里士多德提出的自然运动不是凭空臆造的，除了直接的观察，其理论依据是他提出的物质结构的假设。

（1）亚里士多德提出，整个宇宙世界以月亮为界可以划分为“月下世界”和“月上世界”两大部分。

“月下世界”包括地球以及地球和月亮之间的区域，处在这个区域内的所有物质都是由“土、水、气、火”四种元素组成的，它们永远处于变化的过程之中。生活在“月下世界”的人们看到的只能是由四种元素组成的物体，纯粹的元素是永远看不到的，它们总是“有生有灭”，因此“月下世界”是不完美的。

“月上世界”包括月亮以及月亮以外的区域，第一是水星，接着是金星、太阳、火星、木星、土星，再接着是由固定恒星构成的天体，它们都是由第五种元素——“以太”构成的。“以太”是纯净的和永远不变的，“以太”有着适合自己本性的天然的、无始无终地永远不会离开天然位置的圆周运动，因此“月上世界”是完美的。

（2）亚里士多德认为，每一种元素都有一个达到它原来静止在自然界的应有的归宿位置的趋势或意向。

“土”元素具有向宇宙中心运动的天生趋势，而地球正是宇宙的中心，因此，“土”的归宿位置就在地下。“火”元素具有向宇宙中心之外运动的天生趋势，而空气正处在地面之上，因此，“火”的归宿位置就在空中。

（3）亚里士多德认为，“土”是自然的重，依次由重到轻的是“水”和“气”，最后“火”是自然的轻。

各种物体之所以有轻重不同的下落属性，都是由物体中具有的这四种元素的比例不同造成的。所谓重的物体就是物体含有的“土”元素比例最大，而所谓轻的物体就是物体含有的“火”元素比例最大。

（4）亚里士多德认为，物体实际的运动取决于物体中占有最大比例的元素的意向，物体自然运动的快慢是与物体中占最大比例的元素数量成正比例的。

石块之所以在空气中竖直地向地面下落，是因为石块中包含的“土”元素的比例最大，“土”是重元素，而“土”的归宿位置又在地下，因此它的自然运动会向下。燃烧的火苗之所以向上升起，这是因为火焰中含有的“火”元素的比例最大，“火”是轻元素，而“火”的归宿位置又在空中，因此它的自然运动会向上。一块大石头含有的“土”元素显然比一块小石头含有的“土”元素多，大石头比小石头更重，因此，大石头自由下落时比小石头快得多。

亚里士多德当然也观察到日常生活中物体的运动往往不都是自然运动，例如，石块可以被人抛出作竖直向上的运动，一个系在细绳末端的小球可以被人挥舞在水平面内作圆周运动。他把这样的运动归结为强迫运动，之所以称为强迫是因为运动是受到外界某种力量而强制发生的，背离了自然运动的目的属性的方向，发生在其他方向上。一旦去除外界影响，物体的运动就会恢复到自然运动的方向上，例如，系在细绳末端在水平面内作圆周运动的小球，在细绳断开的一瞬间，小球就会竖直下落，恢复自然运动。

亚里士多德对运动的看法与人们日常的感觉相符，听起来似乎是言之有理的，因而很容易被人们接受。这种把人放在自然界的对立面上的机械自然观思想自亚里士多德开始一直延伸到伽利略和牛顿的时代。

亚里士多德关于物质结构及其运动机制的解释在中世纪（一般以公元 476 年西罗马帝国灭亡到 1640 年英国资产阶级革命期间）的漫长历史时期内在西欧极为流行。亚里士多德的著作成了中世纪教育和智力活动的中心①，特别是 12 世纪晚期以来，亚里士多德的科学哲学奠定并主宰了中世纪科学的内容和概念，影响了中世纪哲学的进程。

尽管亚里士多德提出的关于物体运动的思想早已被现代物理学所超越，但亚里士多德仍然是“古代科学之父”。亚里士多德与他的老师柏拉图完全不同，他真正提出了物质构成和物质运动的规律，他第一次提出了真理要通过事实来验证的思想，他说“吾爱吾师，但吾更爱真理”。

1.1.5　物体究竟怎样下落——伽利略提出的运动学思想

文艺复兴时期科学上第一个伟大的胜利就是哥白尼（1473—1543）在思想世

① 格兰特. 中世纪的物理科学思想［M］. 郝刘祥，译. 上海：复旦大学出版社，2000：25.

界发动了一场革命，推翻了托勒密体系而建立了哥白尼体系。到了伽利略，新的精神又更加前进了一步。虽然当时人们在研究静力学上已经有了一些进展，但在动力学方面，人们的认识还停留在对运动的粗略观察上，缺乏定量的精确测量；在运动的原因上，亚里士多德关于“力是运动的原因”的理论还占有统治地位。伽利略（1564—1642）受到哥白尼与开普勒用数学形式得到行星运动规律表述的启示，跳出亚里士多德的学说，不再去问“一个物体为什么会自然地下落”这样的问题，而是要探讨“一个物体究竟怎样下落”，特别是“一个自由下落的物体在下落过程中速度怎样加快”的问题。他得出了地球上的物体下落运动的数学关系式，这就是在运动学中列出的自由落体运动的若干路程公式和速度公式。

伽利略认为，亚里士多德只依据物质本身的“重”和“轻”对自由下落运动的原因进行解释，存在内在明显的逻辑矛盾。伽利略认为，所有物体都是“重”的，“轻”和“重”是相对而言的。如果按亚里士多德的观点“物体下落的快慢与物体的大小成正比”，那么，“如果有两个物体，其中一个的自然运动比另一个更快，那么两个物体结合的运动将比原来运动快的那部分慢，而又比运动慢的那部分快……因此，与我们的反对者的断言相反，大的物体将比小的物体运动更慢，这是自相矛盾的。”①

伽利略认为，物体如何运动，不仅与运动物体的重和轻有关，而且与运动物体通过的介质的重和轻有关。例如，火燃烧时之所以向上运动是因为火的运动必须通过空气介质，而空气比火重。根据这一思想，伽利略把比重或密度的概念引入了他的理论。他认为，如果物体的密度大于介质的密度，它就下沉；反之，如果物体的密度小于介质的密度，它就上升；而运动的速度在定量上与这两者的密度差成正比。根据这个关系式，相同材料的物体，不管大小如何，在同一种介质中的下落速度是一样的。

这里伽利略还只是对同样材料而不同大小的物体作了这样的分析，并没有泛指所有的物体。但由此可以得到一个推论：如果不同材料的物体在虚空中下落，由于介质的密度为零，物体下落的速度就正比于自身的密度，于是不同密度的物体在虚空中将以不同的速度下落。

1600年前后，伽利略自己从实验中发现了这个推论的错误，因为他观察到，虽然不同物体在不同介质中下落的速度不同，但是当介质的密度越来越小时，不同

① 申先甲，杨建邺．近代物理学思想史［M］．上海：上海科学技术文献出版社，2021：83.

物体下落速度的差别也越来越小；在极其稀薄但还不是完全真空的介质中，尽管各种物质的密度差别很大，物体速度之间的差别却微小得几乎察觉不出来。对此，伽利略大胆提出了这样的假设：在真空中所有的物体将以相同的速度下落。为此，伽利略专门进行了抽气机的实验，通过在真空玻璃管观察一根羽毛和一枚硬币的同时下落证实了这个假设。正是实验上的这些结果使伽利略放弃了从亚里士多德以来用力解释运动的种种努力，走上了直接寻找自然运动规律的正确道路。

亚里士多德提出，重物下降得比轻物快，这是对两个不同物体下降的快慢进行比较而言的。当人们具体研究一个物体的下落过程时，它的快慢究竟是怎样变化的？当时已有人观察到，物体在下落过程中速度是在不断增加的，那么速度是怎样增加的？伽利略说："我的目的是提出一门新科学来处理一个很古老的问题。在自然界中，最古老的课题莫过于运动。尽管哲学家们对此写出了卷帙浩繁、内容庞杂的著作，我却发现运动的某些性质仍然是值得探讨的，迄今为止，还没有人观察或论证过，有人也作过一些肤浅的观察，例如一个重物的自由下落运动是连续加速的；但却没有人宣布，这种加速达到什么程度……"[①] 对此，伽利略先假设物体下落时速度的增加与降落的距离成正比，这个假设是合理的，但从这个假设演绎得出的结论不能成立。于是他又假设速度与降落的时间成正比；他证明了这个假设，并从这个假设导出了物体下落的距离与下落的时间的平方成正比的推论。

如何用实验来验证这个推论呢？基于日常生活的观察，伽利略认为，把同样质量的物体从斜面经过一段距离提升到某个高度，要比垂直提升到同一个高度用力减小一些，减少的比例取决于垂直提升的高度与在斜面上经过距离的比例。类似地，物体从同一个高度垂直下落时受到的力，比沿斜面下落时受到的力更大一些，增大的比例取决于物体沿斜面运动的距离与垂直下落的高度的比例。伽利略认为，沿光滑斜面下滑的运动与落体运动具有同样的性质。既然力的大小与斜度成一定的比例，落体运动就可以用斜面运动来代替。只要按一定的比例减小作用力，延长运动的距离，以此得到距离与时间的关系后，在垂直的极限情况下，就可以推论得到物体下落的速度与时间的关系。他认为："当我们证明其与某一假设的推论相对应并严格符合实验结果时，该假设的真实性便得到了公论。"伽利略用当时的"水钟"计时进行了著名的斜面实验，得到了在一系列等时间间距内，物体从斜面下滑的总距

① HOLTON G，BRUSH S G．物理科学的概念和理论导论（上）[M]．张大卫，等译．北京：人民教育出版社，1982：129.

离按平方律成 1^2，2^2，3^2，…的关系。

伽利略的成就不仅是发现了如果不存在空气阻力，所有物体会一齐下落，而且其革命性的原创贡献在于他发现了落体定律。在不具备实验条件可以直接测量的情况下，伽利略非常重视假设的推理和检验，从而将逻辑演绎、数学分析和实验结合在一起，这个方法论的思想在他后来的著作中体现得十分明显。

这里必须提出，我们不能简单地得出结论说，在落体问题上，伽利略的自由落体理论是正确的，而亚里士多德关于轻的物体力求向上运动的学说是错误的。这是因为，古希腊物体、位置以及两者关系的本质的观点是基于另一种关于存在者的解释，因而是以一种与此相应的不同的对自然过程的观察和究问方式为条件的。①

为了把斜面实验所得到的结果推广和应用于落体运动中，伽利略又提出了这样的假设：静止物体无论沿竖直方向自由下落，还是沿不同倾斜度的斜面从同一高度下落，它们到达同一水平面的底端时具有相同的速度。他论证说，物体在从斜面下落的过程中速度不断增加，当它到达底端时如果使其速度反转向上，物体将会上升到开始下落时的高度，而不可能升得更高。因此，物体从斜面下落的过程中得到的速度只与下落的垂直高度有关，与下落经过的斜面长度无关。如果不是这样，物体就可以凭借不同的末速度反转上升到不同的高度，因而物体也就可以依靠自身的重量不断上升，这与我们熟知的重物的性质是相违背的。这个假设称为“等末速度原理”。对这样的假设，伽利略在作了一番推理论证以后，用单摆实验进行了验证。

伽利略通过对抛体运动的研究指出，从塔上落下的石块既与塔身一起参与了地球的运动，又进行着落向地球中心的运动，这两种运动并不对立，而是同时作用在石块上，从而在地球之外看石头的运动是曲线运动，在地球上看石头的运动是落体运动，所以它必然落在正下方。这里，伽利略又提出了一条重要的原理：“两个运动可以互不相干地合成，一个运动也可以分解为两个分运动。”

在得出这两个原理的过程中，伽利略仍然十分重视理性思考和逻辑推理，又依靠实验检验，并通过数学和实验两者的结合和补充推进他的研究工作。

伽利略在《关于两门新科学的对话》一书中对自己创立的科学方法作了这样的预见：“我们可以说，大门已经向新方向打开，这种将带来大量奇妙成果的新方法，在未来会受到许多人的重视。”

---

① 吴国盛. 科学二十讲［M］. 天津：天津人民出版社，2008：170.

爱因斯坦对伽利略的思想方法给予了高度的评价："伽利略的发现以及他所用的科学推理方法，是人类思想史上最伟大的成就之一，而且标志着物理学的真正开端。"

1.2　万事万物由什么构成的物质观的思想

1.2.1　自然之道和"五行说"——中国古代关于物质本原的思想

整个运动学建立的就是在各类机械运动中物体的位移、速度和加速度这三个物理量之间的关系。若物体的位置发生了变化，则无论物体大小和形状如何，只要把物体理想化地视为质点，运动学关系对它们位置变化的描述都是"一视同仁"的。

从量和质的关系上看，力学中的运动学只是对物体的空间位置怎样随时间变化的"量"的描述，不涉及物体本身的任何的"质"，以这种方式建立的对量的描述方式称为"运动的几何学"。[①] 继运动学以后，动力学对物体位置变化原因的描述涉及了物体本身的"质"，由于不同的物体具有不同的"质"，因此，探讨物体运动变化的原因就与探讨"质"不可分割地联系在一起。

有史以来，人类不断思考的一个问题就是，世界上如此丰富多彩的、具有如此千差万别"质"的万事万物，究竟是由什么构成的，以及是怎样构成的？它们的本原是什么？

古希腊哲学家最擅长的思想方式是，先假定一种东西，无论是物质的还是理念的，然后认为世界上万物都由它开始，又归宿于它，世界的运动变化构成一个封闭的循环，万物只是这个循环上的一个结。巴门尼德和亚里士多德把这个东西叫作本原。对物质本原的追溯，似乎与古代人们迫切需要解决的衣食住行问题没有直接的联系，但是它们与人类认识自己在大自然中的地位和在宇宙中的地位有关。

在先秦时期的诸多学派中，以老子、庄子、墨子为代表的道家与墨家，以哲学家和自然科学家的双重身份巧妙地寓哲学思想于对自然界的研究之中，从宇宙的本原上去揭示万物的自然之道，把握不同物质背后的统一性，从而创立了庞大的理论体系，在中国古代思想史上占有重要的地位。

---

① 皮尔逊. 科学的规范［M］. 李醒民，译. 北京：华夏出版社，1999：184.

“道”字见于史书，并非从老子始。在《易经》和《诗经·大雅·生民》等古书中早就有对“道”的提及。但是对“道”赋予了新的博大而精深的哲学之含义，并把“道”看作万事之本原，则是老子首先提出的。

什么是“道”？老子在《道德经》的开篇就对“道”之玄妙写下了这样一段内涵深刻而又奥妙的话：“道可道，非常道。名可名，非常名。无名天地之始，有名万物之母。”“天下万物生于有，有生于无。”“道”是存在的，但是又是无法用通常的术语来表达的。“道”是可以命名的，但是又是无法用通常的名词表述的。“无”和“有”就是“道”的两个非同寻常的名词。“无”是天地的开始，“无”能生“有”；“有”是万物的母体。天地及天下万物，不是原来就存在的，而是由一“物”生成的。此一“物”是什么？“吾不知其名，强字之曰‘道’，强为之名曰‘大’。大曰逝，逝曰远，远曰反。”这一“物”可以勉强称为“道”，名为“大”。“道之为物，惟恍惟惚。惚兮恍兮，其中有象。恍兮惚兮，其中有物。”“道”和“大”通过不断的流逝变化，远离它的本体而发生从一种事物到另一种事物的根本变化。道在虚实有无之间，在恍恍惚惚之中生成了世间万物。“道生一，一生二，二生三，三生万物。万物负阴而抱阳，冲气以为和。”老子的这段名言最概括、最抽象、最模糊又最神秘地揭示出万物生成的过程。“道”是万物化生的总根源。它的次序是，“道”首先生一，一就是混沌恍惚静止均一之物——元气。由于道的运行，元气的运动分化形成了天地两种相对的阴、阳两气，两气互相激荡、斗争，最终产生新的物质，这就出现了作为阴阳混合物的“三”，正是这样的“三”构成了万事万物。

作为万物本原，“道”是存在的，但又是无形的。“道”必须通过物才能显现其内容，“道”运行的表现就是“德”。正是依据“道”，人们才可以认识万物本始和形状。在老子的学说中，“道”不仅体现了万物生成运行之道——它是一种物质观；还体现了天地起源演化之道——它也是一种宇宙观。

道家的物质观强调，道无处不在，道法自然，无心而化为万物。道与万物同体，内存于万物之中。“道生之，德畜之，物形之，势成之。”万物的本原不在物的外部，而在物的内部。道不仅生成万物，还主宰万物的变化。“反者，道之动也。”“反”，即相反相成，反向运动和循环往复。正是“道”的运动，才有了生生不息、千姿百态的自然界。因此，道家的物质观完全否定了凌驾于万物之上的“神”创造世界的“神创论”。

道家学说是古代人们对天地和自然界万物起源认识的一种宇宙生成图式，是先人为了解释世界而形成的饱含哲学思辨的自然哲学理论，它开创了人类从整体上对自然界进行研究的先河。

从远古时代起，我国古代和西方的一些思想家和哲学家在同巫术、迷信、宗教的斗争中，提出了关于物质起源的种种学说，这些学说构成了人类古代文化的一个重要组成部分。

道家的物质观思想对一般民众毕竟显得有点深奥莫测，人们对事物性质形式的认识总是从个别的、具体的事物开始，并且带有强烈的功利色彩。对于原始先民来说，在能够接触到的事物中，水、火、木、金、土这五种具体事物留下的印象可能最深刻，因为它们与人们的生活密切相关。水是所有生命得以生存的保证，河流湖泊为人们提供了船舶来往的方便。火可以用于煮熟食物，也可以用于取暖照明。木是生活和生产的重要材料，可以用于制舟制车和盖房。土可以用来种植庄稼，提供食物，维持人类的生存。在古代，金一直是青铜器及其制作所需要的铜锡矿石的代称，是当时青铜器所象征的权力与地位的反映。

到了商周时期，逐渐出现了关于这五种物质形式的具有抽象意义的哲学思考，五行成了中国古代哲学的基本范畴之一。

翻开《西游记》的开头几章，人们大概都会被孙悟空从石头缝中跳出来的情节所吸引：一个猴子出生于石头中，后来完全具有人所特有的特征和情感；但又不是普通的人，因为它还具有七十二变的本领，拔一根毫毛，它可以变出任何东西。无独有偶，在西方流传的“点石成金”的故事把金子也看成是从石头中变出来的。石头的本质是“土”，不就是体现了万物源于“土”的思想吗？透过这些神话和传说，我们看到的正是古代人们对物质本原认识的一种追求和猜想。

实际上，我国古代殷周时期提出的物质结构“五行说”和古希腊时期恩培多克勒（约公元前 493—约公元前 433）提出的物质结构“四种基本元素”（水、气、火、土）说中都有“土”。从神话的“土”到后来作为元素的“土”，既反映了人们对物质本原认识的深化，又体现了人们从日常生活的变化中把握整体，认识物质本原的朴素认识论。

作为统一的概念，五行最早见于《尚书·周书·洪范》一书中。“五”就是单指水、火、木、金、土五种物质，它们是人们日常生活不可或缺的物质。木——树木，木材；火——火苗，温热；土——泥土，大地；金——金属，坚硬；水——水质，流体。“行”，则是四通八达，流行和行用之谓，是行动、运动的古义。五行则是五种物质运动变化、运行不息的意思。五行是人们长期以来所积累的一种概括性反映，提炼出了不同物质各自质的规定性。《左传·襄公二十七年》说：“天生五材，民并用之，废一不可。”

随着社会的发展，人们的思想意识越来越丰富，就需要借助符号语言来表述一些抽象的思想和概念，这时候，“木火土金水”就被选中了。在《尚书·周书·洪范》中有一段话：“五行：一曰水，二曰火，三曰木，四曰金，五曰土。水曰润下，火曰炎上，木曰曲直，金曰从革，土爰稼穑。”①

水：润下——滋润，向下。（水往低处流）

火：炎上——炎热，向上。（火苗总是腾跃向上）

木：曲直——能屈能伸，生发条达，柔韧舒畅。

金：从革——顺从变革，收敛肃杀，沉降。

土：稼穑——播种收获，受纳，承载，转化。

水的特性：北方寒冷，与水相似。古人称“水曰润下”。“润下”，是指水具有滋润和向下的特性。因而引申为具有寒凉、滋润、向下运行的事物，均归属于水。

火的特性：南方炎热，与火相似。古人称“火曰炎上”。“炎上”，是指火具有温热、上升的特性。因而引申为具有温热、升腾作用的事物，均归属于火。

木的特性：日出东方，与木相似。古人称“木曰曲直”。“曲直”，实际是指树木的生长形态，为枝干曲直，向上向外周舒展。因而引申为具有生长、升发、条达、柔韧、舒畅等性质的事物，均归属于木。

金的特性：日落于西，与金相似。古人称“金曰从革”。“从革”是“变革”的意思。因而引申为具有清洁、肃降、收敛等作用的事物，均归属于金。②

土的特性：中原肥沃，与土相似。古人称“土爰稼穑”，是指土有种植和收获农作物的作用。因而引申为具有生化、承载、受纳作用的事物，均归属于土。

从此以后，五行的含义，就从五种材料的静态含义，拓展到五种属性、五种功能的动态意义，从而也就具备了哲学思辨与科学符号等多重意义。

“五行说”把水、火、木、金、土当作衍生万物的五种基本元素，它们在天上形成相应的五星，即水星、火星、木星、金星、土星，在地上就是对应水、火、木、金、土五种物质，在人类社会就对应着仁、义、礼、智、信五种德性。古代人认为，这五类物质在天地之间形成串联，如果天上的木星有了变化，则地上的木类和人的仁义之心都随之产生变化，迷信色彩十分浓厚的占星术就是以这种天、地、人三界

① 李约瑟．中国古代科学思想史［M］．陈立夫，主译．南昌：江西人民出版社，2006：305．

② 五行学说．360 百科［EB/OL］．［2023-05-01］．https://baike.so.com/doc/6072718-6285793.html.

相互影响为理论基础衍生而来的。后来又有了老子由道家理论引出的阴阳说，认为阴阳两气统一调理万事万物。

到了春秋战国时期，五行说却开始走向了神秘化。其表现为开始出现了五行相生相克的理论，生有生化、生成、帮扶、护持之意，相生即金生水、水生木、木生火、火生土、土生金；反之，克有管辖、克制、掌握、遏制之意，相克即有金克木、木克土、土克水、水克火、火克金。这些相生相克理论部分可能来自人们对日常生活的常识，但是推广到五行的相互关系，并没有推进人们对物质结构的认识，却为秦汉后人们用于巫术占卜，为预测吉凶的迷信观念开辟了道路。以后逐渐形成了冠以“五”为开头的词汇，它们几乎涵盖了从政治到经济，从生活到道德的整个人类文化的各个方面。例如，称皇帝为五帝，把粮食称为五谷，人的脸上有五官，人体内部器官有五脏，人耳辨别的声音可以分为五音，还有五子、五毒、五体等。显然，这些提法只能为人们认识事物提供形象的描述，对认识物质结构没有实际意义。

宋明理学家吸收了道家的理论，对五行说进行了观念上的改造，把五行作为由太极到万物的中间环节。南宋著名理学家、思想家朱熹（1130—1200）说：“阴阳气也，生此五行之质。天地生物，五行独先。天地之间何事而非五行？阴阳五行，七者衮合，便是生物底材料。”这里的所谓“生物底材料”，即构成物质的材料。五行生万物，而五行之上仍然是阴阳二气。因此，五行是生成万物的元素，但五行不是生成万物的最基本物质。明清时期，王廷相、王夫之等学者批驳了五行相克之术，提出五行就是五种元素。于是五行说又回归到原始的元素说。

五行说体现了朴素的元素论的思想，比古希腊时期恩培多克勒（公元前 493—公元前 433）提出的物质结构“四根（水、火、土、气）说”还早了 200 多年。五行说先后历经 2000 多年，在我国古代人们探索物质构成的历史进程中有着不容忽视的科学意义和方法论意义。

我国古代的思想家对物质结构的思考是深刻而丰富的，然而，后来原子说的建立和发展却是从西方开始的，这当然与东方文化和西方文化的背景不同有关。

1.2.2 “万物始基”和“万物之本”——西方关于物质本原的思想

古希腊天文学家、几何学家和哲学家泰勒斯（约公元前 624—公元前 547）在探究世界的本体即万物的本原时，提出“万物的始基是水”的论断，这个论断可能来自他对周围现象的观察结果。追溯历史，实际上，中国古代哲学家、政治家、军事家，春秋时期法家的代表人物管仲（约公元前 723—公元前 645）曾提出："水者，何也？万物之本原也，诸生之宗室也。"比泰勒斯早了几十年。

泰勒斯首先注意到，地面上的植物没有水就不能生长，人体离开水就不能生存，还有大地处于水的包围之中，等等。此外，据说泰勒斯经常横渡爱琴海，往来于埃及等地的橄榄油集市，可能是在一次又一次与海浪搏击的艰险历程中，他从海水顷刻掀起狂风巨浪，转眼又是风平浪静的"变"与"不变"的自然景象中获得了灵感。他宣称：大地是浮在水面上的，是静止的；地震是由水的运动造成的；水蒸发形成湿气不仅滋养地面上的万物，也滋养天地日月星辰以至于整个宇宙。这是人类用自然原因而不是用假设的神灵来解释物质本原的第一次尝试。虽然后继的哲学家还会谈及神灵，例如柏拉图将哲学称为神学，但是这里的"神"已经不是神话中传说的"神"，而是可能意指最高的学问。亚里士多德也有"灵魂之说"，他所说的"灵魂"也不是凌驾于自然之上的神灵，而是指人具有的自己的意志和精神。

后来，古希腊哲学家赫拉克利特（约公元前 540—公元前 483）认为自然的本质是变化，而火是最能够变化的东西。因此，他用火代替了水，认为"火是世界万物的本原"，明确地提出："自然界既不是神造的，也不是人造的，它是按照自然规律燃烧的永不熄灭的活火。"如同"人"这个名词已经不是指具体的张三和李四，而是指普遍意义上的人，这里的"水"和"火"也已经不是指具体的雨水、河水或柴火、篝火，而是一个普遍概念意义上的水和火。

把万物的始基归结于某一种物质（水或火），这无论从日常生活中的具体物质还是普遍意义的物质结构的层次上，毕竟都是不能令人信服的。生活经验表明，水和火是不相容的，水可以使火熄灭，水怎么又是火的起源呢？后来人们发现，无论是水也好，火也好，它们只具有水或火的个别的属性，应该从世界的属性和它们之间的相互关系去寻找世界万物的本原。

把"水"和"火"看成万物的本原，虽然不符合物质结构的科学结论，然而在当时却是十分难得的，它标志着人们对自然界的认识开始脱离神话阶段，走向从自然界物质性上去认识自然界万物的起源，走向从具体直观多样性的观察出发建立一般概念并形成原理的阶段。这种思维方法在认识论发展上具有重要的意义。

继泰勒斯以后的西方著名的数学家和哲学家毕达哥拉斯（约公元前 580—约公元前 500）及其学派则提出"数是万物之本"，在他们看来，数是独立于万物之外的本原，是一切事物产生的总根源。这个论断的形成可能与他们对音乐的研究有关。

传说，有一次毕达哥拉斯路过铁匠铺，听到不同的打铁声，究其原因是不同质量的铁在受到铁锤敲打时所发出的不同的和谐声音。回家后，他就用琴弦做试验，用挂重物的方法使不同长度的琴弦在受到不同张力以后发出声音。他发现，当两个弦长之间有简单的数字比例关系时，就可以得到一对相应的谐音。例如：如果两根弦的长度之比是 2∶1，那么后者（短弦）将发出前者（长弦）乐音的八度音；如果之比是 3∶2，则相应的是五度音；如果之比是 4∶3，则相应的是四度音。由此，他想到，尽管万物形状和质地各不相同，但导致万物差异的不是物质的个别组分和属性，而是其中包含的相互之间的数量关系及其和谐性。

他甚至提出，世界处处蕴含着和谐的数字：在几何中，1 代表点，2 代表直线，3 代表平面，4 代表空间；在道德品质中，4 代表正义，7 代表良心；在社会习俗中，3 代表婚姻。他认为，地球和行星之间的距离一定也符合音乐的和谐，从而能奏出“天体的音乐”。在毕达哥拉斯学派看来，数为宇宙提供了一个概念模型，数量和形状决定一切自然物体的形式。数不但有量的多寡，而且也具有几何形状。在这个意义上，他们把数理解为自然物体的形式和形象，是一切事物的总根源。在毕达哥拉斯派看来，数为宇宙提供了一个概念模型，数量和形状决定一切自然物体的形式。因为，有了数，才有几何学上的点，有了点才有线面和立体，有了立体才有“火、气、水、土”这四种元素，从而构成万物，所以数在物之先。自然界的一切现象和规律都是由数决定的，都必须服从“数的和谐”，即服从数的关系。

对毕达哥拉斯来说，研究数的和谐并非为了发现数学方面的定理或者公理，数学研究也并不是或主要不是解决衣、食、住、行的手段，而是探究世界数的和谐构造，用数的和谐来证明宇宙的和谐，从而为其“数学的本原就是万物的本原”这一论断提供更多的证据和支持。

据说，为了庆祝数学上勾股定理的发现，毕达哥拉斯学派曾举行过一次“百牛大祭”。然而却很难设想，在生产力水平还相当低下的古代社会里，这一定理的发现能够在一代人的手中创造出一百头牛的价值。可见，对现实生活最有功利价值的科学，起初并不产生于功利欲求本身。毕达哥拉斯学派之所以要进行“百牛大祭”，只是由于他们坚信，通过勾股定理的发现，自己已经与神明更接近了一步。

亚里士多德曾说过：“素以数学领先的毕达哥拉斯学派不但促进了数学研究，而且是沉浸在数学之中的，他们认为‘数’乃万物之源。……他们认为，数的要素即万物的要素，而全宇宙也是一数，并应是一个乐调。”数作为始基，揭示了万物具有量的规定。用数学去解释万物，从量上去把握自然，与万物始基是水和火的思想相比，这是对前人关于物质结构认识方法论上的一个进步。

1.2.3 物质究竟无限可分还是不可分——关于物质结构的哲学思辨

如同探讨房屋的结构必然要仔细分解房屋砖瓦的排列和性质一样，探讨万物的性质，也必然会涉及物质的结构问题。在中国古代，围绕物质究竟不可无限分还是可无限分的问题，曾有过两种观点。

战国时期的哲学家惠施（约公元前370—约公元前310）指出："至大无外，谓之大一；至小无内，谓之小一。""至大无外"就是大到极点，无物处于其外。"大一"就是宇宙。"至小无内"就是小到极点，再没有更小的内部结构。"小一"就是质点。南宋的朱熹在解释《中庸》里一句"语小，天下莫能破焉"时说："天下莫能破，是无内……若云无内，则是至小，更不容破了。"我国近代思想家严复（1854—1921）翻译的《穆勒名学》一书中，第一次把英文中的"atom"翻译成"莫破"。"atom"（原子）的本意是指不能再加以分割的最小粒子。在古希腊词汇中是用"atomos"来表达这个含义的，其中"a"是否定词，"tomos"就是被切成的小片，"atomos"就是不能再切成更小片的东西。物质存在不可无限分割的"小一"，在墨家学派里称为"端"。"端，体之无序而最前者也。"端，将物分而又分，直至无可再分，这就是构成物质的最小单位。

原子思想是一种不可分的、不连续的物质观点，与不可无限分割观点对立的是无限可分的观点，其典型例子就是《庄子・天下》所载的名家的观点："一尺之捶，日取其半，万世不竭。"公孙龙等正是持这样的观点与惠施进行论辩的。

我国古代的思想家对物质结构的思考是深刻而丰富的，在物质无限可分与不可分的争论上与西方哲学家有着许多相似之处，但是这些物质观念在后世没有得到长足的发展。

公元前5世纪前后的200多年间，古希腊出现了一批思想深刻的哲学家，他们思考着形形色色不同事物背后的统一性，即思考物质究竟是怎样构成的问题。德谟克利特（公元前460—公元前370）认为，物质世界是统一的，但是这个统一不是将一些宏观的自然物（如金、木）统一归结为另一些宏观的自然物（如水），而是将各种不同的宏观自然物归结为微观的某种东西。什么东西才是"微观的东西"呢？他认为，宏观物体是可分的，人们可以从体积或质量上把一个物体进行分割，分割到最后达到一个不可分割的极限就不能再分割下去了，这个极限就是"微观的东西"。

因此，为了探析物质的本原，就需要对物体进行一级一级的分割直至极限。然而伊奥尼亚的哲学家提出，一个物体如果被一级一级分割下去，它具有的物质特性会不会改变？水还是水吗？土还是土吗？而且这样的分割能无限进行下去吗？分割会不会达到某个极限？什么是物质的最小成分？对此，古希腊的学者留基伯（约公元前 500—约公元前 440）和他的学生德谟克利特假设了一个“思想实验”。他们提出，如果物体可以无限分割下去，会不会被分割没了？如果物质被分没了，那么相反的过程，即从无到有、凭空产生物质的过程也是可能存在的，但是，这是违背物质不灭定律的！因此，他们认为，每一种物质的分割一定有一个极限，到了这个极限，物质就不能再分割下去了，再进一步分割下去就不再显示该物质的特有属性了。这个极限的物质就是最小的粒子——原子。原子是一种不可分割的、坚硬的单体，不生也不灭，不可见也不可分。原子之间是虚空，原子就在无限的虚空中运动。原子没有任何可以被感知的属性，无色、无味；原子之间只有大小和形状的区别，物质形态的丰富多彩是由原子的不同排列和运动的多样性所引起的。

后来德谟克利特走得比原子论更远，他认为，不仅是物质，甚至包括人们的所有感情知觉都是由原子构成的，原子就是存在的一切。甜、苦、热、冷等感觉都是人们的从俗约定而已，它们并不真实存在，只有原子和虚空才是真实的。例如，当人们说“一杯水是热的”时，并不是存在“热”这样的东西，而是指水中的原子和你身体中的原子在作某种形式的机械运动。所有的感觉和感情都是如此。美、丑、爱、恨等实际上都只不过是在你脑中或在外部世界作机械运动的原子而已。显然，在那个时代，原子的概念还没有从实验上加以证实，它不过是人们的一种猜测和假设而已。

柏拉图（公元前 427—公元前 347）把天上的物质以太作为构成物质的本原，拒绝接受德谟克利特的原子说。亚里士多德不承认虚空的存在，同时也排斥原子学说。伊壁鸠鲁（约公元前 341—公元前 270）反对柏拉图和亚里士多德的物质结构思想，但是未能占有主流的地位。到了文艺复兴以后，原子学说才逐渐复苏。在这段时期的原子论还只是反映了人们对原子的一种朴素的认识，很大程度上不过是一种哲学上的认识而已。

1.2.4　原子论的再生和确立——从哲学思辨走向假设推理证明

原子论的再生，主要归功于一大批化学家的努力。关于原子存在的第一个证据是 1800 年前由英国化学家道尔顿（1766—1844）提出的。道尔顿通过实验发现，在一种由碳和氧组成的气体分子中，碳和氧的质量比例是 3∶4，而在另一类同样由碳和氧组成的气体分子中，碳和氧的质量比例是 3∶8。为此，他假设，前一类气体分子由 1 个碳原子和 1 个氧原子组成，而后一类气体分子由 1 个碳原子和 2 个氧原子组成。后来这个假设被证明是正确的，这两种气体分别为一氧化碳和二氧化碳。

道尔顿指出，每一种元素都由大量原子组成，所有这些原子具有固定的质量，组成不同的元素的原子具有不同的质量。当不同的原子化合生成某种物质时，这些原子总是按一定的质量比例相互结合。虽然道尔顿无法测定任一种原子的质量，但是，他把氢原子的质量看成 1，把其他原子的质量以氢原子质量的倍数来表示。例如，氧原子的质量是氢原子的 8 倍，因此，氧原子的质量是 8，等等。这里道尔顿第一次提出了原子量的概念，并按原子量把原子的质量编制成表。显然，如果物质无限可分，就难以解释这样的事实；反之，如果物质存在不可分的原子，那么从不同原子的质量比和结合成分子的原子数目就可以得出原子不可分这个结论。由此道尔顿得出结论：原子是化学上不可分割的最小微粒。恩格斯曾经指出："化学中的新时代是随着原子论开始的"，并称道尔顿是"近代化学之父"。

1811 年，阿伏伽德罗（1776—1856）提出，在同一温度、同一压强下，体积相同的理想气体具有相同的分子数。这个论断为精确地测定原子量奠定了基础。19 世纪后期，人们提出了关于原子论的进一步假设。1869 年，俄国科学家门捷列夫（1834—1907）发现了化学元素周期律，揭示了原子结构具有某种周期变化规律，并且预言了与周期表上空位对应的尚未发现的元素的性质。

布朗运动的发现对于原子论的确立有着重大的意义。1827 年，英国植物学家布朗（1773—1858）通过显微镜观察到悬浮在液体中的花粉微粒（直径大约为几毫米）在作一种永不停止的无规则运动。温度越高，这种运动就显得越激烈，后来这种运动就称为布朗运动。对这样的运动，有一种假设认为花粉微粒是具有生命的微粒。但是，当人们后来用博物馆中的生物标本粉末，甚至用古希腊女神维纳斯塑像上刮下来的粉末代替花粉微粒进行实验时，也观察到了类似的现象。显然这样的实验否定了布朗运动是微粒自身的运动。

为了合理地解释布朗运动的现象，人们提出了原子是存在的且在不断地运动的假设，由这样的假设得出推理：花粉微粒本身是没有生命的，但是当花粉悬浮在液体中时，它们会受到来自各个方向上大量作无规则运动的原子的碰撞，正是这样的无规则碰撞导致了微粒的无规则运动——布朗运动。1905 年，爱因斯坦提出了布朗运动的量化理论，计算出微粒扩散的速率和悬浮微粒受到撞击以后的概率位置。法国科学家佩兰（1870—1942）开发了一种超倍显微镜，观察到了液体中大分子的运动，实验结果与爱因斯坦的理论计算完全相符。佩兰在 1911 年索尔维物理学会议上详细报告了自己的研究结果，从而证明了原子的存在，为此他获得了 1926 年诺贝尔物理学奖。从此以后，物质结构的原子论就得以确立起来了。

在确立原子论的历史进程中，以“提出假设—进行推理—实验验证”为主要特征的科学演绎方法逐渐得到了人们的认同，从而使人们对物质结构的认识从主要以哲学思辨为主的方式提出各派学说，走向了以假设推理证明为主的方式形成科学理论。

1.2.5 “物质之量”和质点模型的提出——原子论在力学中的具体体现

在物理上，原子论的提出是和人们对“物质之量”即对质量的认识联系在一起的。早在 13 世纪，就出现了“质量”这个名词。到了 16 世纪，“质量”已经作为技术术语为物理学家所运用，例如，意大利物理学家伽利略在驳斥亚里士多德把“冷、热、干、湿”视为物质的基本特性时，强调只有可归结为数量特征的物质属性才是客观的属性，其中就包括物质之量的多少、物体的形状和大小、物体运动的快慢在内的许多物质的属性。

英国物理学家牛顿（1643—1727）在 1684 年写的论文《论运动》中第一次明确给出了“物质之量”的定义。在这个定义中，牛顿以原子论的物质观念为基础先提出密度的概念，而后定义了质量。在物理学力学部分，质点的模型是作为第一个物理的理想模型而提出来的。为什么要从讨论质点的运动开始？

在物理教学中一个常见的说法是，物理学家为了描述物体运动的本质，抓住主要矛盾，忽略物体大小和形状，提出了一个理想模型——质点作为研究的对象。实际上，牛顿在他创立的经典力学中提到的质点正是他的原子论观念的一种具体体现。

牛顿认为：“我觉得好像是这样的：上帝开头，把物质造成固实、坚硬、不可贯穿但可活动的质点。它的大小、形状以及其他性质对空间的比例都是适合于上帝创造它们时所要达到的目的。原子质点……坚硬到不能损坏或分割。寻常力量是不能分开上帝最初创造时所造成的单体的。”[①] 这些粒子（质点）是怎样结合成物体

---

① 牛顿. 光学［M］. 北京：科学普及出版社，1988：223.

的呢？有人曾经用原子的特殊形状（如钩、角、环、叉等）和原子的神秘特性（如“爱”“恨”“宁静”等）来回答这个问题。而牛顿认为：“我却宁愿从它们的凝聚性推断，它们的粒子是靠某种力而互相吸引，这种力在粒子直接接触时极其强大，在短距离处它实现前述化学作用，任何可觉察的效应都达不到远离粒子的地方。”除了吸引力，牛顿还认为，如同“在代数中正数变为零时就开始出现负数那样，在力学中当吸引力变为零时，接着就应该出现排斥的效能”。因此，在牛顿力学中的粒子（质点）具有惯性和包括引力在内的一切力的普遍属性。正是用“力”的作用的概念，牛顿发展了原子论，为物质稳定性和持续性提供了理论基础，建立了当时最先进的物质结构理论。

在牛顿看来，质点只是上帝为人类创造的最小的认识单位而已，只有认识了最小单位才有可能认识复杂的其他物体。于是牛顿力学的整个体系理所当然地从质点开始，并沿着质点—质点系—刚体这一由简单到复杂的认识次序展开。贯穿于经典力学始终的“分而又分”的物理图像以及所体现的“先认识部分，再认识整体”的思想正是从引入质点运动开始的。

1.2.6 原子究竟具有怎样的内部结构——近代物理学的一个前沿研究课题

19世纪70年代，物理学在分子运动论和热力学的理论方面取得了很大的进展。但关于原子是否存在的争论日趋激烈，其原因在于：一方面原子假设能够作某些十分精确的预言，但另一方面也有许多用原子论尚无法解释的实验反证。

1895年以后，一系列新的实验发现（如阴极射线、放射性、电子、光电效应等）和一系列新理论的出现，重新激发了人们对原子假设的兴趣：原子究竟是什么？它具有什么样的内部结构？这些问题就成了近代物理学的一个主题。

现代物理学关于物质结构的基本粒子理论依据的哲学原理，与古代的德谟克利特、近代的道尔顿以及牛顿提出的物质结构理论比较并没有本质上的区别，它们都承认万物是由最小的物质微粒构成的。然而，现代基本粒子理论之所以更先进，是因为它利用高明的技术手段突破了前人认为用物理手段不可分的物质基元——原子，揭示出原子不是不可分的，它由原子核和电子组成；原子核也不是不可分的，它由质子和中子组成；质子和中子也不是不可分的，它们由更微小的基本粒子组成；基本粒子也不是基本的，其内部仍有复杂的结构。因此，可以认为，古代的德谟克利特提出的物质由最小的不可分的基元所构成的思想，实际上正是近代物理学研究物质结构的思想源头。

1.3　机械运动是绝对性的还是相对性的时空观思想

1.3.1　万事万物究竟是运动还是静止——运动的绝对性和相对性思想

力学一开始就建立了对质点运动的物理描述，并在这样的描述过程中渗透了经典机械运动绝对性和相对性思想，以及动静转化的物理学思想。这些思想的形成是物理世界实际发展演化规律在人们认识过程中的一种反映，它是学习和理解力学时必须掌握的一个重要的物理学思想。

世界上万事万物都在不停运动，这是运动的绝对性，但是，要判断一个物体是运动还是静止的，则必须确定所选的参照物。参照物不同，则得出的结论可以不相同，这是运动的相对性。例如，坐在奔驰的列车里的乘客，若选车厢为参照物，则他是静止的；若选地面为参照物，他是运动的。又如高山、森林、房屋等物体，若选地面为参照物，则都是静止的；若选太阳为参照物，则又都是运动的。

力学首先建立对质点运动状态的描述。要确定物体的运动状态，则必须从确定物体在某一个时刻静止所处的位置开始。而任何静止位置的确定都是相对于某一个确定的参照物而言的，因此，物体的静止位置是相对的。如果需要作出对位置的定量描述，则还必须建立坐标系。例如，物体的相对位置可以基于欧几里得几何学的公理，用直角坐标系中一组的三个数来表示。参照物加上坐标系就构成了参考系。

在确定的参考系中，一个物体静止状态的位置确定以后，才可能讨论物体从静止到运动的状态的改变。位置发生变化时就需要定义位移，位移随时间发生变化时就需要引入速度，速度随时间发生改变时就需要引入加速度。速度和加速度的确定也是相对于确定的参考系而言的，因此，物体的速度和加速度也是相对的。

在力学开始的章节中作出这样的逻辑安排，不仅在于学习运动学（研究物体是怎样运动的，即对物体的运动规律作出描述）可以为下一步讨论动力学问题（研究物体为什么会作这样的运动，即揭示物体运动状态改变的原因）打下基础，而且从认识的次序看，先确定物体静止所处的位置状态，再建立对于运动状态变化的描述，这一思想正是体现了人们按照从静到动的次序认识物理世界的必由之路。

从狭义上看，在力学中的“动”和“静”仅仅是指在机械运动范畴内物体相对于确定参考系的位置的变化与否，这是最直观的也是最容易被人们观察到的“动”和“静”。从广义上看，“动”就是变化，任何事物的变化在空间上是无处不在的，在时间上是每时每刻都在发生的。“动”是运动，是绝对的；“静”是静止，是相对的。在物理学中，无论对哪一种运动形式（机械运动、热运动、电磁运动等）的描述，在从静到动的认识过程背后，体现的都是动与静的绝对性与相对性思想。

继力学之后，在热学中是先有对热力学状态的静态的确定——平衡态（静），再讨论状态的变化过程——准静态过程（动）；先有平衡态（不随时间改变的状态）的热学，再有非平衡态（随时间改变的状态）的热学。在电磁学中，先有对电场和磁场的静态描述——定义静电场的电场强度和磁场强度（静），再讨论电场的变化和磁场的变化——建立电磁场的理论（动）。显然，在每一个分支学科中展开的学科体系仍然是从探究“怎样描述运动”（不限于机械运动）这个问题开始的，体现的仍然是从静到动的认识论过程。

1.3.2 “静而生阴，动之静也”——我国古代关于“动”和“静”的思想

在我国古代的优秀传统文化中，作为一种哲学思想，我国古代思想家孔子和老子等对“动”与“静”的思想以及它们之间的关系就有过不少深刻的论述。在古籍中最早的记录，可以追溯到《论语》第六篇《雍也》中：“子曰：‘知者乐水，仁者乐山。知者动，仁者静。知者乐，仁者寿。’”孔子这句话的意思是：聪明的人乐意亲近流水，仁德的人更喜欢山峦；（因为）聪明的人本性好动（动脑），仁厚的人性格沉静；（所以）聪明的人（得到的）是快乐，仁德的人（得到的）是长寿。

这里孔子所指的“动”和“静”主要是对人的性格和德行的一种隐喻，尚未涉及抽象的思想意义。而在老子的《道德经》中，其文曰：“重为轻根，静为躁君。”日常话语中提到“躁动”，“躁”就是“动”。老子这句话的意思是：重是轻的根本，静是动的主宰。《道德经》还记叙了老子的另一段话：“夫物芸芸，各复归其根。归根曰静，是谓复命。”这段话的意思是：众多的事物，都需要回归根本（才能被认知），回归了根本，才是“静”的（生命）状态，这就叫作回归生命天然的本性。从上面两处，可以看出老子关于动和静的观点更为一般和抽象，相比动，老子更重视静，把静看作生命的本态。在老子的思想中，强调了很重要的两点：“贵虚”和

“贵静”。只有当一件器皿中空无一物时，才可能容纳东西，所以“贵虚”；只有当一个人心情平静下来时，才可能更好地思考，所以“贵静”。

同样是古典，在《易经》的《系辞传》中说：“动静有常，刚柔断矣。”根据“动静”就能判断出“刚柔”，进一步就可以判断出“乾坤”“阴阳”。北宋时期大儒周敦颐在《通书》一书的《动静》篇中说：“太极，动而生阳，动极而静；静而生阴，静极复动。一动一静，互为其根。”他把“动静”当作宇宙（太极）生成和变化的根本依据。

朱熹在此基础上提出了“动静互待”“动静互涵”“动静无端”的说法，主张辩证地认识“动”与“静”。他还说：“静是太极之体，动是太极之用。”

明末清初著名思想家王夫之（1619—1692）对动和静的关系作出了深刻的论述，明确提出了“动是绝对的，静是相对的”这一观点。他说：“太极动而生阳，动之动也。静而生阴，动之静也。”（《思问录·内篇》）这里他指出了动有两种状态，一种是动之动，即动态的运动；另一种是动之静，即静态的运动。他认为：“天地之气，恒生于动，而不生于静”（《读四书大全说》卷十）。他主张，动是绝对的，而静是相对的，甚至认为静也是一种动，指出：“静者静动，非不动也”（《思问录·内篇》），“动静皆动也，由动之静，亦动也”（《读四书大全说》卷十）。可以看出，这里已经蕴含了现代物理学对事物运动认识的辩证思想。

1.3.3　牛顿提出的绝对空间和绝对时间——经典力学的时空观思想

在机械运动中，为了确切地判断一个物体究竟处于静止还是运动的状态，则必须指定是相对于哪一个参考系而言的，否则，就会“东家谓之西家，西家谓之东家，虽皋（音 gāo）陶（音 yáo）为之理，不能定其处”（《淮南子·齐物训》）[①]，这里皋陶是古代人们心目中的一位圣贤。在不同的参考系下，各说各的理，连圣贤都不能判断是非，当然也就无法对位置得出共同的结论。

那么，有没有一个特殊的、为大家公认的参考系，判定一个物体的静止的位置或运动的状态都统一相对于这个参考系而言。或者说，有没有一个参考系，在这个参考系中有大家公认的真正绝对静止的物体。有没有大家公认的处于同一种运动形式（例如，匀速直线运动或匀加速直线运动）的物体。对此，伽利略的探讨开始涉

① 刘安．淮南子译注：上［M］．陈广忠，译．上海：上海世纪出版有限公司，2016：534．

及空间和时间的思想问题。

物体的机械运动是在空间和时间之中进行的。我国古代就有了关于空间和时间的记载。如《墨经》中有："行修以久，说在前后""行者必先近而后远，远近，修也；先后，久也。"这里"远近"就是指空间距离，"先后"就是指时间长短。《尸子·三苍》云："四方上下曰宇，往古来今曰宙。"这里"宇"就是空间，"宙"就是时间。

在文艺复兴时期，伽利略抛弃了亚里士多德关于"物体为什么运动"的目的因的概念，转而开始讨论"物体怎样发生运动"的问题，即不是研究"运动为什么发生"的问题，而是研究"运动的快慢"问题。伽利略感到，为了确切地描述物体运动怎样发生或运动的快慢，有必要发展新的形式来表达运动本身，这个新的形式就是数学形式。而当运用数学形式处理物体运动的问题时，则必然需要把运动分解为在某个时间单元中物体走过的某些空间距离，这样就必然涉及空间和时间的概念。正是从伽利略开始，空间和时间在物理学中具有了运动本原的重要地位。

我们在日常生活中经常与空间和时间打交道。例如，千米、米、厘米是我们用来计算空间长度的单位；而年、月、日和小时、分、秒则是我们用于计算时间的单位。一个部门办公室发出会议通知告知有关人员，定于某个时间在某地某楼举行项目论证会，短短几行字既包含了时间又指明了空间。还有，如今明明只有一件事物或一个现象，但是，人们却很频繁地使用什么"世界"来形容。例如，一个以向广大公民普及科学知识为目的的，并将持续进行一段时间的大型科技节，其广告词上就可能会出现"这个活动将为公民创建一个科技世界"这样的字样。这里把"世界"两个字分开来看，"世"就是指时间，"界"就是指空间。因此，"世界"就意味着"时空"。然而这些说法，仅仅是对空间和时间的具体应用而已，并没有说明究竟什么是空间和时间。

在哲学家看来，时间和空间是物质存在的两种基本形式：时间是物质运动持续性和顺序性的表现，空间是物质存在广延性和伸张性的表现。在物理学发展史上，存在两种不同的时空观——牛顿提出的绝对时空观和爱因斯坦提出的相对时空观。本章先讨论牛顿的绝对时空观。

什么是牛顿的绝对时空观？牛顿为什么要提出绝对时间和绝对空间呢？牛顿是从判定物体究竟处于"动"还是"静"的状态时所必须确定参考系的相对性中提出他的绝对时空观的。牛顿认为，确定参考系以后判定物体"动"还是"静"，是人们一种经验上的偏见。我们只能问一个物体是否相对于另一个物体是静止的或运动的，那么，这个物体究竟是否真正静止或真正运动呢？牛顿认为：在哲学探讨中，我们应当把它们（这里指的就是描述空间、时间和运动的基本特性）从感觉中抽离出来，考虑事物本身，并把它们同只是其可感知的量度区分开来。“普通大众只是从这些量与可感知事物的关系中来理解它们，这样就产生了这种偏见。”[①] 牛顿认为，为了消除这种由经验上的量度产生的相对主义的偏见，需要把空间和时间分为绝对的和相对的、真实的和表观的、数学的和日常的。

牛顿提出的绝对空间的定义是：“绝对的空间，就其本性而言与一切外在事物无关，处处相似，永不移动。”牛顿提出的绝对时间的定义是：“绝对的、真正的和数学的时间本身，依其本性而均匀地流逝，与一切外在事物无关，它又可以被称作延续；相对的、表观的和日常的时间是对运动之延续的某种可感的和外在的（无论是精确的或是不均匀的）的量度，它常被用来代替真实的时间，比如一小时，一天、一个月、一年。”[②] 这就是 300 多年前牛顿提出的经典的绝对时空观。在这个时空观下，绝对的空间延伸和时间的延续性是相对于绝对坐标系而言的。绝对运动是物体从绝对空间的一部分移动到另一部分；绝对静止是物体持续处于绝对空间的同一部分；相对空间则是绝对空间的某个可以运动的大小部分，我们的感官通过它与物体的相对位置来确定相对空间，它通常被当作不动的空间。相对运动是从一个相对处所迁移到另一个相对处所。相对静止是物体与其他某个物体的距离保持不变。在经典绝对时空观中，与物体宏观运动相联系的绝对时间和绝对空间是互相独立的、与物体的运动无关的。

显然，在牛顿看来，空间拥有一种绝对的存在，是一种超越各种物体的空间关系之上的三维容器。物质世界的万物都是上帝在创造世界的时候就放在里面的。这个三维容器与日常容器的区别在于前者是向空间各个方向无限延伸的，后者是尺寸有限的。人们在日常生活中是无法感觉到绝对空间和绝对时间的，因为在人们的生活和生产实践中，实际测量运动经历的时间间隔和物体的长度一定是相对于某个选定的参考系而言的，因此，人们获得的动和静的时空认识只不过是对相对位置、相对时间和相对运动的认识而已，不属于牛顿的绝对时空观。

牛顿引入绝对时空观是人类对时空认识的第一次大飞跃，是建立经典力学体系的需要。正如爱因斯坦指出的那样：“牛顿的决定，在当时的状况下，是唯一可能

---

① 伯特．近代物理科学的形而上学基础［M］．张卜天，译．长沙：湖南科学技术出版社，2012：208-209，211．

② 塞耶．牛顿自然哲学著作选［M］．上海外国自然科学哲学著作编译组，译．上海：上海人民出版社，1974：19．

的决定，而且也是唯一有效的决定。”[①] 绝对时空观思想也是整个经典力学的核心，它可以提供一个标准来判断宇宙万物所处的状态究竟是处于静止、匀速运动还是加速运动，只有判定了万物的状态，才能使“力学有明确的意义”（爱因斯坦语）。[②]

从物理学的发展史看，对时间和空间的认识始终贯穿在力学乃至整个物理学的发展过程中。不少中学或大学的物理教材在第 1 章中都会提到“时间和空间”，第 1 章的第 1 张表往往就是目前人们已经能测量到的关于时间尺度和空间尺度的数量级（表 1.1 和表 1.2）。因此，建立关于空间和时间思想的认识在物理学中有着重要的地位。

表 1.1　时间的数量级

年	秒	平均寿命	
	10^{18}	宇宙的年龄	
10^{9}		地球的年龄	U^{238}
	10^{15}		
10^{6}		最早的人	
	10^{12}	金字塔的年龄	Ra^{226}
		美国的历史	
	10^{9}	一个人的寿命	H^{3}
	10^{6}	一天	
	10^{3}	光从太阳射到地球	中子
	1	一次心跳	
	10^{-3}	声波的周期	
	10^{-6}	无线电波的周期	μ 介子
			π± 介子
	10^{-9}	光通过一英尺	
	10^{-12}	分子转动的周期	
	10^{-15}	原子振动的周期	π^{0} 介子
	10^{-18}	光经过一个原子	
	10^{-21}	核振动的周期	
	10^{-24}	光经过一个原子核	奇异粒子

① 爱因斯坦．爱因斯坦文集：第一卷［M］．许良英，范岱年，译．北京：商务印书馆，1976：548.
② 郭奕玲，沈慧君．物理学史［M］．2 版．北京：清华大学出版社，2005：36-37.

表 1.2　空间的数量级

光年	米	
	10^{27}	
10^{9}		宇宙的边缘
	10^{24}	
10^{6}		到最邻近的银河系
	10^{18}	到我们的银河系的中心
1		到最近的恒星
	10^{15}	
	10^{12}	冥王星的轨道半径
	10^{6}	到太阳
	10^{3}	到月球
		人造卫星的高度
		电视塔的高度
	1	一个孩子的高度
	10^{-3}	一粒盐
	10^{-6}	病毒
	10^{-9}	原子半径
	10^{-12}	
	10^{-15}	原子核半径

摘自：费曼．费曼物理学讲义：第一卷［M］．上海：上海科学技术出版社，1983：49.

在大学物理课程中，时间 t 是作为参数出现在对位移和对速度的微积分表示式中的。例如，通过位移对时间变量的微分可以依次得到速度和加速度，反之，由加速度通过对时间变量积分可以依次得到速度和位移，由此可以建立一系列运动学公式。一般地讲，运动学得出的路程、速度和加速度表示式都是时间的函数，因此，任何物体的运动变化都是用空间和时间来度量的。既然包含时间和空间，运动学公式作为用数学符号表述的物理概念，实际上已经渗透了时空观的思想。

这就表明，日常生活经验可以提供人们对时空的某些认识，但是只有物理学才能使我们从平时感受到的时间和空间开始，从而更深刻地认识物理学的时空之理。时空观是物理学的一个重要思想。物理学的每一步发展都会涉及对时空的认识，在本书第 5 章中，我们会看到，绝对时空观既显示了牛顿的智慧，也暴露了这个理论的弱点。20 世纪初，以爱因斯坦创立相对论为标志的物理学革命正是以批判牛顿的绝对时空观、建立起相对论时空观作为一个首要的“突破口”的。

1.4 物体运动为什么会发生变化的“时钟式”机械因果观思想

1.4.1 物体为什么会这样运动——关于机械运动的因果观思想

力学继运动学以后就是动力学。动力学以质点为模型，建立对质点运动状态为什么会发生变化和怎样变化的动力学描述。如果说，运动学研究“物体是怎样运动的”问题，即物体的运动状态“发生了什么变化”的“量”的问题，体现了运动的“时空”观思想；那么动力学研究“物体为什么这样运动”的问题，即物体的运动状态“为什么发生变化”的“质”的问题，这就体现了运动的因果的思想。

因果论的思想是人类思想史上一个古老而又常新的论题。人们对自然界各种现象之间因果关系的探讨由来已久，从古希腊的亚里士多德提出的“目的因”甚至更早的德谟克利特开始，就把因果论思想作为形式逻辑的主要内容之一，他们主张的因果论曾统治欧洲2000年，对科学有着很大的影响。由于因果关系的普遍性，它在人类认识史上占有重要的地位。

因果论思想揭示的是普遍存在于物质世界的运动、变化之中的一种客观存在的相互关系，是物质运动性的次序性在人脑中的反映。所谓“因”就是事物运动的起因和源头，“果”就是事物运动的归宿和结局。因果观认为，世界和人生的变化都处在“原因—结果”的链条中。人们对因果关系的认识：只要找到引起任何事物的运动的“因”，就必然可以预料它以后运动的“果”；在时间次序上，“因”在先，“果”在后。反之，任何事物的运动之“果”一定是事出有“因”的。我们周围看起来出乎意料的突然发生的现象，也一定是由某种原因所支配和引发的，我们只是事先对原因一无所知而已。

各种事物的运动都是相互联系和不断发展的。在它们彼此间的联系和发展中，根据它们是否有必然的因果联系，可以分成截然不同的两大类现象。一类现象是呈现出确定性的因果关系。这类现象表明，在一定条件下，“因”必定会导致某种确定的“果”。通常的自然科学各学科中的许多定理、定律就体现了这种确定性的因果关系，并以公式和定理的形式呈现出它们之间的量的变化规律。例如，一个运动的物体受到力的作用，就会引起运动状态的变化。这里“力”就是“因”，而运动状态的变化就是“果”，体现整个因果关系的定律就是牛顿第二定律。在牛顿看来，所谓的科学研究工作就是去找到物体受到的某种力，然后建立运动方程，加上初始条件加以求解，得出物体在以后任意时刻的运动状态。在数学物理方法中建立的弦和膜的振动方程，流体的输运方程和拉普拉斯方程，正是这样一类确定性的因果方程。

另一类现象是呈现出不确定性的因果关系。这类现象表明，在一定条件下，“因”导致的“果”是不确定的。例如，从某一高度抛下的一个骰子落到桌面上时，这个“因”导致哪一面向上的“果”是不确定的；还有在同样气候和土壤条件下，进行优良粮食品种的人工培育试验时，如果把种子的播种看作“因”，那么种子的发育成长就是“果”。只要种子是优良的，则撒什么种子结什么果。对种子的整体而言，“因”与“果”的关系是确定性的。但是，每一颗种子总是有差别的，它们的发育成长情况存在着发育强弱和早晚的区别，因此，对每一颗种子而言，“因”和“果”的具体关系存在着不确定性。在自然界中，事物之间的这种不确定性因果关系是普遍存在的，这类现象叫作偶然现象，或者叫作随机现象。

物理学中因果观的具体表现是：如果物理现象或过程 B 的出现是由物理现象或过程 A 引起的，那么就物理现象或过程 B 而言，导致其出现的物理现象或过程 A 就是原因，物理现象或过程 B 就是结果；如果物理现象或过程 B 又导致了新的物理现象或过程 C 出现，那么，在这个过程中，物理现象或过程 B 就是原因，物理现象或过程 C 就是结果。原因和结果在事物变化的因果链条上是相对的，不是绝对的。

把这样的因果观用在宇宙演化上，就可以认为宇宙中一切未来的事件都由其现在乃至过去完全确定了。因果观也使得人们相信，可以用从一个空间和时间领域获得的知识去推论另一个空间和时间领域的知识。

与时空观一样，因果观是一个哲学范畴的基本问题，也是一个价值观的问题。哲学上把一个现象与另一个现象之间的那种“引起和被引起”的关系称为因果关系，其中引起另一个现象的那个现象称为“因”，而被引起的那个现象称为“果”。由于在现实生活中人们对各种现象之间的关系有着不同的理解，因此就出现了对因果关系的各种复杂的表述。在日常生活中人们常常会用“一因多果”或“多因一果”来表示现象之间的关系，有时还会出现“多因多果”的说法。对科学家和哲学家来说，没有比搞清因果更重要的了。希腊哲学家德谟克利特说过，如果要在知道因与就任波斯国王之间作抉择，他宁愿要知道因。牛顿说：“自然哲学的内涵是去发现大自然的架构和运作……因而推导出事物的因果。”[①]

---

① COLE K C. 物理与头脑相遇的地方［M］. 丘宏义，译. 长春：长春出版社，2002：202.

英国哲学家穆勒（1806—1873）力图在现象的比较中发现因果关系，他归纳了求同法、求异法、共变法和剩余法等探求因果关系的基本方法。它们的原则可以简单归纳为：相同结果必然有相同原因；不同结果必然有不同原因；变化的结果必然有变化的原因；剩余的结果应当有剩余的原因。

早在17世纪中叶，笛卡儿（1596—1650）的因果观哲学体系就已为广大科学家所接受，人们相信，宇宙如同一架“钟表”，这架“钟表”一旦由上帝启动后就不再需要采取任何上紧发条或其他修理的措施而无休止地运行下去。为了确保宇宙这架机器不至于停止运行，笛卡儿论证说，上帝一定在物质中保存着相同的运动量，即宇宙间一定存在一个运动量的守恒原理，这个运动量不是速度，而是速度与质量的乘积——动量。通过对弹性碰撞问题的研究，惠更斯（1629—1695）等得到了动量守恒定律和能量守恒定律。

伽利略认为，科学的真正目的就是要找出产生现象的原因，一旦认识了这种因果关系，就能揭示未知现象。荷兰哲学家斯宾诺莎（1632—1677）提出，万物都可以用因果作出解释：“如果有确定的原因，则必定有结果相随；反之，如果无确定的原因，则绝无结果相随。”[①] 他坚决否定“偶然性”的客观性，认为，“偶然性”只是人们没有认识到自然界的全部秩序和一切原因的普遍联系时产生的一种错觉。弗朗西斯·培根（1561—1626）也指出，真正知识的获得，必须通过阐明因果联系的途径，而不是幻想什么“合理的天意”或“超自然的奇迹”。

因果观的思想也出现在近代科学初期许多科学家的著作和演讲稿中，这些认识是17—18世纪物理学发展的重要成果，它带给人们在认识自然界本原问题上与当时神学观念的一种对抗，是人们认识世界方法的一种革命性的飞跃。

前人这些关于因果观的思想对牛顿产生了深刻的影响。牛顿“站在巨人的肩膀上”撰写了《自然哲学之数学原理》（后文简称《原理》）（1687年出版）巨著，综合并发展了前人取得的研究成果，奠定了整个经典力学的理论框架。因果关系是整个经典力学的基石，而牛顿是经典确定性因果思想的代表人物。继牛顿之后，拉普拉斯（1749—1827）则把确定性因果思想发展到高峰，以至于被称为“确定性之父”。在牛顿和拉普拉斯的那个时期，确定性的因果观完全取代了自然界一切客观的因果关系。

---

① 北京大学哲学系外国哲学史教研室．西方哲学原著选读：上卷［M］．北京：商务印书馆，1983：416.

牛顿揭示的自然界是一个充满着“先因后果”的严格的确定性世界。每个事物的运动都是“因”在先，“果”在后，而且有一个“因”必然就有一个可以预测的“果”。无论是小到一块石头的运动还是大到太阳星系的运动，人们只要知道了它们初始状态的“因”，那么它们以后的运动的“果”就是完全确定的。依据经典物理学，不仅“今天”的自然界是由“昨天”的自然界确定性地演化而来，而且人们还可以从“今天”的自然界完全确定性地预测“明天”的自然界。对于在体育运动中进行球赛预测，日常生活中对气象的预测，经济发展中对市场的预测等这类变化莫测的现象，人们都把它们看作是不确定性的因果关系在日常生活中的表现。对这类现象人们无法找到全部的“因”去解释最后的“果”，或者即使知道了“因”仍然无法预料最后的“果”，于是只好不得已采用统计方法做出概率性的因果性结果作为对确定性因果关系的一种补充。

牛顿运动定律作为经典动力学内容的主要组成部分，揭示了惯性是物体固有的内在属性，外力是物体运动状态改变的原因。并且，牛顿得出了万有引力定律，把伽利略研究“地上”的运动发展为建立起“地上”运动和“天上”运动的统一理论，从而为经典的机械因果确定论思想提供了一种最合适、最确切的表达形式。如果说，在探讨物体为什么运动的原因时，古希腊的运动只有一个目的，亚里士多德把它归结为“目的因”，这样的运动观直观性强，容易被人们所理解，那么到了 17—18 世纪，牛顿认为运动的起因是某种要素，例如力，这是“动力因”，不是亚里士多德主张的“目的因”，它是能产生物体运动变化的直接的、直觉的动因。①

由于经典力学在 18 世纪是唯一的严密科学体系，它应用于生产和科学实验活动又获得了巨大成功，在当时就导致形成了机械确定论的哲学因果世界观。其主要表现是，原因和结果一定存在着一一对应的因果关系；原因的微小改变必然只引起结果的微小偏离。到了 19 世纪中期，物理学的学科范围和内容已经达到了概念准确、逻辑统一的新阶段，以至人们不仅对机械运动，而且对其他运动形式都以力学解释为原理的出发点，把寻求数学规律作为普遍目标，把建立能量守恒定律为统一原理，用相应的机械确定论的因果观来作出描述。于是，牛顿以他创立的经典力学为人们建立了一幅完整的“时钟式”的自然界图像：自然界是一部由不可再分的原子组成的巨大“时钟”，一经启动，便将按照既定的确定性因果规律自行地运转。人们可以断定，“今天”之所以如此，一定是由“昨天”的某个“原因”造成的，

① 琼斯．普通人的物理世界［M］．明然，黄海元，译．南京：江苏人民出版社，1998：80.

而从今天的“原因”又可以得出明天的“结果”。

正是在牛顿三大定律中，牛顿集中体现了机械因果观的思想，构建了完整的机械因果观的思想体系。牛顿第一定律指出了惯性的静止或运动的属性，指出了外力（“因”）会迫使物体改变自己的运动状态（“果”）。但是，牛顿第一定律仅仅给出了一个对外力产生的结果的预测的运动因果观定性的表述，牛顿第二定律进一步给出了外力大小与改变运动状态之间的定量的因果关系。爱因斯坦曾经指出：“我们必须明白，在牛顿之前，并没有一个关于物理因果性的完整体系，能够表示经验世界的任何深刻特征。”

1.4.2 牛顿第一定律的物理意义——定性的机械因果观思想

牛顿第一定律又称为“惯性定律”。惯性是一个十分抽象的概念，我国古代当然无法形成明确的惯性概念，但是对于由惯性所表现出来的现象在成书于春秋战国时期的《考工记》（又称《周礼·冬宫考工记》）就有了有关物体惯性运动的记载。这是科学史上有关物体惯性运动现象的最早记述。

《考工记》记述了中国先秦时期的科学技术知识和手工业技术水平，涉及木工、金工、制造、冶炼等30个工种，书中所阐述的科学道理包含了物理学中的力学、声学、热学等方面的知识。其中《辀人》篇中有这样的文字：“劝登马力，马力既竭，犹能一取焉。”辀是车辕，劝登马力就是赶马车。当驾车的马不能再对车施加拉力时，车仍能继续往前走一段路程，这里指的正是物体的惯性运动现象：“动者恒动”。生活中的直觉经验告诉人们，没有外力的推动，静止的物体自己不会运动起来，《吕氏春秋·论威》中就以“物莫之能动”5个字表达了惯性的思想：“静者恒静”。当然，这样的一些表述还停留在就事论事的感性认识水平上，没有形成明确的物理概念。但远在2000多年前，我国古人就注意到这类惯性运动现象，而西方到了17世纪却还盛行着亚里士多德的“外力是物体运动的原因”的运动观，就显得非常可贵。①

“惯性”这个名词不是牛顿首先提出的。早在牛顿之前，开普勒和伽利略就已经提出了惯性的概念。开普勒认为，惯性是物体反抗运动或“不运动”的一种内在的倾向。他把“质量”定义为物体所含的“物质之量”，并把“惯性”与质量联系

---

① 王锦光，洪震寰. 中国古代物理学史略［M］. 石家庄：河北科学技术出版社，1990：66.

起来，指出："惯性或对运动的反抗是物质的特性，它越强，在既定体积中的物质之量就越大。"为什么物理学上并没有开普勒惯性定律？原来，开普勒仅仅把惯性看成物体在从静止到运动过程中对运动的反抗，没有把物体在不受外力作用时作匀速直线运动也归入惯性运动之列。

伽利略把亚里士多德提出的"物体为什么会保持运动"（亚里士多德提出"力是运动的原因"）的问题重提为"物体为什么会停止运动"（伽利略提出"力是运动改变的原因"）的问题，揭示出质量不为零的物体都具有维持原有运动状态的属性。在《关于两大世界体系的对话》中，他提到了物体在斜面上下滑并沿水平面运动的实验，并对结果作了演绎推理，从而得出："任何速度一旦施加给一个运动着的物体，只要除去加速或减速的外因，此速度就可保持不变；不过，这是只能在水平面上发生的一种情形。""如果这样一个平面是无限的，那么，这个平面上的运动同样是无限的了。"这里伽利略已经接近于提出了惯性定律。

伽利略第一次公开提出惯性是在 1613 年出版的《关于太阳黑子的书信》中。在讨论黑子围绕太阳的旋转时，他提出了有限的惯性原理，即除非有外力作用，圆周路径上的物体将永远沿着该路径以恒定的速度持续运动下去。这里伽利略所提到的连续运动不是一般意义上的圆周运动，而只是地球表面上的圆周。① 这就是伽利略关于惯性运动的思想，不过这是一种圆周惯性。伽利略也没有给予这个思想以明确的惯性定理之称，因此，物理学上也没有伽利略惯性定律。笛卡儿弥补了这个不足，把上述结论表述为：物体将一直保持它的速度，除非有别的物体制止它或减小它的速度；物体始终趋向于维持直线运动。牛顿吸取了开普勒、伽利略和笛卡儿等前人的思想，更完整地揭示了作为物体的固有属性——直线惯性的两个主要表现：一是它表现为运动物体将具有维持原有的运动状态或者是静止，或者是匀速直线运动的属性；二是如果一旦外力要改变这样的运动状态，物体就表现出对这种改变的惰性。把这两个表现结合起来，牛顿提出了牛顿第一定律，以此作为他的经典力学体系的第一条普遍性运动规律。

牛顿第一定律在《原理》中是这样表述的："每个物体继续保持其静止或沿一直线作等速运动的状态，除非有力加于其上迫使它改变这种状态。"② 通常人们习惯地把第一定律说成："如果没有受到外力或处于力的平衡条件下，物体将保持静止

---

① 科恩．新物理学的诞生［M］．张卜天，译．长沙：湖南科学技术出版社，2010：101-104.

② 牛顿．自然哲学之数学原理［M］．王克迪，译．武汉：武汉出版社，1992：13-14.

或匀速直线运动状态。”比较这两种表述，可以发现这两种表述的物理含义是不同的。前一种表述强调的是一切物体都具有惯性，惯性是物体的固有属性，而不是一种力；质量是惯性大小唯一的量度；即使没有受到外力，物体仍然可以处于一种静止或匀速直线运动的状态。而后一种表述仅仅是表示物体在一定条件下的某种运动状态或结果。显然，前一种表述更符合牛顿的原意。

这里牛顿提出了与亚里士多德完全相反的观点。亚里士多德曾经认为，物体的自由下落是“自然运动”，水平运动是物体在外力作用下违背自己本性的“强迫运动”。一旦去除外力，物体仍然恢复“自然运动”。牛顿则提出了所有物体在没有力的作用情况下处于静止或以恒定速度沿直线运动。

在这个定律中，牛顿改变了伽利略提出的“物体会沿着水平方向永不停止地一直运动下去”的表述，明确提出，惯性的运动是匀速直线运动而不是水平运动。因为在小尺度上，水平面是平直的，物体沿水平方向维持原有状态的惯性运动可以看作直线运动，但在大尺度上，水平面是弯曲的，而且由于与地球本身的自转相耦合的重力的影响，物体的运动实际上并不是沿地球表面的圆弧形运动，更不是水平运动。

牛顿第一定律指出了惯性的静止或运动的属性，但是，根据运动的相对性，物体保持静止或匀速直线运动的状态必须相对于一个特定的参考系才能成立，否则，在不同参考系中的观察者对物体运动状态的判断显然是不同的，在一个参考系内判定为匀速直线运动的物体，相对于另一个不同的参考系就可能具有一个加速度。那么在什么参考系中来判定物体的静止或匀速直线运动？牛顿第一定律虽然没有明确给出特定的参考系，但却隐含了对这样的参考系的确认，这个特定的参考系就是绝对惯性系，但是牛顿第一定律没有明确给出绝对惯性系的定义。牛顿第一定律必须在绝对惯性系中才能成立，而绝对惯性系又隐含在牛顿第一定律中，显然，牛顿第一定律的成立与惯性系的确立之间陷入了“循环逻辑”之中。

根据牛顿第一定律，判定物体作匀速直线运动的标志是物体不受力，那么，判定物体不受力的标志是什么？答案必然又是物体作匀速直线运动。于是，物体不受力的定义与静止或匀速直线运动的运动状态之间又处于一个循环逻辑的论证之中。

为了判定物体保持匀速直线运动而不是非匀速直线运动，就必须具有一个明确的计时系统来进行测量，这里必然涉及空间和时间的测量。匀速指的是在相同的时间内走过相同的路程，那么这个相同的路程是用什么尺子衡量的？这个相同的时间是用哪一个时钟来计时的？这是怎样的空间和时间系统？又按照牛顿第一定律，如果看见一个物体偏离了直线运动方向，沿其他方向运动，那么必然有一个力作用在该物体上。牛顿指出了外力会迫使物体改变自己的运动状态，这里隐含着物体本身具有一种对改变原有运动状态的“惰性”，即惯性。那么，如何量度惯性的大小？牛顿第一定律并没有给出具体的量度方法。此外，牛顿第一定律包含了对外力产生的结果的预测和运动因果观的思想。但是，牛顿第一定律仅仅给出了一个定性的表述，不能帮助我们由此确定力的大小；仅仅给出力是物体改变运动状态的原因，没有给出外力大小与改变运动状态之间的定量的因果关系。

1.4.3　牛顿第二定律的物理意义——定量的机械因果观思想

经典力学的机械因果观的定量关系集中体现在牛顿第二定律中。牛顿第二定律的原始表述是：“运动的改变和所加的动力成正比，并且发生在所加的力的那个直线方向上。”[①] 在这里，牛顿不仅明确提出了力是物体运动变化的“因”，而且进一步揭示了原因和结果之间的因果定量关系。

在牛顿第二定律中，力的概念是一个中心的概念。在我国古代，力指的是肌肉紧张产生的筋力。墨家的《墨经》给出了力的定义：“力，刑之所以奋也。”这里有两种解释：一种是“刑”同“形”，指形体、物体，“奋”指物体运动状态的改变，这句话的意思是，力是使物体改变运动状态的原因；还有一种解释是，“刑”指人体，“之所以奋也”指人体奋动而产生力。《墨经》不仅给出了力的定义，而且认识到物体的质量也是力的一种表现。

在中学物理中，牛顿定律通常被表述成力等于质量与加速度的乘积，即 $F=ma$，其中质量被看成是不变的量。按照这样的表述，如果物体的质量保持不变，那么就会直接导致一个结论：只要物体持续不断地受到一个外力，即使是很小的力，物体也会获得加速度。随着时间的推移，物体的速度会不断增大。那么，只要时间足够长，物体的速度就会变得足够大，以至于达到和超过光速，这当然是不可能成立的。在相对论中，爱因斯坦提出了物体质量是可变的，才解决了这个难题。大学物理采用了牛顿第二定律的原始表述，不仅较之中学物理的表述更加体现了基本定律的完整性，而且包含着更深刻的物理思想含义。

在牛顿第二定律中“运动的改变和所加的动力成正比”有两层思想含义。

---

① 牛顿．自然哲学之数学原理［M］．王克迪，译．武汉：武汉出版社，1992：13-14．

一是在定性上指出衡量物体运动状态的量是动量而不是速度。由于动量中包含质量，而质量又是用惯性来度量的，因此，这里牛顿再一次把物体的运动状态的改变与物体自身的属性——惯性联系在一起。惯性运动是物体本身属性引起的，是“自然的”；运动的改变（不是运动本身！）是外力引起的，是“被迫的”，也就是运动的改变既来自物体的外部，又与物体的内部属性相联。物体动量在外力作用下会发生改变，动量的改变既指物体运动速度大小的改变，也指速度大小不变但速度方向的改变。

二是在定量上指出动量的改变与外力成正比关系。正比关系是一种线性关系，这种线性关系是力学物理量之间的一种理想的简化关系。力学中的线性因果关系的影响如此根深蒂固，以至于后来一直影响着其他热学和电学物理量之间的关系，例如，理想气体状态方程、部分电路的欧姆定律等都是线性表示式。实际上线性关系仅是对实际关系的近似描述，它们是个别的、特殊的；而非线性关系则是对自然界真实面貌的一种反映，它们是普遍的、丰富的。近代物理的发展表明，自然界的万事万物之间不仅存在着“原因”和“结果”之间的一一对应关系，也存在着多个原因与一个结果对应的关系或一个原因与多个结果对应的关系。不仅存在着确定性的因果关系，也存在着概率性的因果关系。

牛顿第二定律虽然指出了动量发生变化与外力的关系，但实际上牛顿的表述是不完全的。直到 1750 年，欧拉（1707—1783）才指出，牛顿第二定律的表述应该是“动量的时间变化率与外力成正比”。

牛顿在《原理》中也明确提到了如今在中学物理教材中被广泛接受的牛顿第二定律的那个形式 $F=ma$。牛顿确实曾经这样提出过：“加速力和运动力的关系正如速度与运动的关系一样。运动量是由速度与质量的乘积求出来的，运动力则由加速力与质量的乘积求出来。”[①] 这里的“加速力”就是加速度，而运动力就是外力。但是，牛顿的这个表述却只出现在对一个比较次要的定义的说明中，而没有作为基本定律提出来。在牛顿第二定律中涉及的主要物理量是动量和力，并没有加速度。动量中有质量，因此，涉及的物理量就是两个：质量和力。

什么是质量？在伽利略时代，质量被看作是表示“物质所含的原子数量的多少”的一个量，培根在 1620 年出版的《新工具》一书中，定义质量是“物体所含

① 塞耶．牛顿自然哲学著作选［M］．上海外国自然科学哲学著作编译组，译．上海：上海人民出版社，1974：18．

物质之量”。这些定义没有把质量与重量加以区分，也没有在力、质量和加速度三者的定量关系上揭示质量的含义。牛顿在《原理》中首先给出了质量的定义：“物质的量（质量）是物质多少的量度，由其密度和尺寸（体积）共同度量。”那么，什么是密度？虽然牛顿在《原理》的后文中把密度定义为“惯性”对体积的比值，但是他在该书中定义了“惯性”是同质量成正比的。这样归根到底要定义质量就需要先定义密度，而定义密度又必须先定义质量。在 1883 年，奥地利物理学家马赫（1838—1916）提出，牛顿在质量定义和密度定义上又陷入了循环逻辑。他指出：“我们近来注意到牛顿关于质量概念的表述，即由体积和密度确定一物体所含物质的量的表述是不成功的，因为我们只能把密度定义为单位体积的质量，这是明显的循环。”[①] 这个表述曾在物理学界引起了广泛的关注，促使人们去进一步寻找对质量的更合适的定义。然而，仔细考察牛顿关于密度的定义，可以发现，实际上牛顿定义的密度指的是一个人们已有的常识性的基本概念，是单位体积中包含的原子数量，而这种粒子数的密度被牛顿看成是物体的基本属性而加以应用的，是不必从质量上去定义的。因此，牛顿给出的这个质量定义并没有影响《原理》的整体逻辑结构。

此外，牛顿对质量定义的另一个重大贡献还在于他明确指出了质量与重量的区别——质量是物体的一个固有属性，而重量则与物体在某一个特定位置上由重力引起的加速度的大小有关。质量是经典物理学的一个重要概念，是物质的一个基本属性。在经典力学中，质量首先被看作是物质量的量度。一个质点组的总质量被理所当然地看成是各个质点质量之和。但是，在现代物理学的相对论中，质量是与运动状态有关的一个物理量。两个具有相同能量 E 且沿相反方向运动的自由光子，其总质量是 $2E/c^2$（c 是光速）；而当它们沿相同方向运动时，总质量却是零。又在经典力学中，质量还被看作是惯性的量度，其数值由牛顿第二定律的力和加速度之比单值决定。但在相对论中，惯性质量因力和加速度的相对取向不同而取不同的数值。经典力学还由万有引力定律给出一个引力质量的定义，并认为，所有的实验都表明不能把惯性质量与引力质量区分开。然而在相对论中，运动物体的质量不能直接用来表示它与引力场相互作用的强弱。引力质量不仅取决于粒子的能量，还与物体的位置矢量和速度矢量的相对取向有关。因此，从现代物理学的观点看，质量仍然是一个重要的物理量，但比经典质量具有了更丰富的内涵。

---

① 杨仲耆，申先甲．物理学思想史［M］．长沙：湖南教育出版社，1993：281．

什么是力？力的概念一直是力学基础中出现大量困难问题的根源。从人们日常工作生活的经验看，力似乎是一种使人们肌体感到紧张的东西。许慎的《说文解字》曰："力，筋也。象人筋之形。"但是当人们谈到物体之间存在的相互吸引和排斥或一个物体对另一个物体施加推动作用时，力似乎又成了无机界的一种动态交换。[①] 牛顿对力的概念的讨论也令人感到困惑。他不仅没有对"力"给出可操作的独立定义，而且在不同场合使用"力"的概念，例如，他把外加的力称为"运动力"，把惯性称为"物质固有的力"，把加速度称为"加速力"等，使力的概念变得更加难以把握。一般认为，牛顿在第二定律中给出了力的明确定义："外力是加于物体上的一种作用，以改变其运动状态，而无论这种状态是静止还是作匀速直线运动。"这个论断把力定义为改变运动状态的原因，这是对亚里士多德及其以后多少年来把力定义成"维持物体运动的原因"的否定，但牛顿这样的表述仍然停留在表明力所产生的效果的层面上，并没有回答"在物体改变运动状态的过程中，力究竟是怎样改变速度大小和方向的"和"究竟什么是力"这样的问题。有时人们还会用 $F=ma$ 来定义力，把力说成是质量和加速度的乘积，但是这样又必须首先给出质量的定义，从而再次陷入质量和密度的逻辑循环。

从因果论角度去看，正是由于牛顿对于力从来没有给出完整的定义，到了 20 世纪，爱因斯坦重新评价了牛顿提出的任意的又无法观察的重力以后，最后放弃了重力，认为重力不是力，而是时空的曲率，提出用几何学取代重力，这也就成了爱因斯坦在广义相对论中提出等效原理的部分原因。[②]

1.4.4　牛顿第三定律的物理意义——两个物体直接接触的相互作用思想

牛顿在《原理》中明确说明，关于作用力与反作用力的关系在他之前就有惠更斯等先后发现，并通过碰撞实验得到了验证。牛顿自己也对碰撞现象的实验作了详细的研究，他把作用力和反作用力的关系进一步提升为运动的基本定律，提出了牛顿第三定律："每一个作用总是有一个相等的反作用和它相对抗；或者说，两物体彼此之间的相互作用永远相等，并且指向对方。"[③]

---

① 内格尔．科学的结构——科学说明的逻辑问题［M］．徐向东，译．上海：上海译文出版社，2002：220.

② 琼斯．普通人的物理世界［M］．明然，黄海元，译．南京：江苏人民出版社，1998：50-67.

③ 牛顿．自然哲学之数学原理［M］．王克迪，译．武汉：武汉出版社，1992：13-14.

牛顿第一定律指出了惯性是物体的固有属性，这是物体具有保持运动状态不变的内部原因。牛顿第二定律指出了力对物体作用产生的后果，这是物体运动状态发生变化的外部原因。这两个定律都只强调了单个物体的运动。显然，孤立的一个物体本身是既不能对自己施加力也不能从自己接受力的，物体受到力的作用必须来自其他物体。牛顿第三定律的主要成就在于，它不仅指出了力是物体与物体的相互作用，而且这种相互作用是对称的——每一个物体对另一个物体的真实作用力，都有一个大小相同、方向相反、反作用在该物体上的作用力与其同时产生。这里牛顿指的"相互作用"是一种物体与物体直接接触的相互作用。虽然牛顿也发现了两个质点之间存在引力相互作用，但是由于它们没有直接接触，因而称之为超距作用。（虽然引力理论是牛顿提出的，但他对这个理论在根本上并不满意；他甚至认为超距作用概念是一个荒谬的概念，"简直无法想象没有意识的物质如果没有其他的非物质的东西为中介，没有相互接触的其他物质，相互间怎么会施加作用和影响呢？"）[①] 牛顿第三定律与牛顿第一定律和牛顿第二定律一样，都是牛顿在前人已经取得的成果基础上加以总结而发展起来的。牛顿第三定律对任何力都没有提供任何特殊的说明。只有牛顿第一定律和牛顿第二定律，而没有任何附加的信息，我们就不能从牛顿第三定律计算出任何力的数值。但是如同索末菲（Sommerfeld，1868—1951）指出的那样，只有牛顿第三定律才使我们从一个单个的质点走向了相互作用的复合系统。

相互作用的思想是物理学的重要思想之一，即自然界存在着引力相互作用、电磁相互作用、强相互作用和弱相互作用四种相互作用。在物理学发展史上，揭示和认识自然界的相互作用，长期以来一直是许多物理学家追求的目标。而学习和理解相互作用也是大学物理教学中的一个重要教学内容。

在继力学课程以后的热学课程中提到的分子之间的作用力分为吸引力和排斥力，就体现了分子与分子之间的相互作用；在电磁学部分，点电荷受到的静电场力和带电粒子受到的磁场力也是相互的，尤其在讨论电场和磁场对介质的作用时，讨论的内容就集中在场对介质产生什么作用（例如，产生极化或磁化），介质对场又产生什么反作用（例如，改变原来电场和磁场的分布）等问题上。然而，分子的相互作用和电场磁场产生的相互作用超越了物体与物体的直接接触，已经不是所谓的

---

① 内格尔. 科学的结构——科学说明的逻辑问题［M］. 徐向东，译. 上海：上海译文出版社，2002：202.

“超距作用”，而是通过场这种物质的形态传递的相互作用。由此可见，在物理教学中“使学生理解相互作用”这个重要的教学目标贯穿在大学物理课程的始终，而学习和理解相互作用的第一步就体现在动力学的牛顿第三定律中。

1.4.5 牛顿三大定律是无法证明的——经典力学的公理性和整体性思想

牛顿在 1684 年 10 月写的一篇文章的手稿中提出过包括牛顿三大定律在内的运动基本六大定律，后来，在 1687 年出版的《原理》巨著中，他明确提出了“运动基本三大定律”思想，得到了科学界的公认。牛顿的三大定律作为定律，在物理教学上长期被误以为是从实验中归纳总结出来又可以被实验证明的。物理学发展史表明，牛顿三大定律作为经典物理学的起点，就定律的本意而言，它的实质只是公理而不是定律；如同欧几里得公理不能被证明一样，作为经典物理学的公理也是不可能由实验导出或得到证明的。

牛顿第一定律是无法证明的。因为，伽利略设想的使物体在没有受到任何摩擦力的平面上永远没有终点地一直运动下去的实验是不可能实现的。我们之所以接受牛顿第一定律，是因为至今它没有得出与现有的有限的实验相矛盾的结论。而且，如同我们已经看到的那样，牛顿第一定律是有限制的，它不能应用于加速（非惯性系）参考系。

牛顿第二定律也是不可证明的。有一种流行的做法是从通常习惯表述的牛顿第二定律出发，对小车受拉力在平面上运动使用所谓“控制变量法”来导出或证明牛顿第二定律。例如，控制质量，用实验得到拉力与加速度的正比关系，再控制拉力，得出质量与加速度的反比关系，由此似乎就导出或证明了牛顿第二定律的这个表示式。这样的所谓“控制变量法”既不符合牛顿得到第二定律的实际，也不符合科学方法的本意。

首先，在这个实验中小车从静止开始运动到最后停止这个过程本身就不是一个匀加速运动，因此，小车根本没有一个匀加速度；退一步说，即使小车作的是匀加速运动，那么，在牛顿第二定律中，加速度不再是一个平均量，而是一个瞬时量，也就是质点在所测量的时间间隔趋于零的极限情形下的瞬时加速度；而作为测量的实验，再精密的仪器也不可能无限持续地把时间间隔取得越来越短以至趋于零，也就是任何测量都只能在一个有限时间的范围内进行，因此，实验测量得到的加速度只可能是平均加速度，而不是瞬时量。

其次，这个定律本身包含着两个还未经定义的物理量：力和质量。小车受到的力实际上不仅仅是砝码施加的拉力，小车是在包括砝码拉力、摩擦力、空气阻力等外力的作用下从静止开始运动的，因此，小车受到的力应该是所有这些外力的合力，而摩擦力、空气阻力等外力在实验过程中是无法加以控制的。所谓“控制变量法”在得出牛顿第二定律的上述表示式时，用控制砝码拉力一个力取代了控制全部力的合力，用匀加速运动取代了小车的变速运动，这只能是一个粗糙的近似而已。进而，要证明牛顿第二定律，必须首先定义力，而力的大小和单位只有确定了质量和加速度以后通过牛顿第二定律才能给出。如果牛顿第二定律还有待证明，则如何能先得出力？此外，如何定义质量仍然是一个未曾解决的问题。没有力和质量的定义，怎么谈得上去控制力和质量？所谓“控制变量法”却事先有了力和质量的定义，然后再去讨论它们与加速度的关系，显然，这样的“控制变量法”不仅在科学方法上是没有依据的，甚至在逻辑上也是不自洽的。如同要证明牛顿第一定律但无法实现完全没有摩擦力的平面、无法观察到没有终点的运动一样，要证明牛顿第二定律又要完全测量出物体受到的全部力也是不可能实现的。

由此可见，牛顿定律是运动公理（公理是不能证明的），而不是实验定律（定律是可以证明的）。实际上，在牛顿的《原理》中，三大定律确实是牛顿在“序言”部分作为公理提出的。牛顿以三大定律作为公理，用关于质量、动量、惯性、力等基本概念的八个定义作为初始定义，运用数学推导得到了数十条可作为定理的普遍命题。于是，公理、定义和定理就构成了牛顿力学的公理体系。这个公理体系的特征是：它是一个没有具体物理意义的数学系统。因为它给出的是没有具体物理意义的质点在绝对空间和绝对时间中的运动，而运动变化的原因归结于抽象的万有引力。

人们为什么相信这三个定律？这是因为 300 多年来正是牛顿三大定律作为公理从而为物理学的发展奠定了逻辑基础。与欧几里得几何学的公理不同的是，与几何学相比，物理学有着附加的约束：它必须与真实世界相符。物理学的成功需要获得比与逻辑的推理相符更多的东西。因为一个物理学的论证（无论它多么美妙）只有在通过多次反复的实验或观察后，得到肯定的结果时才能得到公认，否则这样的论证结论就是无效的。正是从这个意义上说，物理学是一门实验科学。牛顿三大定律虽然没有定义力，但是提出了处理那些测量到的力或借助于其他定律（例如，借助于万有引力定律）计算得到的具体的力的原则。我们接受和相信牛顿三大定律，因为从这些定律得出的预言与测量结果是相符的。

刚开始接触牛顿三大定律的学生常常产生的一个印象是，牛顿第一定律不过是牛顿第二定律的一种特例而已，因为从牛顿第二定律可以得出在没有净力作用下物体将作匀速直线运动的结论。如果这个结论已包含在牛顿第二定律中，牛顿第一定律是多余的吗？牛顿为什么要引入第一定律？前面已经论证，牛顿第一定律揭示了物体具有的固有属性——惯性，并隐含着定义绝对惯性系的前提。正是在牛顿第一定律得以成立的惯性系中，一个受到净力为零的物体将保持静止或作匀速直线运动，而在受到外力时，它将作加速运动。但是也可以找到这样的参考系，在这个参考系中物体虽然受到的净力为零，物体却并不静止也不作匀速直线运动。例如，以一个表面无摩擦力的匀速旋转的圆盘作为参考系，给一个放置在盘上的小木块以一个冲击力，使它沿着圆盘表面运动。显然，沿圆盘表面方向，木块受到的净力是零。在以圆盘作为参照系的观察者看来，这个木块并不作匀速直线运动，而是在作加速运动。而从以地面作为惯性系的参照系看来，首先，圆盘相对于地面在作加速运动，它不是一个惯性系；其次，这个木块相对于地面惯性系作的是匀速直线运动。因此，判断物体是否受力，并是否相应地作加速运动或匀速直线运动，需要确定惯性系，也就是必须先有第一定律成立的惯性系，才有牛顿第二定律的成立。此外，在因果关系上，牛顿第一定律仅指出了因果的定性关系，牛顿第二定律进一步明确了因果的定量关系。由此可以得出，第一定律为第二定律的成立提供了成立的条件；第一定律不是第二定律的特例，因为第一定律不是从第二定律中导出的。

牛顿提出了第一定律和第二定律，为什么还需要提出牛顿第三定律？初看起来第三定律不过是给出了作用力和反作用力相等的结论，这无非是日常生活的经验而已。由此可能产生的另一个印象是，第三定律不像第二定律那么重要，它至多是在解题过程中对物体的受力分析提供了有益的启示。实际上，第三定律不是日常生活经验的简单总结，作为与第一定律、第二定律并列的基本定律，它对维护整个牛顿力学体系起着重要的作用。

首先，第一定律和第二定律虽然提出了力的概念，但对“什么是力”却没有给出一个明确的表述，正是第三定律明确提出了“力是物体与物体之间的相互作用”，并指出它们是对称地作用在两个不同物体上。当一个物体受到其他物体作用的合力不为零时，根据牛顿第二定律，物体就会具有加速度。任何人之所以不能自己拉住自己的头发离开地面，其原因就是他通过手臂拉头发的力和头发对他手臂的反作用力都作用在他自己身上，他受到的合力仍然是零。

其次，牛顿第一定律和第二定律只有在惯性系中才能成立，但对“什么是惯性系和非惯性系”却没有给出一个明确的划分，惯性系和非惯性系可以互相转化吗？正是牛顿第三定律为惯性系起了“保驾护航”的作用。

虽然牛顿第一定律、第二定律只能在惯性系中成立，在非惯性系中是不成立的，但是在物理学中一般都会提出假设的惯性力的概念，并指出，一旦在非惯性系中引入惯性力，仍然可以应用牛顿运动方程来讨论物体运动状态的变化。例如，在一辆相对地面作匀加速直线运动的车厢内，把一个系着一个小球的弹簧水平放置在光滑的桌面上，弹簧的另一头连接在车厢前端的面壁上。在地面上的观察者看来，小球受到弹簧的拉力随同车厢作匀加速直线运动。但在车厢内的观察者看到的情景是，小球是“静止”不动的；但是毕竟在弹簧上显示出了某个读数，这就意味着小球受到了一个水平方向的作用力。于是，这个观察者得出的结论是，小球受到了一个不为零的力，但却居然处于“静止”状态，这显然是违反牛顿定律的。为了仍然可以应用牛顿定律来解释这个现象，这个观察者就会作出这样的判断：小球除了受到弹簧的作用力，一定还受到一个额外的力，这个力与弹簧作用于小球的力大小相等、方向相反，也作用在该小球上，于是小球就处于力的平衡状态下，按照牛顿定律，它理所当然地应该“静止”不动。这个额外的假设的力就是所谓惯性力。类似地，如果在一个相对于地面作匀速转动的转盘上放置一个物体，通过弹簧与转盘中心相连接。在随同转盘一起转动的观察者看来，物体是处于相对“静止”的状态的，但是弹簧上却显示了读数。于是为了能够应用牛顿定律解释物体的静止状态，他也可以引入一个额外的假设的惯性离心力作用在物体上，从而使物体处于平衡状态。

从以上例子的分析中似乎可以得出这样的结论：不论在什么参考系中，只要观察者引入假设的惯性力，就能够运用牛顿定律成功地解释在这些参考系中出现的各种力学现象。如果把牛顿定律能够成立的参考系称为惯性系，那么引入惯性力以后，任何参考系也都可以称为惯性系。而如果所有参考系都是惯性系，那么也就没有必要定义惯性系；或者说，如果任何参考系都是惯性系，就意味着根本没有惯性系。没有了惯性系，牛顿第一定律和第二定律也就失去了成立的条件。由此看来，为了应用牛顿定律而引入惯性力，所导致的后果恰恰是使牛顿定律失去了成立的条件。于是，这就出现了尖锐的问题：如何看待引入假设的惯性力？如何保持这个牛顿力学体系在逻辑上的自洽性和完整性？

对此，牛顿第三定律明确指出，力是物体与物体的相互作用，它们构成一对作用力和反作用力。根据力的这个特征，惯性力根本就不是真实的相互作用，它仅仅是想象的虚构的力而已，换言之，假设的惯性力是根本没有反作用力的，于是惯性力就从牛顿第三定律定义的力的范畴中被驱逐出去。在惯性系中讨论物体惯性运动或加速运动的问题时，物体受到的力必须是遵循第三定律的物体与物体之间的真实相互作用力，即只有在惯性系中才能应用牛顿定律。由此可以得出，第三定律具有深刻的物理意义，它为第一定律和第二定律得以成立的惯性系提供了存在的保障。

从确立物体的惯性到需要建立惯性系来描述运动变化，从描述力与运动变化定量关系到确立经典的机械因果观，从单一物体受力到建立物体之间的相互作用等方面，可以得出结论：牛顿的三大定律中每一个定律既具有各自独立的地位又互相联系，无论是在认识论上还是逻辑上，它们都是构成一个整体所缺一不可的组成部分，也不能从一个定律导出另一个定律。

1.4.6　牛顿三大定律和万有引力定律的比较——公理和定律的区别

在牛顿的经典力学中有一个重要的定律涉及具体力的表示式，那就是万有引力定律。万有引力是牛顿把“天上”物体运动的“原因”和“地上”物体运动的“原因”统一起来的一个力，在力学中有着重要的地位。但是，为什么万有引力并没有与三大定律“平起平坐”，没有被称为“牛顿第四定律”呢？

万有引力定律不是突然出现在牛顿的头脑里的，也不是牛顿从开普勒三大定律中概括和归纳得到的。首先，牛顿对于物体受重力下落的现象从直觉上引发了这样的深思：地面上物体受到的重力与最高建筑物上和山顶上物体受到的重力相比没有多大的减弱，那么为什么这个力就不可能延伸到月球上去呢？这个力的强度在月球上会发生什么变化呢？其次，以一定速度从山顶被抛出的物体受重力作用终将落到地面上，且速度越大，物体在水平方向的射程就越远。基于这样的观察，牛顿引发了这样的猜想：如果抛出的速度达到一定的大小，那么物体就可能绕地球运动一周或者物体甚至永远不会落到地面上来。例如月球，牛顿认为，月球能够保持围绕地球的运动一定受到了某种“向心力”的作用，这个向心力与重力是不是同一种类型的力？为此，牛顿提出了一个这样的思想实验：假设一个小月球在几乎贴近地球上的山顶的高度绕地球作圆周运动，如果它既受到重力又受到向心力作用，那么，当月球突然停止运动而下落时，月球将受到两种力的作用而下落，因此，它必然下落得比通常物体下落得快，显然这是不符合日常经验的。于是，牛顿推出这样的结论：月球受到的“向心力”就是月球受到的重力。正是出于这样的一系列思考，牛顿在引用了惠更斯所发现的向心力公式，并依据了第谷和布拉赫的天文观察资料及开普勒的分析，导出了以反平方关系表述的万有引力定律，并把这样的关系推广到椭圆、双曲线和抛物线上。

由此可见，为了得到具体力的表述，首先必须具有观察和实验的信息，必须具有来自真实世界的知识，而公理正是在这些基础上运行才能体现出它的作用。显然，单从公理是不可能得出万有引力定律的。我们在利用牛顿定律（公理）解决问题的过程中，通常总是先从测量或分析该物体受到其他物体产生的各种力（包括万有引力）所形成的合力的作用开始的，然后才能应用牛顿第二定律来确定物体产生的加速度的大小和方向，进而得出物体运动的速度和位移等。如果说，牛顿三大定律如同欧几里得公理一样，都不是从实验中直接导出的产物，但可以应用于经典物理的任意场合，那么万有引力定律则只是提供了计算一个基本力——引力的特殊处方，它不是一个具有逻辑普适性的公理，它有受限制的应用范畴。因此，万有引力定律不属于牛顿的公理体系，而是一种具体作用力的表示式。这就是牛顿三大定律与万有引力定律的不同之处，也就是它不能称为“牛顿第四定律”的理由。

1.4.7　经典力学中的机械确定论思想——“时钟”式的确定性因果关系图像

通过牛顿第二定律，还可以导出在外力为零的情况下质点系的动量守恒定律。在质点系的问题中，如果只有质点之间相互碰撞的作用力，而没有来自质点系以外的其他力的作用，那么尽管质点互相碰撞产生的力在一个极短的时间内变化很复杂，但是在已知每个质点初动量和质点系总动量的情况下，由动量守恒定律仍然可以得出碰撞后质点系的总动量。动量守恒的思想是物理学中极其重要的思想，动量守恒定律是比动力学规律更高层次上的规律。虽然动量守恒定律是从牛顿定律推导出来的，而且只适用于惯性系，但动量守恒定律并不依赖于牛顿定律，而是关于自然界的一条基本定律。动量守恒定律体现的运动状态改变的规律比牛顿定律更为一般，牛顿定律体现的是力的瞬时效应，而动量守恒定律体现的是力的时间累积效应。在讨论最基本的宏观物体的碰撞问题中，要通过精确测定瞬时的作用力以运用牛顿定律求解运动是极其困难的；在讨论微观粒子的相互作用时，瞬时位置、瞬时速度及瞬时加速度都失去意义，然而在上述情况下，动量守恒定律却依然是适用的。

面对着丰富多彩似乎又支离破碎的自然现象，牛顿仅以几条定律（公理）加上万有引力定律就对从天上星体到地上物体的运动作出了简单而明确的解释，建立了一个自然界按照自身规律运行的、从物体的初始状态可以预言物体未来状态的一幅巨大的“时钟”式的确定性因果关系的图像。牛顿三大定律的提出是经典力学的伟大胜利。

经典力学中体现的这种机械确定论的世界观几百年来一直成为广泛流传的一种信念：利用牛顿定律，只要给出关于一个物体在起始时刻的运动状态（位置、速度和加速度），就能预言它在以后任一时刻的运动状态。拉普拉斯把因果确定性发展到高峰，以至于被称为“确定性之父”。他在1825年完成的《天体力学》一书中这样写道：“我们必须把目前的宇宙状态看成它以前的状态的结果以及以后发展的原因。如果有一种智慧能了解在一定时刻支配着自然界的所有力，了解组成宇宙的实体各自的位置，如果这种智慧伟大到足以分析这些事物，它就能有一个单独的公式概括出宇宙万物的运动，从最大的天体到最小的原子都毫无例外。而且对于未来就像对于过去那样都能一目了然。”① 在这样一个严格的因果确定性自然界中，每一个事物都是另一个事物存在和发展的必要和充分条件，没有任何事物和运动是自发地偶然出现的，即使是一个错误事件或一个失败事件，其出现也是命中注定的，无法避免的。面对着确实无法预料的偶然事件的发生，人们只能归结为自己的无知。例如，人们对于一个骰子下落时向上一面可能出现的点数是无法精确预料的，于是只能给出每一个点数出现的概率是六分之一的统计上的结论。确定性因果观认为，这是由于人们没有把握骰子初始时刻和在运动过程中所受到的所有力的信息所致。人们相信，一旦掌握了所有力作为初始条件（“因”），是一定能够对骰子下落后向上的点数（“果”）作出正确预测的。

赫拉克利特曾经说过，太阳每天都是新的，永远不断地更新。近代牛顿和拉普拉斯却告诉我们，虽然天地演化，日月星移，但是世界从来如此，未来也仍然如此地按照确定性因果关系持续下去。然而，从20世纪50年代开始的物理学革命又一次改变了人们长期持有的确定性因果观关系的自然观。

实际上，牛顿在经典物理学中提出的确定性因果关系的自然界图像只是对真实自然界的一种描述方式，随机的概率性关系的自然界图像是人们对自然界的另一种重要的描述方式。以量子力学的发展为标志的20世纪物理学的发展引发了物理学中对于微观客体确定性关系的描述和概率性关系的描述的重新思考。近几十年来，非线性科学特别是混沌动力学理论的发展揭示出，确定性因果描述与概率性因果描

① 杨仲耆，申先甲．物理学思想史［M］．长沙：湖南教育出版社，1993：311.

述并不是相互独立的，而是“你中有我，我中有你”的复杂关系。

比利时物理化学家普利高津（1917—2003）在他出版的《确定性的终结：时间、混沌与新自然法则》一书中，通过考察西方的时间观向我们显示，只要遵循现实世界的概率过程，我们就将远离僵化的确定论力学。他指出，量子力学可以推广到用来证明时间的天然不可逆性；时间先于大爆炸。普利高津解构了确定性世界观，认为人类生活在一个可确定的概率世界，生命和物质在这个世界里沿时间方向不断演化，确定性本身是一个错觉。他提出，“事实上，我们要走的是一条窄道，它介于皆导致异化的两个概念之间：一个是确定性定律所支配的世界，它没有给新奇性留有位置；另一个则是由扔骰子的上帝所支配的世界，在这个世界里，一切都是荒诞的、非因果的、无法理喻的。”“现今正在出现的，是位于确定性世界与纯机遇的变化无常世界这两个异化图景之间某处的一个‘中间’描述。物理定律产生了一种新型可理解性，它由不可约的概率表述来表达。”①

1.5　质量分布的集中度和分散度与刚体运动的几何学思想

1.5.1　从质点模型到刚体模型的深化——刚体的运动几何学思想

质点运动学和动力学只涉及一个质点或几个质点组成的质点系的运动。质点模型是物理学中分析物体运动的有效的理想模型，是对实际物体在一定条件下的近似。质点只有质量，是一个“点”，没有大小和形状；质点的运动学能描述一个物体（例如一辆汽车）什么时候行驶得快，什么时候行驶得慢，什么时候停止，行驶某一段路程花费了多少时间等。这样的描述称为“运动的几何学”②，因为它仅仅是抽象地量度了运动，而不涉及不同物体运动的各种不同的类型。在质点动力学中，力的作用点和质量都集中在一个点上，由此可以导出一些物理量及其相应的运动定律，例如质点的动量和质点系的动量守恒定律。

实际物体是一个“体”，有质量、大小和形状，还有各种相应的组成部分。质点运动只与质量大小有关，而实际物体的运动不仅与质量大小有关，还与物体的形

① 普利高津．确定性的终结：时间、混沌与新自然法则［M］．湛敏，译．上海：上海科技教育出版社，1998：150-151.

② 皮尔逊．科学的规范［M］．李醒民，译．北京：华夏出版社，1999：184.

状即质量分布有关。

人们的生活经验表明，当涉及实际物体的机械运动，尤其是需要近距离考察物体的运动时，必须考虑物体大小和形状的变化。此时显然不能把物体理想化为质点来描述，尽管物体发生这样的变化一般都很小，甚至需要精密的测量仪器才能得以发现。例如，载重汽车在驶上一座大桥时，在车轮与桥面接触处轮胎会发生变形，这是比较容易观察到的；与此同时，桥面也发生了很小的变形，这是肉眼一般难以发现的。但是，这样的变形一旦超过了一定限度，大桥就会坍塌。又如一辆汽车在行驶过程中，不仅有车厢的运动，还有车轮的转动和其他部件的运动。在这些类似的情况下，不仅不能把汽车和大桥看成质点，而且还必须考虑它们形状和大小的改变。

从物理上看，描述这类物体的运动，一个自然的延伸就是把这些物体看成是由大量质点组成的质点系，每一个质点称为物体的一个质元，一个合适的想法是通过描述每一个质元的运动来描述整个质点系的运动。由于当质点系发生形状和大小的变化时，其内部质元之间的间距也会在运动中发生相应的变化，物体又具有一定的弹性，则物体的外形也会发生形变，这样的变化是纷繁复杂的。试图通过对质点系中每一个质元的行为的描述来得到对整个质点系运动状态的描述，显然是十分困难的。

从数学上看，质点仅仅是一个理想的几何点，并不符合人们实际的形象知觉。同样，从一个实际物体的大小和形状上总可以抽象出点、线、面的几何结构，物体可以由此看成是类似几何学上的立体。这样的几何体也与现实世界的事物感觉形象不符。但是，我们可以把质点的“运动几何学”扩展成立体的“运动几何学”。人们研究物体机械运动时，为了得出物体作为一个整体的运动规律，则排除由物体大小以及其他运动细节带来的复杂性，从而引入质点这个几何点（点的大小是抽象的），同样，在研究实际物体的运动时，排除由物体的大小和形变对运动带来的复杂性，可以把物体看成是由点、线、面组成的几何体（几何体也是抽象的）。考虑到由于物体运动的影响从而使几何体的面和体可能发生的各种变化，则这样的变化显然在数学上也是纷繁复杂的。

考虑到物体发生的体的形变一般非常微小，则排除由物体的形变对运动带来的复杂性，可以把物体看成是一类特殊的几何体，这个几何体的面和体不发生任何改变，以至物体的大小和形状也始终保持不变。于是可以在质点的基础上再前进一步，对实际物体构建一个在任何运动情况下其大小和形状都不发生改变的理想模型，这样的理想模型就称为刚体。研究刚体运动时，可以把刚体分割成无数个宏观上无限小、微观上足够大的体积元，每一个体积元中仍然包含大量分子和原子，这样的体积元称为质元。在刚体运动过程中，任意两个质元之间的距离保持不变，刚体就是由众多质元构成的特殊的质点系。研究刚体的力学分支就是刚体力学。显然对刚体的研究比对质点的研究更接近实际物体的运动状况。

人们认识事物一般经历从简单到复杂、由“点”到“体”的各个认识阶段。从质点理想模型入手，由质点力学发展为刚体力学，体现了力学研究的对象从质量只集中在一个“点”的质点，发展为必须考虑质量在“体”上分布的刚体的认识上的深化，从而使人们获得更加接近对实际复杂事物真实面貌的认识，这就是经典物理学从质点力学到刚体力学为我们提供的在物理思想认识上的重要启示。

与质点一样，刚体是力学中实际物体的一个理想模型。刚体的运动规律是牛顿运动定律对这类特殊质点系的应用。质点和刚体的理想模型虽然是对实际事物的一种简化，但如果没有质点和刚体这样的理想模型，则对自然界千姿百态的物体运动既要计入大小和形状，又要把握在运动过程中影响物体大小和形状变化的各种复杂因素。“眉毛胡子一把抓”，不仅不能认识运动的基本规律，甚至连最简单的运动学公式也难以得到。

不仅力学如此，整个物理学科体系的形成过程也都包含着在思想认识上从“点”到“体”的深化过程。例如，从自由度上对物理学的研究对象进行分类时就可以发现，首先发展起来的是力学，它是研究少数自由度的质点和刚体的机械运动的，然后发展到研究具有大量自由度的分子、原子热运动的热力学，再是研究具有无限多自由度的电场和磁场的电磁学。又如从确定静电场的场强方式上看，静电学先讨论不计大小和形状的点电荷产生的电场，再延伸到点电荷系产生的电场，然后考虑由不同形状的连续带电体产生的电场。对磁场确定磁感应强度的描述方式也如此。

1.5.2　刚体的质心——刚体平动的“质点化”集中度思想

刚体是一个由特殊的质点系组成的“体”。刚体的运动分为平动和转动两类，对刚体运动的讨论也同样有运动学和动力学之分。因此，对刚体力学的讨论是可以通过与质点力学类比的思想来进行的。

在刚体平动的运动学中只讨论刚体的平动，一个作平动运动的刚体上各点的运动轨迹是完全相同的，刚体上任意两点的连线在运动过程中始终是保持平行的，因此，对刚体平动的运动状态的描述完全可以用刚体上任一个质点的运动状态来代替。这就是所谓刚体问题的“质点化”思想。

在刚体平动动力学公式中力、质量和加速度之间有着与质点动力学类似的表示式，同样也体现了“质点化”思想。但是，与质点动力学不同的是，在质点动力学中力的作用点在质点本身上，而刚体动力学中力可以作用在刚体的任意一点上；但是，不管作用在哪一点，其产生的平动作用的效果却相当于这个力作用在一个特殊的质点上的效果，这个特殊质点具有刚体的全部质量，它的位置是特定的，这个特殊的质点就称为质心。

质心虽然是牛顿给出的一个抽象的概念，但引入质心以后，就可以建立起质点动力学与刚体动力学之间的类比。牛顿提出，一个质点系和刚体的运动可以分解为质心的运动和相对于质点的相对运动，并建立了动力学的质心运动定理。质心是物理上描写整体运动的一个点，它并不属于哪一个质点；质心的位置可以在刚体上，也可以不在刚体上，但质心的运动可以代表整个刚体的平动。

除了能够建立类比的对应关系，引入质心的意义还在于它体现了刚体质量分布集中度的重要物理思想。显然，对只有一个点而没有体积大小的质点，是不必要讨论质量分布的。由于刚体有大小和形状之分，因此，两个具有相同质量的刚体可以有着不同的大小和形状。这样两个刚体即使受到相同大小的力或力矩，它们的运动状况也仍然可能是不同的，其原因就在于这两个刚体具有不同的质量分布。质心正是体现刚体质量分布集中度的一个物理量。质心的位置不仅与刚体的大小、形状有关，也与刚体的质量分布状况有关。例如，一个球形刚体在各个方向上的质量分布都是均匀的，并呈现球对称性，它的质量不偏不倚的集中状况用球心来体现最恰当，因此，质心就定位在该球的球心处。如果讨论一个半球的质心，则由于球对称性发生了破缺，质量分布的集中点显然就不再位于球心。一个圆环的质量分布也是均匀的，它的质心在圆环中心，但它不在圆环上。

如果两个刚体质量相同但有着不同的形状，那么，在受到相同的力的作用时，它们的质心运动状况是相同的，并与具有这样的质量的质点的运动状况完全一致。但是，由于形状毕竟不一样，从而质量的分布也不一样，因此，这两个刚体中其他质点相对于质心的运动状况是不同的。

有了质心的概念，通过刚体运动学和动力学与质点运动学和动力学的类比，实际上就先在整体上建立了对刚体运动的描述方式，这种描述方式首先是在平动中实现刚体运动的“质点化”，然后是在动力学中讨论刚体形状大小和质量分布集中度对运动变化产生的影响。质点动力学只涉及质量对质点运动的影响，而刚体动力学不仅需要讨论质量的影响，还要考虑质量分布对运动的影响，显然刚体力学比质点力学更接近对实际物体及其运动的认识。

1.5.3　从平动的“线量”到转动的“角量”——“异中求同”和“同中求异”的类比思想

刚体的转动是区别于质点运动的一类运动，但在运动学描述上有着与质点运动学相似之处。在大学物理课程中刚体的转动一般只限于讨论定轴转动。对定轴转动的运动学的讨论过程与对质点运动学的讨论过程非常类似，只要以角位移、角速度和角加速度这些角量代替质点的位移、速度和加速度这些线量，就完全可以得到转动的运动学公式。把质点运动学公式与刚体转动的运动学公式进行比较，可以看到两者确实相似，从而可以进行类比。但是，对两件事物的任何类比毕竟只是类比，它们不可能具有完全相同的属性，这在大学物理教学中是必须加以注意的。

物理学中的类比思想实际上包括两个方面：一是“异中求同”——在两件似乎看来不相同的事物中寻找相同或相似的属性或数学表述方式，这就为人们提供了从已知事物可能认识未知事物的认识通道；二是“同中求异”——在两件看来似乎完全相同的事物中寻找不同的属性或各自特有的数学表述形式，这就为人们提供了可能发现新事物或新特征的认识途径。

在刚体定轴转动的运动学中，角量——角位移、角速度和角加速度，与描述质点运动的线量一样，也是矢量；它们在运动学公式上的表现形式与质点也相似，但是，在矢量的表现方式上，它们与线量却有着不同的特点。其一，线量的大小和方向是相对于选定的坐标空间而言的。在三维空间中，线量的表示式就是一个矢量的表示式，并且有三个分量；而角量的大小和方向是相对于刚体转动的转轴而言的，确定转轴在空间的指向需要三个方向的角度分量，但一个角量只可能有两个方向——与转轴平行或反平行，判定角量的方向一般是由人为的右手定则来进行的。其二，两个不同方向的线量的相加遵循矢量相加原理，例如，一个物体从水平方向被平抛出去后，它在空间任意位置的运动是水平运动和自由下落运动的合成，它的速度是这两个方向速度分量的矢量相加。而角量的相加只是代数相加，如果一个角量的方向与转轴方向平行，它就是正的，反之就是负的，于是，两个角量的相加就是代数运算。例如，一个以某个初始角速度开始并加速转动的刚体，它的初角速度和由加速度引起的角速度增量都取正的，因此，总角速度就是这两个量相加之和。

在质点力学中有机械能守恒定律，在刚体转动力学中只要用类比的思想建立力与力矩、质量与转动惯量、线速度与角速度之间的对应，就可以得出刚体力学中关于定轴转动的机械能守恒定律。

类比的思想不仅出现在刚体力学中，实际上它贯穿在整个物理学科体系中。继刚体力学以后，例如，在静电学中的库仑定律与万有引力定律之间的类比，静电场与稳恒电场之间的类比，电场与磁场之间的类比都是物理学中类比思想的体现。因此，认识刚体力学中体现的从平动的线量到转动的角量的类比不仅是为了解题的方便，而且实际上也是在为认识和理解物理学中类比思想在各方面的表现打下思想基础。

1.5.4 刚体的转动惯量——刚体质量分布的“分散度”思想

在刚体定轴转动的动力学中也存在与质点动力学类似的表示式，只要以力矩、转动惯量和角加速度相应取代质点动力学中的力、质量和线加速度，就能建立起刚体定轴转动的动力学描述。

在刚体的定轴转动过程中，即使对于质量相同的两个刚体，但是由于转轴位置和形状的不同，以至于它们在相同力矩作用下转动状态产生的变化也是不同的。其原因就在于它们质量相对于转轴的分散度不同。为了体现质量分散度对刚体转动的影响，就需要引入一个既与质量有关（这与质点运动相似）又与质量分布有关（这是刚体特有的）的物理量，这个物理量就是转动惯量。如果说，质心的引入反映了刚体质量分布的“集中度”，那么转动惯量反映的显然就是刚体质量分布的“分散度”。一般地讲，对于两个相同质量的刚体，如果其中一个刚体的质量分布显得比另一个刚体更分散，前一个刚体就比后一个刚体具有更大的转动惯量。例如，如果一个圆环与一个圆盘具有相同的质量，那么相对于通过圆环或圆盘的中心且垂直于各自平面的转轴而言，显然圆环的质量分布比圆盘更分散，因此，圆环就比圆盘具有更大的转动惯量，也就是使圆环从静止到产生加速转动或从转动的状态趋于停止就显得比圆盘更困难。容易看出，在讨论刚体转动时，转动惯量的地位和作用与在讨论质点运动时质量的地位相当。因此，可以在它们之间建立这样的类比：在质点动力学中，运动惯性的大小是用质量来衡量的；在刚体转动动力学中，转动惯性的大小就用转动惯量来度量。在经典物理学中，质量和转动惯量都是物体的固有属性，物体质量不变，质点的惯性也不变；而转动惯量的大小不仅与刚体质量有关，还与转轴的位置有关。质量相同的刚体由于转轴不同有着不同的转动惯量，因而有着不同的转动惯性。

与质心一样，转动惯量也是应运而生的。质点只是一个有质量而无大小的点；刚体有了质量，又有了大小，于是就有了质量分布的概念，有了分布就必然需要引入体现分散度思想的物理量。两个质量相同但质量分布不同的刚体，它们的质心可以都在各自的几何中心，具有相同的集中度，但是由于它们相对于过质心的转轴具有不同的转动惯量，因而相对于质心有着不同的质量分散度。例如，一个实心圆球和一个空心圆球质量相同，质心位置都在球心，集中度相同，但它们相对于通过球心的转轴的转动惯量是不同的，它们的质量分散度显然是不同的。

实际上，物理学作为一门研究物质结构和物质运动形式的学科，在涉及物质结构时，只要研究的对象不是一个点，就必然会涉及物质的分布；在研究运动形式及其相互转化时，只要研究的对象不是一个点的运动，就会涉及运动量的分布，在这两种情况下都会相应地需要定义体现集中度和分散度思想的物理量。例如，在继力学以后讨论分子热运动时，对于大量分子的无规则运动而提出的平均速率的概念就是分子随机速率分布在统计意义上体现的集中度，而麦克斯韦（1831—1879）提出的分子速率分布律就在统计意义上体现了分子速率按照不同速率区间分布的分散度。因此，在刚体力学中开始体现的质量集中度和分散度的思想，正是物理学研究实际物体运动的重要思想。

1.6　力学中的“能量”以及围绕运动量量度之争的能量观

1.6.1　什么是“能量”——用做功本领量度物质及其运动的属性

在牛顿的巨著《原理》发表后的几个世纪，在天文学上，人们可以利用牛顿定律对月亮和行星的运动进行计算并且达到了令人惊讶的精确度。但是，到了 19 世纪末，有相当一部分科学家开始认识到，牛顿定律和动量的概念并不是一门完全的科学。在被延伸到处理一系列实际问题中，牛顿力学面临着难以回答的问题。

在牛顿力学中，力总是被看成是已经给定的，而且有着作用力和反作用力，例如万有引力，然后从力开始就可以计算出许多天体现象的演化结果。

但是，作为工业革命先驱者的工程师和创造者们天天面临的实际问题是，为了使移动机器和搬运货物做得更有效，则所需要的力究竟从哪里获得？产生力的根源究竟是什么？对此，牛顿力学却无法给出回答。此外，在物理学上也有几个实例揭示出，已被公认为严格而精确的牛顿力学存在着无法回答的问题。正是在回答这些实际问题的探索中，人们找到了获得新概念的途径。

第一个实例是从机枪口射出的一颗子弹。动量守恒定律表明，在子弹射出的同时，机枪以与子弹动量相等并方向相反的动量后退，而机枪和子弹的组合在子弹射出前和射出后的合动量都是零。这里究竟发生了怎样的过程，使得机枪和子弹获得了某种动力，并且转变成机枪和子弹的运动呢？在完成这个动力转换成运动的过程以后，为什么这种动力失去了再重复一次的能力？

第二个实例是考察一辆汽车的运动。当汽车作匀速直线运动时，从牛顿定律看来，汽车的动力一定与阻力达到平衡，合力为零。因此，汽车的加速度也为零。牛顿定律只能告诉设计者，如果要使汽车加速到一定的速度，需要多大的附加力。如果要使汽车从某个速度开始减速最后停止运动，需要减少多少附加力。但是，牛顿力学不能回答，这样的附加力从何而来？我们知道，发动机需要燃料来提供某种动力，而制动器虽然不需要燃料，但制动器在制动过程中却会发热，为此汽车上必须以其他动力来分散这部分热量。对于发动机究竟需要多少燃料产生行进的动力，制动器会产生多少热量，需要多少其他的动力来分散这些热量，这些问题牛顿力学却是无法回答的。

为了使汽车加速，需要从燃料中获取动力；为了使汽车减速直至最后停止，必须增大阻力。假设两种情况下力的大小都相等，但是力的方向不同从而产生了不同的效果。获取的动力方向是向前的，驱动汽车加速；而阻力的方向是向后的，驱使汽车减速。向前的动力必须克服阻力付出代价，向后的阻力也必须付出代价。如果有一个力的方向既不向前，也不向后，而是垂直于汽车运动的方向作用在汽车上，那么这样的力什么都没有付出。同样强度的力为什么会产生不同的运动效果？对这样的问题牛顿力学也是无法回答的。

这样的实例启示人们：

（1）除了已经有的动量守恒定律，我们还需要一个新的某个量的守恒定律。它不像动量守恒定律那样，在原来静止的状态下，不会产生一个向前的量（动量）的同时产生一个反向等量的量（动量）。

（2）除了必须考虑力的大小和作用点，我们在对物体施加力的时候，还必须考虑力相对于运动的方向，向前的力产生付出的正效应（动力），向后的力有付出的负效应（阻力），垂直的力完全没有效应。

（3）除了必须考虑力产生的机械运动效应，我们还需要考虑那些与力及其产生的机械运动一点关系都没有的现象之间的关系。例如，汽车产生动力并加速运动时，伴随着出现燃料产生化学反应且数量减少的现象；汽车遇到阻力并减速运动时，伴随着制动器发热且造成某种损耗的现象。

于是，人们感到有必要对我们正在寻找的新的某个守恒量给出一个名称。它有时能够作为运动实现，有时又能够以其他方式实现，于是“能量”这个守恒量就“应运而生”了。

能量是用做功本领量度的物质及其运动的一种属性。自然界中万事万物都离不开运动，如机械运动、分子热运动、电磁运动、原子核和基本粒子的运动等。一个物体的大小尺寸如何，一个物体的颜色怎样，等等，都是对物体外部属性的一种量度。一个物体运动快慢如何，一个物体的运动对其他物体做了多少功，给周围环境带来什么影响，产生什么附加效应，等等，都是对物体运动属性的一种量度，对这种属性的量度就称为能量。在物理上，能量是对物体运动属性的量度；在数学上，能量则是物体运动状态的一个单值函数。本章仅讨论对物体机械运动的量度，即机械能。机械能包括动能和势能两部分。

1.6.2　“死力”和“活力”——对物体运动量的两种量度之争

物理学发展史表明，动量的思想早在 14 世纪就由意大利修道士奥卡姆提出。针对古希腊时期亚里士多德主张的“抛出去的物体之所以能够在空中飞行，是由于空气推动了物体的运动”的说法，奥卡姆认为，如果假定在整个飞行过程火箭携带有某种非物质的乘载物，那么就能保证它的持续飞行，不需要空气的推动。奥卡姆的学生发展了这个思想，进一步断言，这个乘载物与在空中飞行的物体的质量和速度乘积的某种函数成正比。

在 17 世纪和 18 世纪，莱布尼茨学派和笛卡儿学派曾经围绕“运动的量度”的问题发生过一场争论。笛卡儿提出了运动量这个概念，“物质有一定量的运动，这个量是从来不增加也从来不减少的。虽然在物质的某些部分有所增减，就是这个缘故，当一部分物质以两倍于另一部分物质的速度运动，而另一部分的物质却大于这一部分物质两倍时，我们应该认为这两部分物质具有等量的运动。”[①] 笛卡儿认为，

① 朱荣华. 物理学基本概念的历史发展［M］. 北京：冶金工业出版社，1987：10-11.

运动量必定是一个取决于物体运动速率之外的物理量，“运动的量是运动的度量，可由速度和物质的量共同求出”，功效与速度成正比。在笛卡儿看来，整个宇宙如同一台巨大的时钟，整个宇宙中的各种物体由上帝驱动产生不同的运动以后，就保持着相同的运动量并一直运行下去。笛卡儿通过对碰撞的研究明确定义了这个运动量就是质量与速度的乘积 mv。而且他认为，世界上所有物体的总运动量或者任何孤立物体的运动量是守恒的，这就是笛卡儿提出的所谓运动量守恒原理①。但是他提出的运动量是个标量，在解释弹性碰撞现象时存在严重的缺陷。尽管如此，笛卡儿的运动量守恒原理还是给人们一个思想上的启示：凡是在力学运动的变化过程中保持不变的量，都可以用来作为对物体运动量的量度，人们可以通过实验来找到这样的不变量。

1668—1669 年，英国皇家学会有偿征求有关碰撞的论文，有三个人递交了论文，其中一个就是惠更斯。他通过对碰撞问题的仔细研究，以矢量的形式更完整地把任何物体的运动量定义为物体的质量与速度矢量的乘积，记作 mv（这就是后来的动量）。这个运动量的定义比笛卡儿的运动量更有用。惠更斯提出多个物体组成的一个系统的总动量是守恒的，完整地表述了动量守恒定律，从而为牛顿定律的提出做了重要的概念准备，这是物理学研究思想上的一个重大进步。

1686 年，德国数学家、物理学家莱布尼茨（1646—1716）对笛卡儿学派发起了挑战。他通过比较 1 lb（1 lb = 0.45359237 kg）重的物体下落 4 ft（1 ft = 0.3048 m）和 4 lb 重的物体下落 1 ft 的下落效果，发现两个落体运动物体获得的动量 mv 并不相等，但质量与速度平方的乘积 mv^2 却是相等的。也就是说，物体运动的功效不是随速度而变化，而是随速度的平方而变化。1696 年，莱布尼茨指出，mv 是“死力”的量度，即对相对静止的物体之间的力的量度，这就是动量；而 mv^2 则是“活力”的量度。宇宙中真正守恒的东西是“活力”的总和。两派之间关于运动量的量度之争延续了半个世纪之久。②

法国科学家达朗贝尔（1717—1783）提出，对运动的两种量度都是有效的，问题是用在什么地方。在物体平衡时，“运动物体的力”用 mv 量度，而在物体的运动受到障碍而停止时，必须用物体克服障碍的能力来表示，这就需要用 mv^2 来量度。

不过，在 18 世纪，“活力”的概念是被作为一个形而上的概念使用的，还没有

---

① HOLTON G，BRUSH S G．物理科学的概念和理论导论：上册［M］．张大卫，等译．北京：人民教育出版社，1982：352.

② 郭奕玲，沈慧君．物理学史［M］．2 版．北京：清华大学出版社，2005：32-33.

被看成是物理学中的一个基本的定量单位。在实际问题和关于机械效能的讨论中，人们更看重的是力与路程的乘积这个直观性更强的物理量，但是，这个物理量一直没有专用的名称。1782 年，拉扎尔・卡诺（1753—1823）把力与路程的乘积称为“潜活力”或“活性力矩”，并写道：“我称之为活性力矩的那种量，在机械运转理论中起着很大的作用。因为一般说来，正是这个量人们必须尽可能予以节省。”并论证了这个量在动力学理论中新的重要性。直到 1820 年前后，“功”才逐渐成为一个独立的重要概念。法国物理学家科里奥利（1792—1843）坚决主张以 $\frac{1}{2}mv^2$ 代替“活力” mv^2，因为它在数值上等于物体所能做的功。科里奥利并导出了力乘路程与“活力”关系的基本方程：$fs=\frac{1}{2}mv^2$。

法国数学家彭赛列（1788—1867）在他的著作《工程机械学导论》中，明确地推荐了“功”这个术语。19 世纪初，由于科学家对提高机械效率的重视，“功”的概念被引入了物理学。在功及其量度单位确定以后，“活力”就被重新定义为 $\frac{1}{2}mv^2$，这就是现在所说的动能。上式表明，外力做的功等于物体动能的增加，这就是动能定理。

恩格斯在 1880 年或 1881 年指出，在不发生机械运动和其他形式的运动的转化的情况下，运动的传递和变化的情况可以用动量去量度，但在发生了机械运动和其他形式的运动的转化的情况下，应以动能（或活力）去量度。他说：“mv 是在机械运动中量度的机械运动；mv^2 是在机械运动转化为一定量的其他运动形式的运动的能力方面来量度的机械运动。”

1.6.3　做功“储存”的能量——势能思想的提出

让我们从做功的角度来考察这样一个实验：先用手把一个质量为 m 的物体以地板为起点缓慢地向上移动，在此过程中，忽略空气摩擦力，也注意尽量不增加物体的动能。在移动到某一高度 h 以后，保持静止几秒，再放开这个物体，使它自由下落。

在物体缓慢上升的过程中，物体受到向下的重力 mg，手必须施加同样大小的向上的外力以保持物体的平衡。在这个过程中外力移动了物体，因此外力对物体做了功。但是在这个过程中，既没有克服摩擦力，也没有增加动能，这个外力做的功到哪里去了？答案是，这个功并没有消失。

在物体受到重力作用从高度 h 自由下落的过程中，重力对物体做了功，物体获得了动能。当物体到达地板上时，此动能的大小正好等于外力把物体提升到 h 高度过程中所做的功。外力大小是 mg，上升的高度是 h，因此，外力克服重力做功的大小是 mgh。由此可以作出这样一个判断，提升物体所做的功 mgh 没有消失，而是在物体内储存了某种能。在下落过程中重力从储存的能中提取了对物体做功的能力。由于这部分能是储存在相对于地面处于一定高度且保持静止状态的物体中的，而重力是物体与地球之间的相互作用力，因此，这个能就称为重力势能，大小是 mgh。当物体下落到地板上时，物体的重力势能就全部转化为相应的动能 $\frac{1}{2}mv^2$。这里必须注意的是，这里的高度 h 是根据物体所在的下落起点离开地板的距离选定的，这里的地板称为参考平面，也就是物体下落的最低高度所在的平面（也称零势能面）。相对于不同的参考平面，物体具有的重力势能是不同的，因此确定物体具有的重力势能大小时必须首先确定参考平面。

对放在光滑水平面上的一端系有一个小球的弹簧的运动，也可以作类似的分析。当外力克服弹力对小球做功，把小球从原来所处的平衡位置沿水平方向压缩弹簧（或拉长弹簧）一段距离 x，此时外力克服弹力所做的功就在小球中储存了某种能，弹力是小球与弹簧之间的相互作用力，因此，这种能称为弹性势能。在去除外力以后，弹力对小球做功，在这个过程中，弹性势能就转化为小球的动能。弹性势能也是相对的，它的零势能点就是小球不受外力时所处的平衡位置。

势能是属于物体系共有的能，一个物体的重力是地球对物体的引力所致，因此，重力势能是物体与地球共有的能。小球受到的弹力来自弹簧，因此，小球的弹性势能是小球与弹簧共有的能。通常说一个物体的势能，实际上只是一种简略的说法而已。

在初始位置和终结位置确定以后，一个物体在这两个位置上的重力势能差值也是确定的。重力做功的大小与物体经过的路径无关，只取决于初始位置和终结位置，于是重力就称为保守力，同样，弹力也是保守力；反之，如果某种力对物体所做的功不仅取决于受力物体的初始位置和终结位置，而且和物体经过的路径有关，或者说，该力沿闭合路径所做的功不等于零，这种力就称为非保守力。常见的摩擦力、物体间相互之间发生非弹性碰撞时受到的冲击力，都是非保守力。

由于保守力所做的功与运动物体所经过的路径无关，因此，如果物体沿闭合路径绕行一周，则保守力对物体所做的功恒为零 。由于保守力做功具有这样的特点，所以在只有保守力作用在物体上的情况下可以定义物体的势能（又称位能）。继力学之后，在电磁学中，静电力也是保守力，因此，放在静电场中的点电荷具有电势能。

从力学发展史看，先有运动量的思想，再有关于运动量的相关定理。例如，先有了“死力”动量的定义（作为量度物体运动的一个量），再通过牛顿第二定律（外力等于动量的变化率）得出动量定理；先有了“活力”的定义（作为量度物体运动的另一个量），再通过做功（并重新定义活力的表示式）得出动能定理。

就能量而言，动能是物体由于作机械运动而具有的能，是功转化为能的一种方式，势能是各物体之间（如物体与地球之间）或物体各部分之间（如小球与弹簧之间）相互作用而具有的能，是功转化为能后储存的一种方式。外力对物体做功有多种方式，由此转化或储存的能也有许多种。在无摩擦力的情况下，外力对物体做功，可以增加物体的动能；同样在无摩擦力的情况下，外力克服两个物体之间的保守力对物体做功则会储存物体的势能。

1.6.4 动能是“能量”把运动物体作为“载体”的表现——“能量”的一个新的物理观念

德国的赫尔曼（F. Herrmann ）曾经在 20 世纪 80 年代编制了一套德国卡尔斯鲁厄物理课程，在相应的物理教材中提出了对“能量”的一个新的物理概念。赫尔曼提出，同样的是对运动量度的量，动量就只有一个，没有运动动量和弹性动量之分，为什么能量就有动能和势能之分，势能又有重力势能和弹性势能之分呢？由此他提出，如同电荷（量）和物质的量这两个量在传统上都被认可为物质型物理量一样，能量也是一个物质型物理量。能量也应该只有一个。我们没有必要从形式上去区分动能和势能。区分能量的形式有点像区分水的不同形式，如把水称为地下水、雨水、海水、凝结水、饮用水、自来水、热水、矿泉水以及废水等，然而水的这些分类或不同形式并不表明水本身有任何不同。

能量被称作动能的原因并非该能量本身有何特殊，而是因为伴随着或携带着能量的是动量；动能是能量把运动物体作为一种“载体”表现出来的，重力势能是能量把下落物体作为一种“载体”而表现出来的。被称作热能的能量也不是由于它与其他能量有什么两样，而是因为伴随着或携带着该能量的是热量（熵）。[①] 赫尔曼提出的能量观为我们思考动量和能量概念的形成提供了一个新的视角。

1.7　力学中的对称性——三大守恒定律的对称性思想

三大守恒定律是指在力学中涉及的动量守恒定律、能量守恒定律和角动量守恒定律。动量以及动量守恒定律在中学物理课程中出现过，学生对其并不陌生。在中学物理教科书中，牛顿第二定律是以力、质量和加速度三者的关系出现的，并不包含动量；动量是在牛顿第二定律提出以后被独立引入的一个物理量，而动量守恒定律则是从动量定理和牛顿第三定律导出的。而在大学物理课程中，牛顿第二定律是用动量的变化来表述的，从牛顿第二定律可以直接导出动量守恒定律，于是，动量守恒定律似乎不是一个基本的物理定律，而只是牛顿定律的附属物。

牛顿曾经通过万有引力定律导出了开普勒三大定律，但是从时间次序上看，开普勒定律提出在先，万有引力定律形成在后；同样，从牛顿第二定律可以导出动量守恒定律，而动量守恒定律的提出是先于牛顿定律的。那么，牛顿为什么要从牛顿第二定律导出动量守恒定律？在牛顿看来，对于从实际和观察中总结归纳得到的结论或定律，必须通过更高的原理把它推导出来，才能构成理论的体系。牛顿三大定律是牛顿作为建立整个经典力学体系的公理而提出的，由公理推出其他来自归纳得出的定理和定律，这就是牛顿在他的《原理》一书中着重阐述的“先归纳、后演绎”的一种科学思想。牛顿三大定律组成的公理系统有着强大的逻辑力量，并成为经典物理学发展的基础，正说明了这种科学思想对于人们认识世界起着重要的指导作用。牛顿的《原理》的最后一句话是：“我希望能用同样的推理方法从力学原理中推导出自然界的许多其他现象。”

动量守恒定律是学生学习力学时接触到的第一个重要的守恒定律。它的重要性何在？为什么要引入动量守恒定律？不少学生的较深的印象是，动量守恒定律是在遇到类似碰撞问题时，可以用来解题的一种比牛顿定律更方便、更有用的方法。因为在物体碰撞过程中力的瞬时变化是十分复杂的，从而使得由力按照牛顿定律求出加速度变得十分困难，但是只要满足一定的条件，两个物体在碰撞前的初始运动状

---

① 吴国玢，F. Herrmann，何富理．试论一种新的能量观［J］．物理与工程，2010，20（6）：3-5.

况与碰撞以后的运动状况之间的关系可以通过动量守恒定律反映出来，而不必计入力的作用变化。于是，利用动量守恒定律往往就成了求解碰撞问题物体运动变化的一条简捷的途径。

确实，在许多碰撞问题中利用动量守恒定律可以很简便地得出运动状态变化的结果。但是，动量守恒定律包含着比牛顿定律更加深刻的思想，这就是物理学中重要的对称性思想。

所谓对称性是人们在观察和认识自然的过程中产生的一种观念，通常讲的守恒指的就是一种对称性或不变性。它意味着物体的某个运动量（例如动量或能量）在经过一定的操作过程以后（例如碰撞）保持守恒或总量不变。由于这种对称性或不变性具有绝对性和普遍性，因此，它对物体的运动的可能情形就施加了严格的限制。例如，如果在地球上一个地方完成了对一个不受外力的孤立物体（或系统）所做的关于动量的实验，然后把这个实验平移到另一个地方去做，那么实验的结果是不变的，这就是空间平移不变性。因为如果一个实验的建立、实施和结果是处处可变的，那么一个人在一处发现的实验结果在另一处就无法得到他人的检验，推而广之，任何实验的可靠性和有效性都将永远无法得到证实。关于这个问题，德国数学家诺特（1882—1935）曾经得出了一个非常基本的定理，这个定理指出，物理系统具有的每一种不变性或对称性，都对应着系统的一个守恒定律。根据这个定律，一个不变性与一种守恒量相对应。于是从空间平移不变性一定可以得出一个守恒的物理量；由于平移有上下左右的方向之分，那么对应的守恒量就必须是矢量。可以证明，这个量就是动量。因此，动量可以被定义为在空间平移不变性下守恒的量，动量守恒定律则是与空间平移不变性这样的对称性相联系的基本定律。

类似地，用诺特定理可以证明，力学中的能量守恒定律是与时间平移不变性这样的对称性相对应的一个守恒定律。时间平移不变性指的是，如果在“今天”上午 8 点这个时刻去考察一个孤立的系统运动，然后在“今天”稍后的下午 3 点或 5 点，甚至在“明天”的某一个时刻再去作同样的考察，那么得到的结果将是完全相同的。诺特定理表明，如果系统具有这种不变性，则系统的能量一定守恒。因此，能量可以被定义为在时间平移不变性下守恒的量，能量守恒定律则是与时间平移不变性这样的对称性相联系的基本定律。

由平移不变性很自然地会联想到存在与转动不变性对应的守恒量，于是就有了大学物理课程中继动量、能量及其守恒定律以后引入角动量及其守恒定律的逻辑必要性。角动量是相对于一点或一个转轴而言的，因此，如果指定某一参照点，那么物体即使作直线运动，它也可以除了具有动量外还具有相对于该点的角动量。如果固定某一个转轴，那么物体相对于这个转轴转动时就具有角动量。地球是一个转动的系统，在地球上任何一个实验室里进行的实验实际上都在随地球一起转动。尽管在地球上的观察者看来，上午对一个孤立系统做的实验与下午做的实验不过是在同一个实验室里重复一次而已，结果是不变的。但是，由于地球的转动，在地球外面的观察者认为，实验室已经转过了一个角度，实验是在不同的角度位置上进行的，其结果也应该是不变的。诺特定律告诉我们，一个孤立系统的运动具有转动不变性，从这个不变性可以得出系统附有一个带方向的守恒量，这个守恒量就是角动量。因此，角动量可以被定义为在转动不变性下守恒的量，角动量守恒定律则是与转动不变性这样的对称性相联系的基本定律。

当一个物理系统具有这样三种基本的对称性时，就有三个基本物理量的守恒。对称性思想在物理学中有着重要的作用，不仅在经典力学和经典场论中成立，而且在量子力学和量子场论中也成立，尤其在量子领域中对称性与守恒定律的联系显得更有威力。物理学中存在着两类不同性质的对称性：一类是指某个具体事物或某个系统具有的对称性，它往往在物体的几何性质上表现出来，例如，两个质点组成的质点系具有轴对称性；另一类是指经过一定操作以后物理规律形式保持的不变性，例如，牛顿定律在伽利略变换的操作下的不变性。物理学中有很多问题不必通过求解复杂的运动方程，从系统具有的对称性分析中，就可以获得许多有用的信息。例如，在静电学中利用高斯定理求出连续带电体产生的场强时，首先对电荷和场的分布作出对称性分析，然后，不必利用电荷元的分割和积分就能简捷地求出场强。

对称性和守恒定律取决于相互作用的性质，不同的相互作用类型有不同的对称性结果。例如强相互作用和电磁相互作用下，粒子的运动具有空间反演对称性。空间反演是指空间坐标相对于坐标原点的变换，即将坐标 x、y、z 换成 $-x$、$-y$、$-z$ 的变换。空间反演对称性导致宇称守恒。然而在弱相互作用下，曾经一度使物理学家们确信无疑普遍成立的空间反演对称性和宇称守恒定律却不成立。1956 年，李政道和杨振宁仔细分析当时的实验资料，首先从理论上论证了弱作用下宇称守恒定律不成立，后来被吴健雄等以确凿的实验所证实。

对物质运动基本规律的探索中，对称性和守恒定律的研究占有重要的地位。从历史发展过程来看，无论是经典物理学还是近代物理学，一些重要的守恒定律常常早于普遍的运动规律而被认识。质量守恒、能量守恒、动量守恒、电荷守恒就是人们最早认识的一批守恒定律。这些守恒定律的确立为后来认识普遍运动规律提供了线索和启示。

杨振宁 1980 年在香港大学的一次演讲中指出："随着闵可夫斯基-爱因斯坦的发展工作，物理学已开始建立在一种新的思想形式之上。就是说，物理学家不再是从实验出发达到对称性，而是转变为把利用对称性作为出发点的思想，然后尝试着去满足这种对称性的方程式。我把这种思想称为'对称性支配相互作用'原理。"[①] 对称性和守恒定律之间的联系，提供了从分析对称性入手来研究守恒定律的有利途径。由此可见，在力学中讨论三大守恒定律时引导学生理解这样的对称性思想，是学习渗透在整个物理学中的对称性思想的一个很重要的开端，应该列为教学的重点目标之一。

① 杨振宁．杨振宁文集：传记 演讲 随笔（上）[M]．上海：华东师范大学出版社，1998：322.

第2章

热学中的物理学思想

本章引入

与力学相比，热学的内容在中学物理课程中占的比例较少，中学生学习热学以后留下的印象大概就是三个实验定律（玻意耳–马略特定律、盖·吕萨克定律和查理定律）和理想气体状态方程及解题的一些方法。学习了热学以后，除了会做一些习题，学生对热学的知识没有留下多少印象。类似地，在大学物理课程中热学的课时也不多，不少理工科大学生学习了大学物理以后，往往对力学的内容还能有些印象，而对于热学的内容则觉得“公式太复杂，内容太零碎，没有系统性”。甚至有些学生在多少年以后回忆起大学物理的学习时，还会觉得自己当初“在大学物理中最没有学好的、最没有印象的”就是热学部分；有些物理教师也觉得物理课程中最难教的就是热学，他们的一个共同理由就是热学不像力学有牛顿三大定律，也不像电磁学有库仑定律和法拉第电磁感应定律这样的内容主线，热学太缺乏知识点的系统性和关联性。

大学物理中的热学内容太零碎，知识点之间缺乏系统性和关联性吗？大学物理讨论的热学与中学物理究竟有什么不同？大学物理的热学与力学有什么不同？

中学物理中的热学主要介绍两个方面的内容，一个是关于气体的“三个实验定律”（玻意耳–马略特定律、盖·吕萨克定律和查理定律），另一个是关于气体动理论的“三个基本假设”（物质是由大量分子、原子构成的，分子、原子是在不断地作无规则运动，分子和原子之间存在着相互作用力）。这两部分内容初看起来似乎没有逻辑上的关联，但是，如果从物理学科在认识论上遵循从宏观到微观的逻辑展开的次序看，则实际上中学物理从热学开始，已经从力学只讨论一个层次上（宏观层次）的机械运动规律进入从两个层次上（宏观层次和微观层次）来讨论热运动的规律。容易看出，“三个实验定律”仅是宏观层次上的实验规律，而“三个基本假设”则是微观层次上的唯象假设。当然，中学物理只能停留在唯象的实验定律和简单的文字表述上，不可能涉及宏观状态变化所引起的热学量之间的关系，更不可能涉及宏观规律的微观解释，也不可能讨论微观量遵循的统计规律。

类似地，大学物理的力学部分只涉及一个宏观层次的机械运动规律，而大学物理的热学则从宏观规律和微观理论两个层次上，比中学物理的气体动理论更加深入、更加系统地研究了热运动的规律。如果说，"三个实验定律"只是揭示了宏观状态量之间的静态关系（例如，讨论在等温过程中，压强与体积的关系；在等体过程中，压强与温度的关系；等等），那么大学物理的热学在此基础上上升为揭示宏观状态量的动态变化之间的关系（例如，讨论通过做功或传递热量的途径引起系统内能的什么变化，熵怎样改变等），由此形成了平衡态热力学的普遍规律。同样，如果说，"三个基本假设"只是对分子无规则运动的唯象的假设，那么大学物理热学把这个假设提升为在统计意义上的分子无规则运动速率的分布理论，并由此构成了从宏观现象寻找微观解释，用微观量的统计结果揭示宏观量本质的思想认识途径。这就是热学物理思想与力学物理思想的主要区别所在。热学正是沿着这样的思想认识途径建立起关于热运动的宏观和微观的一般理论。

大学物理热学讨论的对象主要是理想模型——理想气体，学习这样的热学理论究竟有什么价值？内能和熵是热力学中两个重要的物理量，与内能相比，熵这个物理量似乎显得不可捉摸。熵是怎样引入的？熵究竟具有什么物理意义？在热学中，熵为什么具有比内能更重要的地位？在气体动理论中讨论的麦克斯韦速度分布率除了可以用来推导出三个特征速率，还有什么意义？通过学习热学，学生应该在哪些方面获得比中学物理更有价值的内容？这些都是大学物理热学课程教学过程中值得重视探讨的问题。

2.1 古代人们对热现象和热的本质的朴素认识

2.1.1 "动静相摩，所以生火也"——古代人们对热的本质的朴素认识

古代人们对热现象的朴素认识最初是从取火以后的感觉开始的。在原始社会时期，古人就已经学会通过取火来煮熟食物和温暖身体。据考古学家考证，古猿人在50万年前就学会了保存火种的本领。我国古代很早就有了"燧人取火"的记载。

在旧石器时代，古人学会了用打击燧石的方法取火或做箭头。燧石是一种取火的器具，通称火石。后来人们又学会了利用摩擦、锯木、压击的方法取火。《韩非子》一书上就有“燧人氏钻木取火”的记载。到了铁器时代，人们用铁质器件敲打燧石产生火星来引发可燃物着火。周代，人们利用凹形球面镜对着太阳通过聚焦取火，这样的取火工具也称“阳燧”“金燧”“火镜”等。《庄子》曰“阳燧见日则然为火”，又云“木与木相摩则燃”。自战国以来，还曾经有过“以珠取火”的说法，可能这是利用圆形的透明体作为凸透镜对太阳聚焦取火的一种方法。① 但是毕竟由于当时生产力低下，这些取火的方法十分费力，而且效率是很低的。

除了太阳，火是人们取得热的主要来源。由此古人感兴趣的问题是：火究竟来自何方？热的本质是什么？在五行说中，火是其中的一种物质组分，是构成世界万物的重要元素之一。火是燥热的，于是人们认为火就是来自物质自身，而热的来源就是火，因此，热也是一种物质。例如，道家的《关尹子》对热的来源是这样描述的：“寒暑温凉之变，如瓦石之类，置之火即热，置之水即寒，呵之即温，吹之即凉。特因外物有来有去，而彼瓦石实无去来。”此句认定了热是一种“外物”，瓦石中有了它即生热，离开它即变凉。而北齐刘昼《刘子·崇学》更为摩擦生火的来源找到根据：“金性苞水，木性藏火，故炼金则水出，钻木而火生。”因为木中有火，因而可以通过摩擦使火元素离木而燃烧。②

这些朴素的认识尽管已经触及摩擦生火以获得对食物加热的原理，但以上这些说法把热看作是一种物质，与后来18世纪流行的“热是一种物质”的“热质说”和“热是一种燃素”的“燃素说”十分相近，与后来17世纪被实验证实的“热是一种运动”的物理思想却是相异的。然而，中国古代确实也有一种把热看成是运动的看法，例如南唐谭峭的《化书》中就记载道：“动静相摩，所以生火也。”清代郑光祖在《一斑录》中也写道：“火因动而生，得木而然。”这些自经验得出的结论，今天在物理思想上看来也是科学的。

2.1.2 “尺热曰病温，尺不热脉滑曰病风”——古代人们对物体温凉冷热的认识

从上面的描述中可以看到，古人对热的本质有着两种不同的看法。无论哪种看

① 王锦光，洪震寰．中国古代物理学史略［M］．石家庄：河北科学技术出版社，1990：34.

② 戴念祖，张蔚河．中国古代物理学［M］．北京：商务印书馆，1997：166-167.

法，人们从取火加热开始，都也已经有了对物体“温、凉、冷、热”的定性的感性认识。基于这样的认识，古人由此还发明了用冰对食物进行隔热保存的方法。在先秦时期，人们还能在冶炼和制陶工艺过程中设法获得 1000℃以上的高温。在还没有形成温度的科学概念之前，古人对温凉冷热的感觉和对高温是怎样判定的呢?

人体是一个温热的有机体，古人早就知道一些身体避寒保暖的方法，由此，人们常常可以利用体温作为标准，依据人的感觉来判定其他物体的冷热程度。由于每个正常人身体的温热程度基本上相同，因此，人体也就不约而同地成为每一个都具备的“通用温度计”，用这样的体温计来判断物体的冷热程度就成了古代最为常用的一种方法。我国最早的中医典籍《黄帝内经》就有测体温诊断疾病的文字记录:“尺热曰病温，尺不热脉滑曰病风。”约 533—544 年，中国杰出农学家北魏贾思勰在所著的中国现存最早的一部综合性的、完整的农学著作《齐民要术》中记载：当地牧民制作奶酪时，常使奶酪的冷热程度“小暖于人体”，作豆豉时“令温如腋下为佳”。显然，这样判定的物体冷热程度完全依赖于其他物体与人体之间的冷热程度差，不同的人凭主观感觉产生的差别是不同的，因此这样的判定是因人而异、缺乏科学依据的。

利用水的物态变化也是古人用来判定天气寒冷和温热的一种方法。早在先秦时期，古人从生活实际中就观察到，在瓶子里装上水，水如果结成了冰，天气就是寒冷的；反之，如果冰融化了，天气就是温热的，这样的瓶子称为“冰瓶”。《吕氏春秋》这样记载:“见瓶水之冰，而知天下之寒、鱼鳖之藏也。”虽然“冰瓶”上没有刻度，人们由此对冷热的判断也是很粗糙的，但是这里已经包含了现代温度计测量温度需要的测温物质（“冰”）和零点（“水结冰”），而西方直到 17 世纪才由荷兰科学家惠更斯提出这样的概念。在冶炼和制陶工艺过程中，工匠们则是利用观察炉中的火焰的颜色来判定火候的。所谓“炉火纯青”指的就是如果观察到炉中火焰呈现青紫色，就判定炉中火候已到，那些熔点较高的物质都开始熔化了。

古人采取的以上这些方法是来自对生活实际中的观察和经验的总结，体现了古人在生活和生产中学会从自然现象中获取知识的思想智慧，也具有一定的实用价值。然而毕竟在对物体的冷热程度没有统一的科学评定依据前，这样的方法带有很大的任意性，在对热和温度的认识上具有很大的局限性，在实际应用时给人们的生产和生活带来了不少麻烦。

2.2 温度定义体现的演绎推理的抽象化和符号化的思想

2.2.1 热的“热质说”和“唯动说”——人们对热和温度的早期探讨

人们通过大量感觉经验和观察实验现象，逐渐产生了对物体冷热程度进行定量测量的需求，尤其是18世纪初蒸汽机的出现，大大促进了人们对热现象的研究。这些研究的一个重要方面是从观测和实验中得出热现象的宏观规律，于是，怎样科学地测量一个物体的冷热程度？究竟什么是热？什么是温度？……这些问题逐渐引起了人们仔细的探讨。

在热学中，温度、压强和体积是三个最常见的状态物理量，其中，压强和体积在中学物理课程学习期间已被学生从力学的角度所理解，唯独温度不能从力学中给以定义。温度这个名词如今在人们的日常生活和生产中已经被人们所熟悉并得以广泛应用，似乎没有多加讨论的必要。但是，作为在热学中第一个出现的物理量——温度是必须作出科学定义的，因为如果没有温度的定义，就无法得出宏观的状态方程，也无法表述热力学的基本定律。那么温度究竟应该怎样定义呢？能依靠人们的主观冷暖感觉吗？这显然是既不客观又不科学的。物理学对温度的定义究竟是什么？定义温度的方式与定义力学物理量的方式有哪些不同？为什么需要对温度用这样的方式加以定义？这样的定义方式体现了什么样的物理思想？

在热力学发展史上，人们早就使用了热和温度这两个基本概念，但是，很长一段时间以来，并没有把热和温度的含义区分开来。人们常见的一个现象是，对物体加热就可以使物体变得越来越热，但在热的本性还没有被正确揭示前，人们认为，对物体加热是从外界传递给物体某种物质，并被表述为物体的温度升高了。

力学中有两个重要的物理量——动量和动能给出了对物体运动的两种量度方式，而且在一定条件下，这样两个物理量在物体运动过程中各自是守恒的。受牛顿经典力学思想的影响，人们从与力学中动量守恒定律和机械能守恒定律的类比中，曾一度认为物体含有的某种物质也遵循某种守恒定律，这种物质称为“热质”。“热质”是一种不可见的又不可称量的具有弹性的某种流体，它填满在物体分子之间的间隙之中。它不生不灭，可以透入一切物体之中。一个物体的冷热程度完全取决于它包含的“热质”的多少，人们感觉到热的物体含有的“热质”多，感觉到冷的物体含有的“热质”少。两个物体互相接触时，“热质”可以从一个物体进入另一个物体。温度与热成正比，热又是一种物质。因此，温度作为物体自身的一种属性，它给出了对物体含有热这种物质多少的一种量度。如果两个物体的温度相同，则它们包含的这种物质的量也相同，温度如同热一样，也是热交换过程中的某种守恒量。这就是 18 世纪出现过的“热质说”理论所提出的热和温度的概念。

认为热是一种物质的学说最早可以追溯到古希腊的德谟克利特和伊壁鸠鲁的著作中。按照“热质说”，燃烧着的物体会放出一种称为“燃素”的物质。1738 年，法国科学院设置了关于回答热的本性问题的奖励，包括欧拉在内的三名科学家都因倾向于热是一种物质的理论而获奖。

由于当时人们对各种运动形式之间的认识不够，也由于这个理论符合牛顿“不臆造假设”的观点，而且“热质说”也能解释一些现象，例如，用热源对物体加热，物体的体积就会膨胀，这种现象可以用热源把“热质”传递给物体来解释，于是“热质说”在 18 世纪至 19 世纪初还一直被人们所接受。但是人们不能肯定“热质”是否如同其他物质一样具有质量。同时，“热质说”确实也无法解释另外一些热现象的产生，例如，同一个人的两个手掌使劲对搓以后，手掌就会发热，对此现象“热质说”是难以自圆其说的。因此，到了 18 世纪后期，虽然“热质说”依然十分流行，但是并没有得到科学界的普遍承认。

与热是一种物质的“热质说”对立的是热的唯动说。一些科学家根据摩擦生热和撞击生热的现象提出，热不是一种不可称量的流质，而是一种运动的表现。培根是最早提出热是一种运动的观点的人之一。他写道：“热本身，它的本质和实质（性质）是运动，而不是别的什么……热是物体的一种扩张运动，但不是整个物体一起均匀地扩张，而是它的各个较小部分扩张，并且它们同时还被阻止、推斥、击退；结果这物体获得了一种选择的运动，它反复不断地颤动、反抗和被反冲刺激，从而引起火和热的勃发。”[①] 第一个用实验推翻“热质说”的是美国物理学家本杰明·汤普森（1753—1814），后人称为伦福德伯爵。1798 年，伦福德伯爵用粗钝的钻头对旋转的中空炮铜（一种含有锡和锌成分的铜）进行加工。在转动 960 次以后，他发现，钻头的温度从 16℃升高到 55℃，而由钻头产生的金属粉末只有 54.2 克。[②] 他对炮铜钻孔的实验结果感到很惊奇。他在笔记中这样写道：“……最近我应约去慕尼黑兵工厂领导钻制大炮的工作。我发现，铜在钻了很短的一段时间以后，就会发

① 沃尔夫．十六、十七世纪科学、技术和哲学史［M］．周昌忠，等译．北京：商务印书馆，1985：316-317.

② ROBERTS J K. Heat and thermodynamics［M］. 2 ed. Cambridge: Cavendish Laboratoby, 1932: 4.

出大量的热；而被钻头从炮铜上钻出来的铜屑更热。”[①] 他利用在摩擦过程中得到的热对水加热，发现水的温度都会升高。在第三次实验中，在对水加热两个半小时后，水居然沸腾了，而钻头的热容量却没有显示“热质说”所提出的各种假设的变化。究竟热是从哪里来的？它的本质是什么？由此伦福德认为，摩擦产生的热看来是取之不尽的。从这些实验中他得出结论，热不可能是一种物质，只可能是一种运动。另一位化学家戴维在1799年做了同样的证明，他用时钟装置驱动两块起初处于冰点以下的冰块相互摩擦，最后使冰块融化成水并升温到冰点以上。这个实验深化了伦福德的实验结果，从而再次对热质说提出了挑战。1804年，伦福德在给一位朋友的信中这样写道：“我相信，我可以活足够长的时间，直到高兴地看到热质说和燃素说一起埋葬在同一个坟墓中。”[②] 1812年，戴维提出：“热现象的直接原因就是运动，热交换的定律是与运动的交换定律完全相同的。”[③] 人们在新的运动的基础上对温度和热的概念进行了研究，科学地区分了热和温度这两个概念。在“热质说”延续了半个世纪以后，进一步的实验最终否定了“热质说”，重建了热学的理论。出生于爱尔兰的英国物理学家廷德尔（1820—1893），在1862年发表了一部著名的著作，其标题就是《热是运动的一种形式》。不过，当时无论是“热质说”还是热的运动说，都是在机械论的影响下发展起来的，因为两种学说都认为，热不可能是与具有机械特性的粒子以及它们的运动根本不同的一类特殊现象。直到能量守恒和转换定律建立以及数学理论的完善以后，热的运动说才被人们广泛地接受。爱因斯坦指出：“在科学史上，人们花了非常长的时间才把这两种概念区别开来，但是一经辨别清楚，科学就得到了飞速的发展。”[④]

2.2.2 以热平衡定律为基础进行演绎推理——对温度的抽象化符号判断的思想

温度如今已经是人们日常生活中作为衡量物体冷热程度的一个很熟悉和很平常的量。在物理学发展史上，温度在热学中一直有着重要的地位和作用。究竟什么是温度？很长一段时间以来，人们一直认为温度是衡量物体所包含的热这种物质多

---

① 朱荣华. 物理学基本概念的历史发展［M］. 北京：冶金工业出版社，1987：150.
② 卡约里. 物理学史［M］. 戴念祖，译. 北京：中国人民大学出版社，2010：147.
③ ROBERTS J K. Heat and thermodynamics［M］. 2 ed. Cambridge: Cavendish Laboratoby, 1932: 35.
④ 爱因斯坦. 物理学的进化［M］. 周肇威，译. 北京：中信出版集团，2019：36.

少的一个物理量。一个医生可以从温度计上读出患者的温度，但是，温度计所包含的热量显然不等于患者身体中所包含的热量。因此，温度和热是两个不同属性的物理量。

在热学中，物体处于平衡态的温度是通过作为热力学基本定律之一的热平衡定律（热力学第零定律）来定义的。该定律是这样表述的：如果系统 A 和系统 B 分别与系统 C 的同一个状态处于热平衡，那么当 A 和 B 接触时，它们也必定处于热平衡。这个热平衡定律在日常生活中似乎是理所当然的、不言而喻的结论。定律的表述如此简单和平常，为什么却被归入了热学基本定律的行列？从这个定律中又是如何演绎推理出温度定义的呢？

仔细分析上述热平衡定律的表述，可以看出，定律本身包含着这样的演绎推理，其逻辑次序是：对一个系统而言，每一个处于平衡状态下的热力学系统，都存在一个反映冷热程度的状态量；对两个系统而言，当它们互相接触达到热平衡以后，它们的冷热状态是相同的，于是它们具有的这个状态量应该是相同的；对三个系统而言，如果三个热力学系统中有一个系统分别与其他两个系统保持热平衡，那么就可以推断，其他的这两个系统虽然没有直接接触，但是它们也达到相互热平衡，即具有共同的状态量。特别需要注意的是，最后一个表述不是多余的，恰恰是定义温度的充分和必要的条件。正是这个热平衡定律为引入衡量系统冷热程度的物理量——温度提供了理论依据。

考虑两个各自处于不变的外界环境下，且具有恒定气体质量和化学组分的热力学系统 A 和 B。根据热平衡定律，如果系统 A 处于用状态参量 X_1 和 Y_1 表征的平衡态，且与以状态参量为 X_2 和 Y_2 表征的系统 B 保持热平衡，那么它们一定具有一个共同的状态量。如果系统 A 的状态参量改变为 X_1' 和 Y_1'，那么，实验发现，经过一段弛豫时间后，系统 A 处于新的平衡态，并仍然可以与系统 B 保持热平衡，此时它们仍然具有一个共同的状态量。根据热平衡定律可以得出，处于平衡态的系统 A 可以存在一系列的状态，每一个状态分别与处于平衡态的系统 B 保持热平衡。由此，由热平衡定律可以推断出，系统 A 的所有这一系列状态具有一个共同的属性，足以保证它们互相之间保持热平衡。类似地，系统 B 的所有一系列状态与系统 A 保持热平衡，由热平衡定律可以推断出，它们也具有一个共同的属性，足以保证它们之间互为热平衡，这个属性就分别称为系统 A 和系统 B 的温度。如果在 X_1-Y_1 图上标志系统 A 所处的上述一系列状态，那么这些状态就处在一条等温线上，系统 A 的这个属性就称为系统 A 的温度；同样，如果在 X_2-Y_2 图上标志系统 B 所处的上述一系列状态，那么这些状态也处在一条等温线上，系统 B 的这个属性就称为系统 B 的温度。如果系统 A 和系统 B 保持热平衡，则它们就具有共同的温度。

作为一个实验定律，热平衡定律的建立既提供了对实验事实的抽象概括，又包含着对实验事实的演绎推理，因此，这个定律具有一般性和普遍性，于是它就成为热力学的一个基本定律。按照以上方式定义的温度，不再是一个物理实体，而是一个与系统的物态组成（是气体还是液体）无关的、体现热力学平衡态性质的抽象的物理量，并常常用符号 T（或 t）表示。根据热平衡定律和确定的温标制造的温度计，也就成了与热力学系统本身无关的测温科学仪器。因此，没有热平衡定律就不可能得出温度的定义，没有热平衡定律也就失去了制造温度计的依据。

一个在如今的日常生活中已经为人们普遍运用的温度概念，在物理学发展史上居然经过了漫长的过程才得以确立，成为描述物体冷热状态的重要物理量，这样做是否有必要呢？我们不妨以比较的方法分析一下力学中给出力学量的定义和热学中给出温度的定义的不同方式。

首先，力学中的物理量，如速度、加速度等是基于长度、时间和质量等基本量得到的导出量。在《原理》一书中，牛顿先提出三大定律作为公理，用表示为公式的关于质量、动量、惯性、力等基本概念的八个定义作为初始定义，然后以数学演绎推理的方式提出了数十条作为定理的普遍命题，由此构筑起一套逻辑上严密完整的牛顿力学的公理系统。这个系统所描述的是无具体物理意义的质点在绝对空间和绝对时间中的运动。

其次，热学是没有基本物理量的，也没有公理，因此，不可能基于公理以数学演绎推理的方式导出热学量的定义。爱因斯坦说过："科学的目的，一方面在于尽可能完备地从整体上理解感觉经验之间的联系，而另一方面在于通过使用最少原始概念和关系来达到这一目的（只要有可能，便力求找出世界图景中的逻辑统一，即逻辑基础的简单性）。"爱因斯坦又指出："用归纳的方法是不可能引入物理学的基本概念的。"①

对物体冷热程度的感觉主要来自人们的日常生活经验，因此，对作为热学中第一个出现的物理量和原始概念——温度的定义，一方面必须与感觉经验有着直观的联系，另一方面，其他热学量只有通过热力学定律与这个原始概念——温度相联系才能具有物理学上的意义。显然，光凭对日常生活中的冷热感觉是无论如何归纳

① 爱因斯坦．爱因斯坦晚年文集［M］．方在庆，等译．海口：海南出版社，2000：63，77.

不出温度的概念的，温度的定义必须通过建立于实验定律基础之上的演绎性推理才能建立起来。这个实验定律就是热平衡定律，而从热平衡定律出发进行的演绎推理方式，正是体现了物理学建立温度定义的一种抽象化的符号判断的思想。

再次，力学中的物理量都是宏观物理量，只需要在宏观的一个层次上作出定义。而热学中既有描述宏观状态的物理量，例如液体的压强、气体的体积等，又有微观上与分子原子的运动相关的物理量，例如分子的速度、分子的动能等。因此，对于热学量除了给出宏观定义，还必须从统计意义上建立起对它们的微观解释。这个内容在热学教材的前面几章中往往是这样展开讨论的：先对热力学平衡状态作出了宏观定义和微观解释，把平衡态称为“热动平衡态”；然后再对描述宏观热力学状态的物理量压强和温度做出微观解释，这是一种符合人们认识逻辑的自然延伸。

最后，热学中的温度反映的是物体的冷热程度，属于强度量的质的范畴。由于温度不能直接用数学符号表示出来，无法选用自身的某一个温度标准作为公认的温度单位，因此，温度本身没有可以比较大小数量的标志。日常生活中人们凭感觉只能得出对物体冷热的感觉程度，实际上得出的是温度差而不是物体实际的温度，这种感觉往往因人而异。由于人们可以通过主观感觉进行冷热判断，物体的冷热程度是不能直接测量得到的，客观上人们往往是通过其他物质的一些物理属性的变化来判断的，例如，通过物体热胀冷缩引起的体积的变化的物理属性来反映冷热变化，温度微小变化能引起体积较为明显变化的水银、酒精就是有这种属性的物质；还可以通过其他材料的物理属性的变化显示冷热变化，例如，具有负温度系数的元件（NTC）的半导体热敏电阻材料、金属热敏电阻材料等。这样的物质材料通常称为测温物质。

除了需要测温物质，还必须制定判定温度变化的量化标志，即建立公认的定量测温标准，规定零点和确定对温度定量表示的方式等，这样的表示方式就称为温标。一旦有了测温物质，又制定了温标，就可以制成各种温度计。在物理发展史上，曾经制定过几个不同的温标，摄氏温标就是其中一种常用的经验温标，此外，还有华氏温标、理想气体温标、绝对温标等。

温度一旦被定义后，对物体的温度不存在自然的连续操作，两杯温度相同的水（例如 50℃）混合在一起，得到的显然不会是整体上比原来的水温更高的水（例如 100℃），即温度作为热学的状态量不具有数学上的可加性。而力学中的长度和时间都是可以连续操作的，把两把一米长度的尺联结在一起得到的整体长度肯定是两米，因此长度具有可加性；时间也同样具有这样的可加性。如果说，对速度和加速度下定义的方式体现的主要是从基本量开始的演绎推理的思想，那么对温度下定义的方式体现的主要就是从来自实验定律的演绎推理思想，演绎推理结果是作出抽象化的符号判断的依据。对温度的定义而言，热平衡定律就是实验定律，而一旦定义温度以后，温度就成了一个对处于平衡状态时热力学系统平衡性质的一种抽象的符号表述。

除了温度，热学中还有如内能和熵，都是用类似的方法定义的。内能是从孤立系统对外做功且与路径无关的实验事实中通过演绎推理得出定义的，有了内能以后，我们就得到了表示平衡态系统状态性质的一个抽象的符号表述，这个性质是与系统对外做功和吸收热量的过程有关的。熵的定义是从关于热的传递和热转化为功的不可逆过程的共同特征得出的，熵作为一个抽象化的符号表示的也是热力学系统处于平衡状态的一个重要性质，这个性质是与过程进行的方向性有关的。在以上的物理量定义过程中，所观察的实验事实是具体的、个别的，而符号表述的定义是抽象的、一般的。

由分子动理论得出对压强和温度的微观解释以后，压强、温度和体积就构成了描述平衡态的热力学状态参量。状态参量 p、T、V 这些符号之间的一般化的抽象函数关系就构成了状态方程。而以这些状态参量为自变量的内能 U 和熵 S 就成为热力学的状态函数，它们之间的关系就成了热力学的基本等式。

这种以实验定律为基础进行演绎推理得出抽象化符号化判断的思想，是建立物理量定义的重要思想，而这种思想的体现正是从热学定义温度开始进入物理学的，因此，温度的定义在物理学中具有重要的地位。

2.3 热力学系统体现的系统论和概率论的统计思想

2.3.1 从质点和刚体到热力学系统——热学与力学不同的研究对象

与力学相比，热学不仅在内容上而且在物理思想方法上有了进一步的发展，这种发展主要体现在热学具有与力学不同的知识体系和研究方法，并渗透了不同的物理思想。而这些不同又是因为热学有着与力学不同的研究对象。因此，在大学物理热学课程的开始，分析热学研究对象与力学研究对象之间的区别，尤其是理解渗透在热学中的初步系统论思想和概率论思想就是十分必要的。

作为热运动的宏观理论，热学与力学的研究对象和研究方法不同，主要表现为以下几个方面。

从研究的对象看，力学研究的是由一个或几个质点组成的质点组和刚体，质点与质点之间的相互作用是万有引力。热学是研究由大量分子、原子组成的系统，这些分子和原子的运动仍然遵循经典力学的规律，它们相互之间存在着复杂的电磁相互作用。

由于热学研究的对象是一个系统，于是首先必须回答“什么是系统”的问题。一般系统论的创始人贝塔朗菲提出过一个系统的定义是：“系统的定义可以确定为处于一定的相互关系中并与环境发生关系的各组成部分（要素）的总体（集），这在数学上的表述是各种各样的。”① “系统”作为科学概念，指的是一个由许多相互联系、相互作用又相互依赖的要素按一定规则构成的、具有一定结构和功能的有机整体。

有系统，就一定会有外部环境。环境可以对系统输入信息，也可以对系统输入噪声。系统和环境是相对而言的。一个人可以是一个系统，而处于社会中的对他有某种关系或影响的人就是他所处的环境。一个国家可以看成一个系统，而这个国家周边的其他国家就是环境。人的思维活动也可以看成一个系统，因为思维由概念、判断、推理等要素构成，它们之间存在着互相联系，思维可以正确地反映外界实际，也可能错误地反映实际。由于系统是无所不在、无时不有的，因此，可以说，系统这个科学概念是对自然界一切事物和现象所具有的某些共同特征（例如，系统与外界的关系、整体与部分的关系、结构与功能的关系、有序与无序的关系、反馈与控制的关系等相互作用和相互联系）的高度概括。

热学中所讨论的一个容器中的气体或一杯水中包含许多分子，分子之间还存在吸引或排斥的相互作用力，与力学讨论的少数质点或刚体相比而言，前者就是一个系统，但是它们充其量也仅仅是一个简单系统而已；因为气体和水虽然是由相互作用的分子、原子按一定规则构成的，它们有微观原子结构，但它们在通常的平衡态条件下没有显示出在空间和时间上具有某种组织功能的宏观有序结构。因此，严格地说，在平衡态下它们还不归属于以上提到的系统论的范畴。

如果把简单-复杂作为一个维度，有组织-无组织作为另一个维度构建两个维度的空间（图 2.1），那么可以认为这个空间被划分出来的四个象限分别代表了四种

① 庞元正，李建华．系统论、控制论、信息论经典文献选编［M］．北京：求实出版社，1989：118.

系统，其中经典力学研究的质点或刚体的运动就处于有组织的简单系统区间Ⅳ，而处于平衡态下的容器中的气体或水只能归于无组织的简单系统区间Ⅲ。20 世纪中期发展起来的非平衡态热力学理论表明，热力学开放系统可能在与外界交换物质和能量的条件下呈现出宏观上的自组织时空有序结构，这种开放系统在上述的两个维度空间里就处于有组织的复杂系统区间Ⅰ，而对于无组织的复杂系统区间Ⅱ，在运动和发展的规律方面目前人们得到的认识甚少。[①]

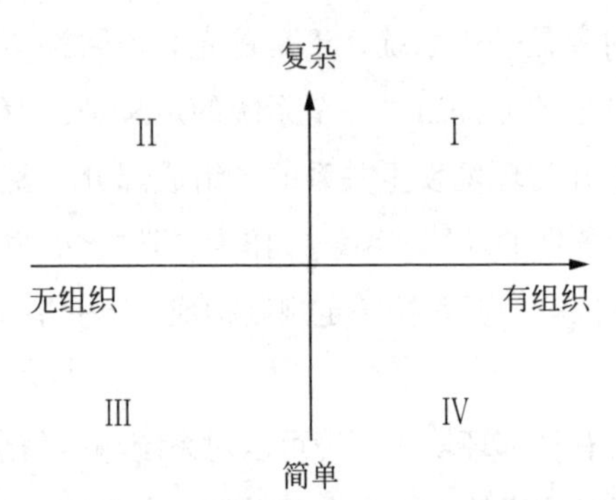

图 2.1　四个象限分别与四个系统对应的示意图

有系统，就必然涉及外界环境，因此热力学除了讨论系统内部分子之间的相互作用，还自然地引出了系统与外界环境的相互作用的问题。按照系统与环境的相互作用，可以把热学系统划分为三大类。第一类系统与外界环境完全绝缘，既不交换能量也不交换物质，这是孤立系统；第二类系统与环境只交换能量，不交换物质，这是闭合系统；第三类系统与环境既交换能量又交换物质，这是开放系统。

从自由度的数目上看，力学研究的对象无论质点或刚体往往只有少数几个力学的自由度，而一个热学系统包含大量的分子、原子，因而具有大量的力学自由度；但是，从热力学上看，确定一个处于平衡态的简单热力学系统的状态只需要两个独立的状态参量，因此，可以认为，这个系统只具有两个热力学的自由度。

2.3.2　从经典力学的确定性到统计平均和统计分布的概率性——热学与力学不同的研究方法

从研究的方法看，解决力学问题的一般步骤是：先从动力学角度上对质点或刚体作受力分析，然后列出运动方程，再通过求解运动方程来获得以后任意时刻质点

① 中国科学院《复杂性研究》编委会. 复杂性研究［M］. 北京：科学出版社，1993：74-75.

或刚体的运动状态。由于运动方程一般是常微分方程，必须在一定初始条件和边界条件下才能求解，因此，这是一种经典确定性的研究方法。但是，如果照搬力学的研究方法，试图对热学系统中的每一个分子或原子都列出一个运动方程进行求解，那么由于分子、原子的相互作用力的随机性和复杂性，则不仅列出这样的方程以及找到相关的初始条件和边界条件是不可能的，而且即使列出这样的方程，对其进行求解也是不可能的。于是经典力学的确定性的研究方法和思想就不再适合于热力学系统，以统计平均值表示热力学量和引入统计分布函数的概率性的研究方法和思想就进入了热力学。

从相互作用的结果上看，力学中所讨论的物体与物体的相互作用产生的结果只是在质点或刚体之间发生了能量的传递和转化，而一个热学系统与环境的相互作用就不限于只有能量的传递和转换，同时还可能有物质的交换。能量和物质的传递和交换的结果是，系统可能进入一个新的具有时空结构高度有序的状态。20 世纪 60 年代，以比利时科学家普利高津为代表的布鲁塞尔学派提出的“耗散结构理论”就是关于开放系统的一种远离平衡态的非平衡态的热力学的自组织理论。

2.4　热力学平衡态和状态方程体现的物理思想

2.4.1　“静中有动”——热力学平衡态体现的统计思想

在对由大量分子、原子组成的热学系统状态的描述方式上，热学首先是从平衡态开始的，描述平衡态的基本物理量是温度、压强和体积，而力学中质点的状态指的运动状态，是用位置、动量等物理量描述的。在认识论上，热学也是按照先有状态的确定，再有状态的变化的认识上的逻辑次序展开的，这一点与力学是相似的。但是，热学对平衡态的定义与力学对平衡态的定义是完全不同的。

与力学类似，热学一开始就建立了对一种特殊的理想的状态——热力学平衡态的定义，这虽然还是一种对状态的静态描述，但是，与力学的静态平衡不同，这种平衡态“静中有动”，是一种以“热动平衡”为特点的热力学平衡态，这个平衡态与力学平衡态有什么区别?

什么是力学的平衡态？当一个物体受到的合外力为零时，物体就处于力的平衡态，并一直保持原来静止或作匀速直线运动的状态（牛顿第一定律对此给出了最确切的表述，揭示了物体具有保持静止或匀速直线运动的本质属性——惯性）。然而为了判别一个物体是否处于力学的平衡态，则首先必须定义一个绝对惯性系。如果一个物体从“静止”开始运动或从匀速直线运动转变为加速运动，那么，这个物体的运动量一定发生了变化，这种变化是真实的外力对物体施加作用所引起的（牛顿第二定律对此给出了最确切的表述，揭示了物体运动量的变化与外力之间的定量关系）。为了明确真实的力的“身份”，以示与非惯性力相区别，作用力和反作用力的划定就是完全必要的：凡真实的力则一定有对应的大小相等、方向相反、作用在两个不同物体上的反作用力（牛顿第三定律对此给出了最确切的表述，揭示了力的相互作用特性）。在力学中还把完全确定一个质点空间位置所需要的独立坐标数称为质点的力学自由度。

什么是热力学系统的平衡态？一个孤立的热力学系统，不管它原来处于什么状态，经过一定的时间以后，总会趋向于一个不随时间改变的宏观态，这个宏观态就称为热力学平衡态。处于热力学平衡态的系统在其内部没有宏观的粒子流和能量流。显然，当热力学系统处于热力学的平衡态时，组成系统的分子和原子并没有处于力学的平衡态，依然在作无规则的热运动。因此，热力学的平衡态是一种“静中有动”的热动平衡态，它是比力学平衡态更高层次的平衡态。简单热力学系统的热动平衡态只需要两个状态参量就可以加以确定，这是在“磨平”了大量分子的力学自由度（每一个独立运动的分子具有三个力学的自由度）以后出现的一种新的自由度——热学自由度（每一个简单系统所处的热学平衡态具有两个热学自由度）。

从宏观上看，热力学平衡态是一种宏观上“静止”的状态，表现为系统不与外界交换热量和物质，系统内部也没有发生热量和物质的流动。在热学中另外还有一种宏观上“静止”的状态——热学稳恒态。例如，一根置于空气中的铁棒的两端与两个不同温度的热源接触，铁棒可以与热源和周围的空气发生热交换。经过一段时间以后，铁棒可以处于一个不随时间变化的状态。但是，铁棒既与两个热源发生热量的传递，又与周围的空气发生着热交换，铁棒内部必然存在着热量的流动，铁棒上各点的温度显然是不同的，因此，这个铁棒所处的状态只能归于热力学的稳恒状态，而不是热力学平衡态。

从微观上看，系统内的大量分子、原子还在不停地运动着，并不处于力学平衡态。一般地说，由于分子、原子的不停运动，微观运动的瞬时总效果也会随时间急速地变化，而所谓“不随时间变化”的宏观状态，实际上指的是这些微观运动产生的统计平均效果不随时间变化。因此，宏观上的“静止”平衡态，在微观统计角度上应该理解为一种在“静止”中包含着“运动”的状态，因此，热动平衡态概念的提出，建立了系统宏观上的“静止”的状态与系统微观上的“运动”的状态之间的一种既对立又共存的关系，这是一种统计意义上的关系。这样的统计关系不仅体现在对于平衡态的描述中，也体现在后面讨论状态变化时引入的“准静态过程”中。

实际上，不随时间变化的宏观状态是不存在的。虽然系统处于热力学平衡态，但是系统所呈现的宏观态一直在随时间而改变，其特征是围绕出现可能性极大的宏观状态，系统呈现出其他状态随时间的涨落，只是涨落出现的概率很微小而已，这种涨落是分子、原子具有的大量力学自由度的表现。在平衡态热力学中，这样的涨落是被“磨平”的，分子、原子的大量力学自由度是被“消去”的，由此宏观平衡态就被定义为不随时间改变的状态。因此，以“热动平衡”为特点的热力学平衡态是一种统计意义上的平衡态。

从对热力学平衡态的定义开始到建立对热运动的状态描述方式，热学在宏观态的“静止”与微观状态的“运动”之间开始建立起了一种统计意义上的联系，以对热学量的统计性描述的思想取代了对力学量的确定性描述，以微观量的统计平均值与热学宏观量相对应。在统计意义上建立这样的描述和对应贯穿在整个热学的课程内容的始终，从而成为热学思想的一个鲜明的主题。

2.4.2 “物理约束”——物态方程和过程方程体现的物理思想

尽管有了温度的定义和温标的制定，但在不同的温标下用不同测温物质制成的温度计所测得的温度却是有差异的，于是就产生了如何消除误差得出科学的、确定的和统一的温度的问题。实验表明，在压强很小、体积很大的极限条件下，不同气体温度计测得的温度差趋于零。于是理想气体的假设被提出来了，理想气体的温标也随之产生。

温度、压强和体积这三个量在热学中通常分别用符号 T、p 和 V 表示，由于这三个热学量都是从实验测量中得出定义的，它们之间没有力学中位移、速度和加速度之间存在的数学上的导出关系，因此，它们在热力学系统中的地位是平等的，不能从一个量导出另一个量。但是在给定的热力学平衡态下，一个简单气体系统只能有两个可以独立变化的状态参量，第三个状态参量就是这两个独立状态参量的函数，因此，它们之间必然存在着一定的函数关系，这个函数关系就是状态方程。状态方程的得出也只能来自实验，例如，由气体的三大实验定律以及阿伏伽德罗定律导出的克拉珀龙方程。状态方程有理想气体的状态方程，也有实际气体的状态方程；不仅气体有状态方程，液体和固体也都有相应的状态方程。

在热学中，体积、压强和温度虽然都是作为基本的状态参量出现的，但是，这三个基本状态参量却分属于两个大类。一般地说，从物理量是否具有可加性上分，热力学量可以分为两大类。一类属性表示物体的广延属性，例如，体积、质量、熵与内能等就是反映这些属性的物理量；它们称为广延量，且具有可加性。另一类属性表示物体的强度属性，例如，温度、压强、张力等就是反映这些属性的物理量；它们称为强度量，不具有可加性。因此，在体积、压强和温度三个量中，体积是广延量，而温度和压强是强度量。广延量和强度量的划分在热力学中是具有重要作用的，例如，在讨论热力学系统做功的过程中，元功的表示式就只能是强度量乘以广延量的变化，如 $p\mathrm{d}V$，而不可能是 $V\mathrm{d}p$。

物态方程实际上体现的是对系统热学状态量相互关系的一种物理约束。这种物理约束意味着，一旦对热力学系统确定了几个确定的独立参量以后，其他热力学量的取值就受到了约束，不能取任意的数值。例如，对于简单的理想气体系统，只要两个独立参量——例如压强和温度确定了以后，体积的取值就受到约束。因为通过物态方程，就可以完全确定它的体积。这里的独立参量数就是热力学的两个自由度。

除了物态方程，在热学中还经常讨论过程方程，例如等温过程方程、等压过程方程、绝热过程方程等。从物理约束的角度看，过程方程不过是对物态方程再加上一个约束条件而已。与力学中的约束问题相似，如果热学系统存在一个物理约束，系统的独立参量数就会减少一个。简单的气体状态方程中有三个物理量，但是由于存在状态方程这一个物理约束，于是气体系统就只有两个独立变量，如果再加上关于过程的另一个约束条件以后，每个过程方程就只有一个独立变量。例如，在状态方程中如果加上等体条件，那么得到的等体过程方程中虽然有压强和温度两个变量，但是只有一个是可以独立变化的。

物理约束可以是物理量之间的直接联系，也可以是物理量的变化之间的间接联系。在可测量物理量与不可测量物理量之间寻找物理约束的关系在物理学上显得尤其重要，因为在热学中有些物理量是可以测量的，如温度、压强、比热等；有些物理量是不可直接测量的，如熵。有了这样的约束，就能从可测量的物理量得出不可测量的物理量。平衡态热力学理论在讨论了热力学基本定律以后，通过对热力学基本等式的演绎关系得到了麦克斯韦关系式，其物理实质是把仅讨论物理量本身之间存在的约束关系（状态方程）进一步演化发展为体现一个物理量的变化与另一个物理量的变化之间的约束关系，尤其是可测量的物理量变化与不可测量物理量的变化之间的物理约束关系。

物理约束的思想所反映的是物理量之间的多种形式的联系。从这个意义上说，物理学的定律都是某种约束。这样的约束可能是因果关系，这种关系较多地出现在力学中，例如，在力学中物体的速度改变必然是由外力引起的，物体动量变化必然是因为物体受到力的冲量等，它们的关系是因果的；这样的约束意味着没有这样的“因”，不会出现那样的“果”，即对不可能事件（物体不受到外力作用，却发生了运动状态的改变）加以约束，这就是机械确定论的物理约束。这样的约束也可能是平行关系，这种关系较多地出现在热学中，例如，气体的温度与压强有联系，但气体的温度发生改变并不一定与压强的变化存在必然的因果关系，它们的关系可能是必然的（在理想气体发生的等体过程中，温度的改变必然引起压强的改变），也可能是平行的（在理想气体发生的绝热过程中，由气体体积的改变而同时引起系统的温度和压强的改变）。这样的约束意味着有这样的“因”，可能会出现多种可能的“果”，但对出现可能性小的事件加以约束，这就是统计概率论的物理约束。

正是有了气体状态方程的物理约束，在确定了气体的温度和体积后，气体的压强就相应地被确定在某一个数值上，失去了取其他数值的可能性。当人们从温度计上通过水银柱高度读出相应的温度读数时，实际上就是利用了物态方程的约束，从体积和压强求出了温度。

物理约束的思想不仅表现为在热力学系统内部各个物理量之间，也表现在系统内部物理量与边界条件之间，例如，在求解关于热传导物理问题的二阶常微分方程时，必须列出边界条件和初始条件才能得出系统的温度随时间变化的特解和通解。在不同的边界条件和初始条件下，由方程得出的解是不同的，这是一种确定性的物理约束。此外，这样的物理约束不仅表现在处于宏观平衡态时的热学的物理量之间，也体现在微观分子速度的统计分布上。例如，在确定温度的平衡态下，理想气体分子的速度分布函数的形状就被确定了，由此可以确定性地得出气体的平均速率、方均根速率和最概然速率。分布函数就是对平均速率等平均量的一种物理约束，这是一种统计性的物理约束。

2.5 弹性小球的理想模型与热运动包含的统计思想

2.5.1 弹性小球假设的提出——导出压强和温度的微观解释的物理模型

热现象与人们的生活有着密切的联系，两千多年前，我国古代的人们就有了凭直观感觉测量冷热程度的记载。但是，17 世纪后期，当牛顿完整地构建了经典力学的理论并在宏观领域中取得了巨大成就以后，人们深受力学的影响，总觉得当时热学理论中的热量、温度、压强等物理量与力学属性没有联系是难以接受的；反之，力、速度、加速度这些力学量在热学理论中似乎“无用武之地”也是不能容忍的。于是，到了 19 世纪初期，随着“热质说”理论的逐渐衰落，试图在力学和热学的基本概念之间建立联系的气体动理论开始形成。在几经反复以后，气体动理论逐步得到了物理学家的承认，从而为以后统计的思想进入热学提供了充分的可能性。

热学中提到的理想模型是理想气体，实际上，理想气体模型本质上是一种力学意义上的弹性小球模型。1845 年，英国科学家瓦特斯顿首先把气体分子原子假设为弹性小球，并用弹性小球互相碰撞产生的无规则运动来解释热现象的宏观规律，这正是当初人们试图用力学的思想方法来解释热现象而架起的一座“桥梁”。

弹性小球的模型是怎样提出来的？为什么把气体分子假设为弹性小球而不是别的模型呢？

首先，这个模型的提出来自分子运动论假设导致的分子碰撞现象。在 19 世纪 50 年代，分子运动论的理论又一次得以复兴。通过布朗运动和扩散现象的实验观察，人们提出了气体分子存在剧烈运动的假设，并认为，这样的运动是气体分子互相之间或气体分子与容器器壁在每秒时间内发生上百万次短暂和激烈碰撞而造成的。无论是气体、液体和固体都存在这样的热运动，只不过在固体中这样的热运动表现为原子在某个平衡位置附近作微小振动而已。既然涉及碰撞，就不可避免地需要运用力学定律。虽然严格地说，宏观世界中适用的牛顿力学能不能应用于微观世界，是还需要经过证明的，但是，由于牛顿力学已经取得了如此巨大的成功，以至于人们没有其他力学可以用于解释气体的碰撞现象。于是，分子的弹性小球模型就应运而生了。

其次，这个模型的提出来自能量守恒的要求。对一个处于绝热容器中的气体而言，气体的温度和压强是恒定不变的，也就是说气体的能量是守恒的。这就要求分子与分子以及分子与器壁之间的碰撞必须是完全弹性的，而不是非弹性碰撞的。因为非弹性碰撞的结果会使分子的动能消失，转变成其他能量；如果分子与器壁发生非弹性碰撞，就会使得一部分动能转变为热能，从而导致器壁温度升高。经过分子与器壁的多次反复碰撞以后，分子总动能就会减少。而分子总动能的减少又会引起分子与器壁碰撞产生的压强减少，一旦当分子动能减少到不足以用来克服分子与分子之间的相互吸引力时，气体就会凝聚成液体或凝固成固体。这样的现象显然是不可能在一个绝热容器中发生的。

1856 年，德国物理学家克勒尼希（Kronig）把概率引入了气体动理论；过了三年，麦克斯韦研究了分子速率的分布，从而确立了统计的思想和方法在热运动研究中的地位。现代物理学表明，分子不是弹性小球，分子之间的互相作用也不是由碰撞产生的弹性力。但是，由于用弹性小球这样的模型确实能够解释一些热现象，形成关于热运动的一些宏观认识，因此，很长一段时期以来，分子的弹性小球模型就成了热学中的一个理想模型。

大学物理热学教材在介绍了温度的定义和建立了理想气体状态方程以后，常常提出了压强和温度的微观解释，导出这个解释的物理模型就是分子的弹性小球模型。压强在微观上被看作是弹性小球分子与器壁力学碰撞的平均效应，而温度则被看作是弹性小球分子无规则运动的平均动能的表现。

2.5.2　从确定性描述到统计性描述——弹性小球模型包含的物理思想

力学中的质点和刚体模型与热学中的弹性小球都是理想模型，这两者之间有什么区别呢？弹性小球的模型在哪些方面体现了比质点模型更深刻的物理思想呢？

首先，在理想模型的实现对象上。质点理想模型是对“看得见”的物体实现的理想化，而弹性小球模型则是对“看不见”的分子、原子的一种假设模型。

例如，讨论地面上远处一辆汽车的运动时，如果只研究它的整体运动状态——位置在哪里，速度和加速度是多少等，那么在力学中完全可以把它看成质点来处理；甚至在讨论太阳和地球的相对运动时，由于它们的大小远小于它们之间的距离，这两个天体也可以看成质点。这里，理想化的对象都是人们在宏观感觉上可以“看得见”的物体。而热学中能够理想化为弹性小球模型的对象是宏观感觉上“看不见”

的分子和原子。既然“看不见”，那么对分子和原子提出的模型实际上就只是一种假设模型。

其次，在理想模型的地位和作用上。正是由于质点是对“看得见”物体的理想化，因此，力学的研究基于质点或刚体的理想模型，主要是通过数学推理演绎得出物体的运动的规律。而正是由于弹性小球是“看不见”的分子、原子的理想模型，因此，热学必须从对分子、原子假设的模型出发，主要通过物理上的归纳和演绎推理得出对热运动的理性认识，并把这样的认识与已有的实验结果加以比较。与实验相符合的理论结果将反过来证实假设和模型的正确性；而与实验不符合的理论结果将反过来可能成为修改已有的假设模型和理论的起点。正是在这样不断修改模型的过程中，人们从宏观出发逐步获得了对微观分子、原子结构和微观运动的更深刻的认识。

最后，在对理想模型的研究层次上。在力学中，人们首先通过质点的运动学来揭示物体的运动“是什么”，然后通过质点动力学来揭示物体运动的“为什么”。对质点理想模型的这种研究是在同一个宏观层次上进行的，是从物体与物体的相互作用上去寻找物体运动变化的原因，这是一种确定性的研究方式。而热学把弹性小球的假设模型运用于对热运动的研究是在两个不同的层次进行的，既需要首先从宏观层次上通过对实验的归纳和理论演绎得出热力学的基本定律，回答物体热运动的基本规律“是什么”，又需要从微观层次上的统计分布上去导出热现象的规律，由此建立宏观与微观之间的对应关系，回答热运动的“为什么”，这是一种统计性的研究方式。

微观层次上的统计性解释，很长时间以来被看作是一种由于人类无法把握大量分子、原子的力学运动规律而不得已才采取的方法，是对确定性描述的一种暂时的补充。然而，经过克劳修斯（1822—1888）和麦克斯韦等物理学家的努力，人们已经认识到，描述大量分子的运动，除了力学定律，还必须应用统计规律，而且统计规律显得比力学规律更普遍。现代物理学的发展已经表明，确定性描述和统计性描述不仅是物理学描述客观世界的两个不同的途径，而且，这两种描述是平等相通的，是“我中有你，你中有我”的。相比确定性描述，统计性描述得到的认识更普遍，更接近于反映自然界的本来面目。

2.6　压强和温度的微观解释和统计平均值体现的物理思想

2.6.1　概率统计思想进入物理学殿堂的重要一步——压强和温度的微观解释

在通常的大学物理“热学”篇内容中，一旦在宏观上定义了温度这个物理量以后，紧接着就展开了对压强和温度微观解释的讨论。压强和温度在中学期间就为学生所知，似乎都是很平常的宏观物理量，但是，大学物理却还要进一步讨论压强和温度的微观解释。除了在两个层次上建立对热现象的描述，这里还体现了哪些重要的物理思想呢？

确实，今天人们在学校实验室里从宏观上观察到气体对容器器壁的作用而产生的压强，以及在日常生活中利用温度计测量温度，已经是一件很容易的事情。但是，在气体动理论发展初期，克劳修斯等利用弹性小球模型对压强作出微观的解释，并试图用力学思想去定义热学基本概念而取得的重要成果，打破了牛顿力学的经典确定论观念，从而跨出了使概率统计思想进入物理学殿堂的重要一步。因此，学习和理解在建立压强和温度的微观解释过程中的一系列推导论证，将有助于学生从对牛顿力学建立的确定性的思想图景转变为对热学建立的概率统计性的思想图景，这是后继学习能量均分定理和麦克斯韦速率分布，以及理解热力学定律在微观上的统计意义所需要的物理思想基础。

大学物理在开始讨论压强微观解释前一般总要提出两个假设，一个是关于分子个体的，另一个是关于分子集体的。前一个关于分子个体的假设把理想气体分子看成是弹性小球，也就是用力学的思想来说明分子的碰撞过程；后一个关于集体的假设是一个统计意义上的假设，也就是把大量分子无规则碰撞运动产生的平均效果与宏观量之间建立起一种对应。这两个假设的思想既是力学的，更是统计学的，它的意义在于由此建立从力学的确定性思想到统计学的概率思想的一种过渡。这样的过渡就把关于分子运动的“三个基本假设”从定性的表述上升到了一个新的统计理论高度——提出了理想模型，运用了统计思想，得出了定量结果。

2.6.2 两个假设和两个公式——分子运动统计平均值所体现的随机量的统计集中度思想

克劳修斯早在1850年就提出："热不是物质，而是包含在物体最小成分的运动之中。"1857年，当他看到德国物理学家克勒尼希基于分子、原子的弹性小球模型把概率统计的思想引入气体动理论的论文以后深受启发，经过具体的运算，得出了气体压强 p 与分子平均动能 ε_k 成正比的结果，再利用理想气体状态方程，可以得出温度与分子平均动能有关的结果，即

$$p=\frac{2}{3}n\varepsilon_k,\quad \varepsilon_k=\frac{3}{2}kT$$

以上两个公式表明，宏观上有规则的物理性质可以从微观上不规则的属性中推导出来，这是气体动理论的发展影响现代科学的最有意义的途径之一。

在两个假设基础上推导得出的这两个公式，不仅表明了压强和温度具有统计的意义，而且定量地显示了热学中"动态平衡"状态的"动态"的含义。这是因为，如果没有大量分子小球的运动和碰撞，就没有碰撞的平均效果；没有碰撞的效果就不存在压强，也不存在分子的平均动能。对分子运动速率随机量进行统计得到的压强和温度，其体现的统计平均值也只有在"宏观小，微观大"的时间间隔和器壁面积的前提下才有意义。这是因为，如果气体只有少数分子组成，它们在每一个单位时间内碰撞器壁的分子数更少而且变化很大，不能体现出一种集体的稳定效果，讨论压强和温度就失去了意义。

以上的统计平均完全是按照数学上算术平均值的定义得出的。例如，N 个分子的速率的 x 分量的平方的平均值就是

$$\overline{(v_x)^2}=\frac{(v_{1x})^2+(v_{2x})^2+\cdots+(v_{Nx})^2}{N}$$

在日常生活中也进行着类似的算术平均的统计操作，例如，为了得出一个班级的学生在参加某次物理考试以后的平均成绩，往往先把所有学生的成绩相加，再除以学生人数，于是就得到了学生考试的平均分数。这种统计平均值就是算术平均值。

上述的统计平均得出的算术平均值实际上包含了一个默认的假设。对分子速率而言，假设每一个分子速率指向任何方向的分量取任意随机数值的可能性（概率）都是相等的。类似地，对学生作考试的成绩的算术平均也包含着每一个学生在考试

中得到任意一个分数的可能性（概率）都是相同的假设。显然，分子在任意方向上的分量取任意随机数值的可能性是不同的。同样，由于每个学生学习的基础不同，理解能力不同，则每个学生考试获得任意一个分数的可能性也是不同的。因此，算术平均值仅仅是一种对随机量的粗粒平均。对分子运动而言，它只能反映出分子速率随机量变化的大概范围，即反映随机量分布的一种“集中度”，不能反映出每一个时刻分子速率随机量围绕平均值取其他数值的涨落变化细节，也不能反映出分子速率处于某个速率区间范围内的可能性（概率）的大小。这就引出了定义另一个反映随机量“分散度”的统计量的必要性。对分子运动而言，这个反映分子运动速率随机量“分散度”的统计量就是麦克斯韦速率分布函数。

2.7　麦克斯韦速率分布函数体现的统计思想

2.7.1　麦克斯韦速率分布函数的导出——分子速率分布函数体现的统计分散度思想

统计平均值体现了随机量取值的“集中度”，但是仅用统计平均值不足以确切地反映出随机量的特点。就分子的速率这个随机量而言，人们还需要知道分子的速率处于不同速率空间内的可能性（概率）的大小，这个统计概率就是分子速率这个随机量的统计分布函数。统计分布函数是随机量取值的分散度的一个体现。

在论述了对温度、压强作出的微观上的统计解释以后，大学物理的热学课程往往就转入了对麦克斯韦速率分布函数的讨论，从教学上看，这个“转弯”似乎有点突然，但是从统计的意义上看，这正是为了从统计集中度转向统计分散度的自然延伸，统计集中度和统计分散度是体现热学中的统计思想的两部分不可分割的内容。

仍然以上述学生成绩为例，对一个年级的两个班级在一次物理考试以后进行成绩分析以后发现，两个班级可能具有相同的平均成绩，但是，两个班级学生的成绩分布状况却不一定相同，进一步了解学生成绩在不同分数区间中的分布，比只知道平均成绩更能反映出两个班级学生的不同学习状况。于是，统计上的做法往往是先划分出成绩区间，然后找出相应处于每一个成绩区间的学生人数，最后按照成绩和学生人数作出一个分布函数。由于学生人数不是一个连续变化的量，因此，这个按照成绩对学生人数建立的分布函数不是连续变化的函数。

由于处于一定容器内的气体分子数是大量的，因此，从理论上讲，在一定的温度和压强条件下，容器中每一个分子都有可能具有从速率为零到速率趋于无限大的速率。我们不能说，某分子在某时刻具有精确的某种确定的速率，只能说，某些分子的速率在某时刻处于某一个速率区间内，而且这些处于某一个速率区间内的分子数在总分子数占有一定的比例。于是按照这样的分布就形成了分子速率的统计分布函数，这个分布函数是速率的连续函数。

在一定的气体温度压强下，处于平衡态的分子速率统计分布函数就是麦克斯韦分子速率分布律。麦克斯韦速率分布函数是怎样得出的？它在关于热学的统计理论上有什么重要的意义？

虽然克劳修斯引入了统计的思想，并推导出了气体压强 p 与分子平均动能 ε_{k} 成正比以及温度与分子平均动能有关的结果，但是，他没有充分发展统计的思想，他坚持认为，力学定律是万能的，支配着宇宙中的一切现象。他承认分子运动的速率是千差万别的，他认为计算时可以把分子看成一个点，可假设所有分子具有一定的平均速率。麦克斯韦首先对这一假设表示了怀疑，他认为没有任何理由认为分子可以优先处于某些速率或被限制和禁止具有某些速率，分子的速率可以处于从 0 到 ∞ 的整个速率范围内，只是出现的概率不同而已。在一定条件下，分子处于不同速率区间的概率就构成一种稳定的分布。

分子速率分布函数形状或数学表达式是什么呢？麦克斯韦注意到，19 世纪统计理论最有用的成果就是高斯误差分布律，即如果某个随机量在一定的平均值附近呈现不规则涨落，那么，表示偏离平均值的频率的误差曲线应该是钟形曲线，在平均值左右具有一个极大值并向两边急剧地减少。于是麦克斯韦在 1860 年提出自己的设想，认为气体中分子之间的大量碰撞的结果不是导致分子速率趋于平均分布，而是呈现出类似于高斯的误差分布律的分布方式，即分子可能具有的速率都会以一定的概率出现，但分子处于不同的速率区间内的概率是不同的。基于这样的思想，麦克斯韦提出了两个基本假设：一是假设分子速率在三个空间方向上的分量是互相独立的，二是分子出现在每个方向上速率分量的概率是相同的。正是在这两个假设的条件下，他通过数学推导得出了著名的麦克斯韦速率分布函数：

$$f(v)=4\pi\left(\frac{m}{2\pi kT}\right)^{\frac{3}{2}}v^{2}\mathrm{e}^{-\frac{mv^{2}}{2kT}}$$

尽管每一个分子的速率的大小不断地发生改变，但是在给定的温度和压强下，分子速率分布律是完全确定的。这个速率分布律的统计意义就在于它给出了分子速率可能处于一定速率区间内的概率，或者说，它给出了在一定速率区间内的分子数占总分子数的比例。从分布曲线上可以看出，分子具有极端速率（很高的速率和很低的速率）的概率很小，但概率不是零，也就是总有少数分子具有很大的速率，也总有少数分子运动速率很小，看起来似乎不动。另外，从分布曲线上可以得出，分子处在与曲线极大值对应的一个特定分子速率（最概然速率）附近区间内的概率最大，或者说，在这个特定分子速率（最概然速率）附近单位区间内的分子数占总分子数的比例最多。因此，统计分布比平均值更体现了概率的思想，与平均值体现的随机量的集中度思想相比，统计分布体现的是随机量的分散度思想。

由于麦克斯韦是在两个基本假设的基础上通过数学推导提出速率分布律的，因此完全可以提出这样的问题：作为前提条件的这两个基本假设是从何得来的？玻尔兹曼就认为这样的推导是不能令人满意的。他在 1868 年，发表了题为《运动质点活力平衡的研究》的论文，提出了许多重要的物理思想。他以统计的理论方法对近独立粒子体系建立了在由分子的空间坐标分量与相应的动量分量所张成的分子相空间上的最概然分布，而麦克斯韦速率分布则是这个最概然分布的一个自然的推理。由此玻尔兹曼还证明了，麦克斯韦速率分布律不仅对单一原子适用，对处于平衡态的多原子的分子体系也是适用的；他还将这个分布律推广到处于重力场中气体分子速率的分布，于是麦克斯韦速率分布就得到了统计理论的支撑，成为平衡态统计物理的一个重要组成部分。

2.7.2　对机械确定性因果观的冲击——麦克斯韦速率分布函数体现的“统计确定性”因果观

麦克斯韦速率分布函数的得出，不仅为解释气体出现的现象提供了新的方法，而且意味着在分子热运动的领域里将呈现出一种新的统计确定性因果观的思想，它对于经典力学中表现的机械确定性因果观无疑是一次冲击。

从统计平均的结果看，从两组不同的随机量的“因”可能得出相同的平均值的“果”（例如，两个不同班级学生在一次物理考试中得到的平均分数可能是相同的；装在两个不同容器中的不同类型的气体，它们的温度和压强也可能是相同的），这是统计因果观的一种浅层次的表现。而气体分子速率分布律不仅取决于气体的温度，还取决于分子的质量。两个容器中的不同气体可以具有相同的温度和压强，但是由于分子质量不同，它们的速率分布函数是不同的，即在一个特定温度下呈现出不同的速率分布函数图像。这就表明，两组不同随机量（不同分子的无规则运动速率）的“因”可以具有相同统计平均值的“果”（具有相同的温度和压强），但可能具有不同的统计分布的“果”。同样，两个班级学生的考试平均分数可以相同，但是每个班级学生的成绩分布却可能是不同的。后者的统计是在概率分布的意义上的统计，而不是统计平均值意义上的统计。这是随机量的分散度的统计表现，是统计因果观的深层次的表现。

统计集中度与统计分散度是统计因果观思想在两个不同层次上既互相联系又互相区别的体现。体现分子运动在深层次统计思想的麦克斯韦速率分布函数，是对体现分子运动在浅层次统计思想上的平均速率的延伸，而浅层次统计平均则成为深层次的统计分布律的一种应用。热学正是从这两个层次上以由浅入深的认识逻辑次序体现了物理学中的统计因果观思想。

2.8 准静态过程体现的动中有静的物理思想

2.8.1 “动中有静”——准静态过程体现的统计思想

热力学平衡态和状态方程是对热力学系统的静态描述，它不能反映出自然界的演化规律。如果在自然界里只有热力学平衡态，那么按照定义，任何系统一旦处于热力学平衡态（例如，气体、液体或固体的平衡态），系统的宏观状态就保持不变，没有运动，没有变化，于是也就不会出现人们如今看到的万物千姿百态的、充满着勃勃生机的自然界。

自然界中无处不在的物体运动和物态变化都是对平衡态的破坏。处于平衡态的热学系统在受到外界扰动以后就从一个平衡态变化进入非平衡态，在经历了一系列非平衡态以后，又可能达到另一个新的平衡态。这样的实际热力学过程相当复杂，难以把握。为此，热力学必须对这样的动态过程做出某些理想化的处理，以得出热力学过程的基本规律。于是，为了更好地认识热力学过程的本质和特点，热学在定义了静中有动的平衡态以后，又从静到动，对涉及状态的改变引入了一个理想化的过程加以描述，这就是无限缓慢进行的准静态过程。准静态过程是一个“动中有静”的过程，这是比机械运动的过程更高一个层次的运动过程。

准静态过程是一个理想的过程，在这个过程所经历的任意时刻，系统都无限地接近平衡态。在热学中引起过程变化的两种主要途径是做功和热量传递。显然，在系统由受到压力而引起体积变化的做功实际过程中，只有无限缓慢的压缩或膨胀过程才可以看成准静态过程；在系统由加热而引起温度变化的过程中，只有系统与温差无限小的无限多个热源交换热量的过程才可以看成是“准静态过程”。

从动和静的统计意义上看，从引入平衡态到引入准静态过程是关于动静的物理对称性思想在热力学中的具体体现。凡是经历一个过程，就一定涉及系统状态的变化，这是动态的；但在准静态过程中的任意时刻，系统又无限接近平衡状态，可以当作平衡态处理，这是静态的。因此，在准静态过程中的每一个中间阶段的动态都包含了静态。如果说，热动平衡是在静止中包含了运动，“静中有动”，从而建立了系统表面上的静止的状态与系统内部的运动的状态之间的一种对应的关系，这是一种统计意义上的关系，那么，准静态过程则是在运动中包含了静止，“动中有静”，建立了系统状态变化的运动与系统趋于平衡态的静止状态之间的一种对应关系，这仍然是一种统计意义上的关系。

2.8.2　外力做的功与热力学系统状态量的变化关系——准静态过程的重要地位

从做功与状态量的变化关系上看，在热力学中对做功过程引入准静态过程是与力学中引入动能定理的一种类比思想的具体体现。力学中的动能定理表明，外力做功的大小等于物体动能这个状态函数的增加量，即功是用物体状态函数的变化来表示的。由此自然地会提出这样的问题：热学中外力对系统做的功是否也能用热学系统本身的状态量的变化来表示？对这个问题的回答是肯定的。在热学问题中，一旦外力对系统做功，就引起系统状态发生变化，系统必将经历一个过程。问题是，由于在过程的每一个中间阶段系统都处于非平衡状态，因此，无法用确定的热力学状态量来表征这样的状态，例如，在外力推动汽缸的活塞做功的过程中，汽缸内部气体没有一个统一的、各处均匀的压强，因此，外力所做的功也就无法用系统本身的状态量（例如，压强和体积）的变化来表示。为了能够类似力学那样，以系统本身状态量的变化来表示外界对系统做的功，就必须使系统在过程中每一个中间阶段都有确定的状态量（例如，压强和体积），即系统都能够处于平衡态。显然，这个要求只能在外力对系统实施无限缓慢的准静态过程中才能实现。基于物理上取近似的研究方式，对于实际过程，只有当它进行得足够缓慢时，我们就可以把它看成是对这种理想过程的一个近似。系统实际进行的过程越缓慢，则对准静态过程的近似程度越好，只有当系统经历了无限缓慢的过程时，这个过程才称为准静态过程。

准静态过程的理想过程在热力学中有着非常重要的地位。在热力学第一定律讨论各种单一过程和循环过程中吸取热量和做功大小时，经常会利用状态曲线来描绘一个过程，例如，在 p-V 图上画出等温过程曲线，并从这个曲线上来计算系统在从一个平衡态到另一个平衡态的过程中对外做的功。实际上在画出这样的曲线时，已经默认了一个假定：这个等温过程必须是准静态过程。因为如果不是经历准静态过程，系统在过程中的每一个中间状态就不是平衡态，不存在确定的压强和体积，也就不可能建立系统在这个过程中所经历的每一个状态与状态图上某一点的对应关系，因此，这样的过程就不可能用实线在状态图中被表示出来。而在热力学第二定律讨论可逆过程时，只有无摩擦的准静态过程才可以被看成是可逆过程。

2.9 热力学第一定律体现的能量守恒和运动转化的思想

2.9.1 热力学第一定律——普遍的能量守恒及其转化定律的具体体现

继运动学之后，力学就从动力学上去探讨物体运动状态变化与外力的关系，例如，探讨动量的变化与外力冲量之间的关系、动能的改变与外力做功的关系等。类似地，对一个热力学系统，在确定了从静（热力学平衡状态）到动（热力学准静态过程）的描述方式以后，自然引出的一个问题就是：在一个热力学过程中系统的状态变化与相应的外界做功的大小以及热量传递的多少之间存在什么定量的关系？

在热力学中，热力学系统状态的改变主要是通过两种途径引起的。一是做功。外界对系统做功引起系统状态发生变化，并同时实现了热运动与其他运动形式之间的相互转化。例如，当气体绝热膨胀时，气体推动活塞移动的做功过程就伴随着热运动与机械运动两种运动形式之间的转化。在热力学中功的含义远比力学中只涉及体积功要广泛得多，除了与体积改变相联系的压强做的功，还有与液体表面薄膜面积改变相联系的表面张力做的功、与电介质在电场中极化相联系的极化功和与磁介质在磁场中磁化相联系的磁化功等，这些功统称为广义功。二是热量传递。外界对系统传递热量只引起系统的热运动状态发生变化，在这个过程中没有发生任何宏观功的行为，也不发生热运动形式与其他运动形式的转化。例如，在温度高的物体与温度低的物体接触时发生的热传导过程中，物体的热运动状态发生了变化，但在这个过程中没有外界对系统做功的行为，因而也没有运动形式的转化。

18 世纪，人们对热现象的研究开始走上了精确的实验科学阶段。1798 年，伦福德伯爵对金属炮铜进行的钻孔实验否定了“热质说”，提出了“热是机械运动的一种形式”的观点。1799 年，戴维做的冰块实验支持了热是一种运动的观点。到了 19 世纪 40 年代以后，德国医生迈耶（1814—1878）首先提出了运动互相转化的思想，焦耳在总结前人实验的基础上运用电磁方法，机械方法和化学方法等进行了一系列精确的实验，并测定了可以转化为一定数量热的其他各种形式的能量，特别是确定了热功当量，从而更加有力地说明了热在本质上是一种运动。

力学的动能定理告诉我们，外力做功可以引起物体的动能的改变。在不计任何摩擦的情况下，外力做的功等于物体动能的增加量。那么在热学中，通过外力对系统做功，将引起热力学系统的什么能量的改变？系统与外界发生热交换时，又将引起系统的什么能量的改变？在实际热力学过程中，这两种方式往往是组合在一起实现的，它们在引起系统能量改变的“质”和“量”上有什么联系和区别？它们分别引起的运动形式的转变和能量改变量有没有等当性和转化性？热力学运动状态的丰富性和多样性引发了人们对这些过程背后隐藏的变化规律和不变量的探讨。实验表明，做功和传递热量分别都可以引起系统内能的改变，它们之间存在着可转化性和量的等当性；做功和传递热量的总量与反映系统宏观状态的内能的改变之间存在本质上的联系和定量的关系，这就是热力学第一定律。它既是人们在认识普遍的能量守恒及其转化定律的道路上较之于力学中的机械能守恒定律认识的深化，也是普遍的能量守恒及其转化定律的具体体现。

普遍的能量守恒定律是一个在大量实验基础上通过非经验的哲学思考和科学演绎而形成的关于自然界事物发展运动的普遍规律，任何对具体运动形式中的实验归纳和数学推理是不能得出这个基本规律的。在大学物理力学中，虽然已经讨论过机械能守恒定律，但没有被说成是普遍的能量守恒和转化定律的具体表现，而大学物理中热力学第一定律却被称为是能量守恒和转化普遍定律的一个具体体现。其原因如下所述。

第一，机械能守恒和转化只涉及一种能量形式（动能和势能都是机械能）的守恒，不涉及不同能量形式的转化，而且机械能守恒定律是从牛顿定律中推导出来的，因而，机械能的引入还没有充分体现能量这一概念在物理学中的重要意义。正是从热力学第一定律开始才涉及至少两种不同能量形式（机械能和内能以及其他形式的能量）的转换和守恒，能量在物理学上的重要作用才得以充分体现。

第二，一个运动物体的机械能满足守恒定律时，物体的动能和势能之间的互相转化只能由保守外力做功实现，也就是说，在力学中应用机械能守恒定律实现的动能和势能的转化是有条件的。而热力学第一定律中多种形式能量的守恒和转换可以由非保守力和其他广义力做功来实现。一个实际的单摆从周期运动开始到最后停止就是一个典型例子。单摆在运动的过程中除了受到重力（保守力），还受到其他阻力（非保守力），因此，单摆的机械能不守恒。然而，从热力学第一定律分析，这个过程仍然满足能量守恒定律，在这个过程中实现了从一种能量（机械能）到另一种能量（内能）的转化。在继热学以后的电磁学中还会更进一步涉及电能和磁场能与多种其他形式能量（例如机械能、化学能等）的守恒和转化。因此，如果说，学习力学中的机械能守恒定律只是在牛顿定律范围内初步建立能量的入门概念，尚未真正涉及不同形式能量的守恒和转化，那么热力学第一定律将是人们在力学基础上对能量守恒和转化认识的一种深化。

能量守恒和转化的思想是物理学的重要思想。它揭示了各种不同运动形式在互相转化过程中体现的“质”和“量”的关系。物理学发展史表明，物理学中的各种守恒定律，包括动量守恒定律、角动量守恒定律以及其他守恒定律，是人类在不断深化对自然界认识的过程中所体现的聪明才智和智慧结晶，是物理学思想宝库中极其重要的财富。在大学物理课程中，这些守恒定律的内容是遵循着由近及远、由浅入深、从只讨论单一的机械能转到讨论多种能量，以至于过渡到建立对普遍的能量守恒定律的认识链而逐步上升和展开的，而热力学第一定律就是这个认识链上的重要环节。热力学第一定律在人们在物理学上深化对能量守恒定律普遍性的认识过程中起着承前启后的重要作用。

2.9.2 传热与做功——“量”的等当性和“质”的转换性思想

热力学第一定律表明，做功和传热（都是过程量）是引起系统状态改变以致内能（状态量）发生改变的两种方式。虽然单独做功的过程和单独热传导的过程都可以引起系统内能改变，但是实际上做功的过程与热传导过程往往是不可分割地伴随在一起的，例如，气体推动活塞做功时，一部分机械能转化为气体内能，但是活塞移动时对容器壁的摩擦必然会引起器壁发热，同样会导致气体温度的升高，内能发生改变。因此，内能的改变总是由做功和热传递共同引起的，热力学第一定律的数学表达式 $\Delta U=Q+A$ 中的加号正是表达了内能改变的最普遍方式。

在这个关系式中，传递热量与做功之和具有能量的量纲，在引起内能改变上处于同等的地位。（一般约定，在上述表达式中，系统从外界吸收热量时，Q 取正值，反之取负值；外界对系统做功时，A 取正值，反之取负值。）在发生宏观功的过程中，外力通过对系统做功，把一部分机械能转化为系统的内能。在传热的过程中，尽管没有宏观做功的过程，但是，高温物体的分子把无规则运动的能量传递给低温物体的分子，这个过程可以看作是高温物体分子做“微观功”的过程，其结果也引起了系统内能的改变。由此就可以得出结论：一定量的功或相应的一定量的热量传递都可以产生相同的内能变化，做功是过程量，同样热量传递也是过程量；做功的机械运动形式与传热的热运动形式既在“量”上具有等当性，又在“质”上具有可转化性。实际上，热力学第一定律中的功是广义的功，守恒和转化不限于在机械运动和热运动之间，机械能可以转化为内能或其他形式的能量。因此，它在普遍的意义上揭示出，在“量”上各种运动形式互相转化而不会发生损耗；在“质”上各种运动形式具有固有的、不会消失的互相转化的能力。

2.10　内能的统计定义以及能量均分的统计思想

2.10.1　内能的统计定义——宏观能量的确定性和微观能量不确定性的对应

与温度和压强等其他热学量一样，热学中的内能仍然是在宏观和微观两个层面上加以定义的。内能首先是作为宏观状态函数出现在热力学第一定律中的，但是宏观系统上的内能在微观上被定义为微观分子热运动的动能和相互作用势能的总和，即分子无规则运动能量的总和。内能不包括系统宏观整体运动的动能和系统与外场相互作用的势能，也不包括更深微观层次上粒子的运动能量。

为什么对内能作出这样的定义？为什么内能只包括一部分而不是所有微观状态的能量？首先，内能作为能量的一种形式，它必须是宏观状态的函数，即在一定的宏观状态下，系统的内能必须是确定的。其次，在平衡态下，系统的宏观状态虽然是确定的，然而组成热力学系统的分子却在不断地剧烈运动，它们的微观状态却是不确定的。每一个微观状态的能量不仅由于分子无规则碰撞的相互作用而发生激烈的改变，还可能由于分子与外场的相互作用而发生改变。一个是在平衡态下宏观能量的确定性，另一个是微观状态下能量的不确定性，由此人们提出的问题就是：能不能建立和如何建立确定的宏观能量与不确定的微观状态能量之间的对应？

对分子、原子全部微观能量的仔细分析可以表明，分子的激烈无规则热运动和互相碰撞，使得一部分微观能量不断地在各个微观状态之间进行着再分配，以致每一个微观状态的能量发生着似乎“瞬时性”的变化。但微观分子热运动的动能和相互作用势能的总和的这部分微观能量却在统计意义上呈现出某种“不变性”，从而可以把它们与统计意义上“不随时间改变”的宏观平衡态相对应，这部分能量后来就定义为内能。另外一部分与分子微观运动相联系的总能量（例如，分子与外场相互作用的总能量，比分子和原子更深层次的粒子的能量等）一般不参与通过分子互相交换能量和再分配能量的过程，也不能保持统计意义上的总和“不变”，因而无法与确定的宏观状态对应，也就不再计入内能的范畴。

2.10.2　分子无规则运动能量的再分配——能量均分定理的统计思想

分子的激烈无规则热运动和互相碰撞导致的能量再分配使系统的内能出现了某种形式的均分，这种均分完全是在统计意义上对分子无规则运动能量的均分。热力学中的能量均分定理揭示的正是被定义为内能的那一部分能量总和通过再分配最后导致了按自由度均分的结论，那些不参与再分配的能量也同样不参与能量按自由度的均分。实际上，量子力学表明，参与再分配的那部分能量只有在可以被看作是经典意义上连续分布的能量时，才形成了按自由度的均分，而不参加再分配的另一部分能量（例如，分子振动和转动的能量）往往是以分立的能级呈现的，它们在常温下一般不会对按自由度的均分做出贡献，呈现出在转动和振动自由度上能量均分的“冻结”，这部分能量只有在高温下才可能参与能量的均分。

2.11　热力学第二定律以及熵与能量品质退降的物理思想

2.11.1　热力学第二定律——对自然宏观过程能量转化方向认识的深化

热力学第一定律揭示了自然界中各类运动形式及其对应能量之间转化的普遍性，但对过程进行的方向并没有给出任何的限制。但是，大量实验和观察告诉人们，任何实际发生的自发的宏观过程都是具有方向性的，即在这个普遍性之外，运动形式的转化过程还具有一种单向性。

在两个物体之间只存在热量传递的过程中，这种单向性的主要表现就是热量总是从高温物体自发地传递到低温物体，这个过程是自发的，它可以在不产生对外界的任何影响下实现。反之，热量也可以从低温物体传递到高温物体，但是这个过程必然伴随着无法消除的外界影响，它不能自发发生。因此，热量自动从高温物体传递到低温物体的过程是不可逆过程。热量从高温物体传递到低温物体或反向的传递都保持着整个系统总能量的守恒，符合热力学第一定律，但是实际自发发生的过程，却只可能是前一个过程而不是后一个过程。

在只有外力对物体做功的过程中，这种单向性表现为非热能形式的能量（例如，机械能）最终都自发地转化为热能形式的能量，这个过程也是自发的。在单一过程中机械能可以通过做功而完全转变成热量，这是可以自发实现的；反之，从单一热源取得的热也可以转化为功，但是必然伴随有不可消除的外界影响，因此，功转变为热的过程是不可逆过程。功转变为热量或热量转变为功都保持着整个系统的总能量守恒，符合热力学第一定律。但是实际上能够自发发生的也只是前一个过程，而不是后一个过程。

一切与热现象有关的实际宏观过程都是不可逆过程，自然界中不可逆过程的种类是无穷多的。关于各种自发发生的宏观过程的不可逆性的一条重要规律是：它们是互相依存的，即一个宏观过程的不可逆性保证了另一个过程的不可逆性。

正是基于对自然界实际存在的各种不可逆过程的单向性及其互相依存关系进行归纳发展的结果，特别是在研究热机工作原理的基础上，人们得出了关于在有限的空间和时间内一切和热运动有关的物理、过程的发展具有不可逆性这样一个事实的总结，对这样的总结的表述就是热力学第二定律。热力学第二定律的典型表述一般是两种。

克劳修斯表述：“不可能把热量从低温物体传到高温物体而不产生其他影响。”这是对热量传递不可逆性的单向性表述。

开尔文表述：“不可能从单一热源取热使之完全转变为有用的功而不产生其他影响。”这是对功和热量传递不可逆性的单向性表述。

这两种表述已被证明是完全等效的。实际上，对任何一种自然界实际过程进行的方向的表述都可以作为热力学第二定律的表述。由于不可逆过程是按照确定性的方向进行的，因此，从宏观上看，热力学第一定律揭示了自然界中各种运动形式的能量可以通过宏观过程互相转化的规律，而热力学第二定律则进一步揭示了各种运动形式的能量在宏观过程中互相转化时在方向上受到“单向性”限制的规律。

从微观上看，任何热力学过程总是包含着大量分子的无规则运动，通常把分子无规则运动的有序和无序状态与分子排列分布数目的多少相联系。例如，气体向真空自由膨胀是一个不可逆的过程，在这个过程开始时，气体分子处于容器的某一部分，而膨胀结束后气体分子处于整个容器中。由于初始时分子呈现的可能排列分布数少于结束时分子可能呈现的可能排列分布数，而每一个可能的排列对应于系统的一个微观状态，排列分布数目越多，微观状态就越多，系统就显得越无序，因此，这个过程在微观上就是分子从较为有序的无规则运动走向更无序的无规则运动的过程。热力学第二定律正是从微观上揭示了在热力学过程中大量分子无规则运动呈现的无序程度变化的规律，它表明，不同运动形式的自然转化过程必定沿着分子无规则运动的无序性增大的方向进行。显然，满足第一定律的过程在自然界中不一定可以自发地发生，只有同时满足第一定律和第二定律的过程在自然界才能自发地发生，因此，在热力学中热力学第二定律的地位高于热力学第一定律，热力学第二定律是人们对自然宏观过程能量转化方向认识的深化。

2.11.2 熵的地位比能量更重要——熵的变化与能量品质退降的物理思想

熵是对宏观过程方向性的一种定量描述，也是对微观运动无序性的描述；熵揭示的不是能量的守恒性，而是能量做功品质的优劣性。熵与能量有联系也有区别，在热力学中熵显得比能量更抽象，更不可捉摸，但是，在热力学中熵的地位比能量更重要。

熵概念的起源可以追溯到法国物理学家萨迪·卡诺（1796—1832）的工作。在他生活的年代里，蒸汽机已经得到了广泛的应用。为了从理论上得出对蒸汽机效率的一个普遍的判断标准，卡诺对热机作了大量的研究，特别是他把热机对外做功和做完功以后恢复原状的循环过程作为一个完整的过程进行研究，1824 年提出了著名的卡诺循环和卡诺定理。这个定理不仅在实践上为热机的设计和制造指明了方向，而且已经包含了重要的物理思想，启发了物理学家对第二定律作出正确的表述。

按照卡诺的理论，为了使热机输出功，需要两个不同温度的热源，这与实际运行状况是相符的；按照能量转化的理论，只要有热源，热应该全部转变为功。但是，卡诺热机的运行表明，热转变为功是有限制的。正是这种对限制的需要，呼唤着新的物理思想的诞生。1852 年，汤姆孙详细地论述了热不可能全部转化为功的原理，他进一步指出，在多数情况下，能量的转化只在一个方向上发生，能量具有逐渐散逸的普遍倾向。在这种不可逆的转化过程中，虽然在量上能量并没有减少，但是能量的有用性却有减少的趋势。在有用性方面，热能是最糟糕的。在所有自然过程中，总有一部分能量转化为热量而耗散了。这个思想后来就成为克劳修斯提出熵概念的重要思想基础。

克劳修斯指出，热量有两种变换，一种是热传递变换，另一种是热转换变换。这两种变换都有两个可能的方向：一个是自然方向，即变换可以自发发生；另一个是非自然方向，即变换不可能自发发生。1854 年，他着手在这两种变换中建立一个定量的变换理论。他假设过程是可逆的，他的目标是确立既适合热传递变换又适合热转换变换的转化等价量。他通过论证得出，对可逆过程，卡诺定理可由下列形式表述：

$$\oint \frac{đQ}{T} = 0$$

这就表明，积分号里面的式子 $đQ/T$ 一定是一个量的全微分，而且这个量与系统状态有关，与到达这个状态的途径无关。取 S 表示这个量，这个量就称为熵（克劳修斯熵），对可逆过程，熵的变化就是

$$\mathrm{d}S = \frac{đQ}{T}$$

对于不可逆过程，则有

$$\mathrm{d}S > \frac{đQ}{T}$$

于是，克劳修斯就完成了对过程的数学分析，用数学公式表述了热力学第二定律。以上的等式和不等式表明，熵值的变化指出了热力学过程的方向，尤其在绝热系统中，热力学系统的演化总是朝着永不减少的方向进行；对可逆过程，熵保持不变，对不可逆过程，熵总是增大，即在孤立的绝热系统中，系统的熵趋于极大值。

熵与内能是一对既有关联又有区别的热力学概念。克劳修斯在提出熵这个名词时写道：“如果我们要对 S 找一个特殊的名称，我们可以像把对量 U 所说的称为物体的热和功的含量一样，对 S 也可以说是物体的转换含量。但我认为更好的是，把这个在科学上如此重要的量的名称取自古老的语言，并使它能用于所有新语言之中，我建议根据希腊字母 ητροπη，即‘转变’一词，把量 S 称为物体的 entropie（即

熵），我故意把词 entropie 构造得尽可能与词 energie（能）相似，因为这两个量在物理意义上彼此如此相近，在名称上有相同性，我认为是恰当的。”①

能量和熵都是系统的状态函数，在孤立系统中，系统的内能保持不变，系统的能量守恒，但系统的熵不存在守恒原理，反而趋于极大。系统的任何一种能量在空间分布得越不均匀，系统的熵就越小，反之，系统的能量分布得越均匀，系统的熵就越大；一旦系统的能量在空间呈现完全均匀分布，系统的熵就达到极大。“宇宙的总能量是常数。宇宙的熵倾向于取极大值。”②克劳修斯的这个著名的表述就指出了能量和熵之间的区别。

如果在两个具有有限热容量的热源之间运行一台热机，并且其中一个热源的温度高于另一个热源，那么，热机就会从高温热源吸取热量并输出功，同时将一部分热量向低温热源放出。热机运行的结果使得原来的高温热源的温度降低，而原来的低温热源的温度升高，只要两个热源还存在温度差，热机就能输出功。这个过程一直持续到两个热源的温度相等为止。此时尽管两个热源的能量可能很大，但是显然在这两个热源之间运行的热机已经丧失了输出功的能力，两个热源的能量已经降低了它们做功的品质，此时整个系统的熵达到极大。因此，克劳修斯说，自然界中的一个普遍规律是：能量密度的差异倾向于变成均等，换句话说，“熵将随着时间而增大”。考察自然界实际发生的不可逆过程可以发现，能量转换和利用的后果总是使一部分能量从能够做功的形式变为不能做功的形式，即发生了能量的耗散，从而成为品质上退降的能量，与此同时，系统的熵却得到了增加，退降的能量大小与熵的增加成正比。因此，在这个意义上说，熵的增加是能量品质退降的量度。

2.11.3 热学规律不再具有时间反演不变性——熵的微观本质及其统计思想

熵和熵增加原理的提出，导致了物理学概念上的深刻革命，物理学以前不计入时间方向，即用 $-t$ 代替 t，无论是力学还是电磁学的动力学规律都是时间反演不变的。如果一杯水中出现了某种热现象，就原子运动而言，假设可以用摄像机去追踪一杯水中特定的一个原子进行拍摄，之后再把录像放映出来，那么根据力学定律，

① 郭奕玲，沈慧君．物理学史［M］．2版．北京：清华大学出版社，2005：65.

② 哈曼．19世纪物理学概念的发展——能量、力和物质［M］．龚少明，译．上海：复旦大学出版社，2002：64.

人们无法辨别这个录像是正向放映的还是逆向放映的，这就是说，单一原子运动进行的是可逆的过程，力学规律具有时间反演不变性。但是，假设去追踪一群原子甚至一杯水中的全部原子的运动，再把录像放映出来，那么人们将很容易识别出，这个现象是正确的过程还是相反的过程，这就是说，许多原子在一起所进行的运动是不可逆过程，热学需要计入时间箭头的方向，热学规律不再具有时间反演不变性。

从力学规律具有时间反演不变性怎样发展为热力学规律不再具有时间反演不变性？从微观尺度下的可逆运动怎样发展而呈现出宏观过程的不可逆性？时间箭头的方向究竟从何而来？这些问题自克劳修斯提出不可逆性以后，就引起了物理学家的关注。

奥地利物理学家和化学家洛斯密特认为，微观上可逆的动力学不可能导致宏观不可逆的热过程。法国物理学家庞加莱（1854—1912）提出了一个著名的“可逆佯谬”，他认为，热力学的微观基础是从一些或然的假设中推导出来的，而不是从动力学中推导出来的。只要经历足够长的有限时间，每个动力学系统总会返回它的初始状态，所有状态总会再现。只要等待时间足够长，热量从温度低的物体传到温度高的物体的过程就会自然发生，因而，熵就会减少。针对这些观点，玻尔兹曼敏锐地抓住了它们的要害，把统计思想引入了热力学。他把熵与系统的无序性联系在一起，举例说明气体出现无序状态的概率比出现有序规则状态的概率高，由此他还得出了“一般力学定律”，根据这个定律，封闭系统内出现的无序状态会持续地增大，而有序规则状态会倾向于减少，由此导致系统的熵增加，而时间的方向也正是以此增大为方向的。他指出，“热力学第二定律的分析论证只有在概率论的基础上才能成立。”“热力学第二定律是关于概率的定律，所以它的结论不能靠一条动力学方程（来检验）。”他还根据计算证明，即使对于一小瓶气体，从平衡态的高熵状态恢复到初始的低熵状态，时间上也需要以年为单位的天文数字的量级。在理论上，要使宇宙中的总熵显著降低，需要的时间约为 $10^{10^{10}}$ 年，因此，我们根本不需要去考虑出现这种状态的可能性。1877 年，玻尔兹曼得出了熵 S 和热力学宏观状态出现的热力学概率 W（微观状态数）之间关系的一个著名的公式，即

$$S=k\ln W$$

式中，S 为玻尔兹曼熵，k 为玻尔兹曼常量，W 为热力学概率。上式称为玻耳兹曼熵公式。它与数学概率不同，数学概率是一个分数，而热力学概率始终是一个整数。可以证明，玻尔兹曼熵与克劳修斯熵是完全一致的。正是玻尔兹曼熵揭示了熵的微观本质：实际发生的宏观热力学不可逆过程总是从热力学系统出现概率小的宏观状

态向出现概率大的宏观状态过渡，而一个热力学系统的熵越大，其相应的宏观状态出现的概率也越大，这样的状态在物理上称为无序；反之，熵越小，宏观状态出现的概率也越小，这样的状态在物理上称为有序。因此，热力学不可逆过程的微观本质就是从初始的有序状态向无序状态的过渡，这样的过渡一直达到最后出现概率为最大的宏观状态、最无序的状态，即最概然状态，这就是热平衡状态。德国物理学家劳厄高度赞扬玻尔兹曼的工作，认为，“熵和概率之间的联系是物理学最深刻的思想之一。”“熵对于热力学统计方法是必不可少的。”①

熵不仅与有序和无序有关，还与信息有关。当代信息论表明，熵的概念与信息的概念是密切相关的。香农在1946年指出，信息是物理体系的一个属性，信息量 I 是对一个体系的统计描述的不确定程度的度量；并且证明，信息和熵具有完全相同的数学性质：它们不过是一个概念的两个方面而已。信息量 I 的增加相当于熵 S 的减少，即信息量相当于负熵。

熵和信息的关系可以通过一个简单的守恒定律来表示，即一个体系的信息量 I 与熵 S 的和保持恒定，且等于该体系在给定条件下可能达到的最大的信息量或最大熵，数学上记作

$$S+I=S_{\max}=I_{\max}=\text{常数}$$

上式表明，凡是信息有所得，熵必定有所失。

2.11.4 进化与退化的两种“时间箭头”——与自然界的新对话

热力学第二定律揭示的自然界的不可逆过程涉及时间箭头的方向，这类过程演化指向的目标是无序、均匀和简单；与此相反，在自然界中还存在另一类自然现象也与时间箭头有关，这类过程演化的方向指向的目标却是有序、不均匀和复杂。达尔文进化论揭示的就是这样一类生物千姿百态、生生不息的演化过程。

两个时间演化过程的时间箭头指向如此背道而驰、互相排斥，以至于一百多年来，围绕着克劳修斯与达尔文之争，人们不得不把自然界一分为二：一个是物理的量的世界，一个是生物的质的世界，从而由此产生了两种科学和两种思想文化。

玻尔兹曼虽然是一个物理学家，讨论熵的问题时往往是引用来自物理系统的例子，例如一杯水、一个容器中的气体等，但是他一直试图跨越学科的通道，他经常

① 劳厄. 物理学史［M］. 范岱年，戴念祖，译. 北京：商务印书馆，1978：90.

自问：在物理学中，对一个孤立系统而言，无序现象可以从有序规则中发生，这是不可逆过程。然而在生命现象中，尤其在进化领域中，有序规则却可以避开熵增加的需求，增大它们的有序性，即熵能够部分地减少。如何使热力学第二定律与生命现象相协调？热力学第二定律在生命过程中还有效吗？

玻尔兹曼非常崇拜达尔文，曾表示 19 世纪终将称为达尔文世纪。他坚信进化的观念，试图将生命存在的合理性与物理学对宇宙的理解结合起来，他认为克劳修斯的熵和达尔文的进化论，还有热力学第二定律都是对的，生命不应该是物理学的陌生领域。在 1886 年，他通过研究提出："生物的一般竞争并不在于竞争原料，也不在于能源，而是在于熵。它的能源经过灼热的太阳传送到冰冷的地球上以供利用。"①

奥地利物理学家、量子力学奠基人之一薛定谔（1887—1961）在 1944 年出版了《生命是什么》一书，试图用热力学、量子力学和化学理论来解释生命的本性，他提出"生命以负熵为生，或生命以负熵为食"。这本书使许多青年物理学家开始关注生命科学中提出的问题，引导人们用物理学、化学方法去研究生命的本性，使薛定谔成为蓬勃发展的分子生物学的先驱。

什么是负熵？原来，任何非孤立系统的熵变 ΔS 包括两项：一项是由系统内部各种不可逆过程（例如，扩散、热传导等）产生的，记作 d_iS，称为熵产生项，$d_iS \geqslant 0$（不等号对应于不可逆过程，等号对应于可逆过程）；另一项是由系统与外界环境相互作用引起的，记作 d_eS，称为熵流项，它可正（称为正熵流）可负（称为负熵流）。于是整个系统的熵变 $dS = d_iS + d_eS$。如果没有外界作用，则 $d_eS = 0$。因此，孤立系统内部所发生的不可逆过程的熵变 $dS = d_iS > 0$，这正是热力学第二定律的表示式。对于非孤立的开放系统，例如对于与外界始终发生着物质交换和能量交换的生命系统，如果在一段时间内，外界提供给系统足够的负熵流 $d_eS < 0$，以至于 $|d_eS| > d_iS$，于是整个系统的熵变 $dS < 0$，系统的熵变不是增大，而是减少，系统时间演化的结果不是指向无序，而是走向有序。

自然界中实际发生的过程都是不可逆的，而且是十分复杂的。为了得到带有普遍性的认识，人们一开始提出平衡和可逆的理想模型，并作出某种简化近似，这是必须的，也是人们认识自然界的一条有效的途径。然而，长期以来，平衡和可逆一直被看成是完美的，而把从 20 世纪中期以来不可逆热力学理论的发展看作是对这

① 费舍尔．科学简史［M］．陈恒安，译．杭州：浙江人民出版社，2018：267.

种完美性的“破坏”。

不可逆过程真的是不完美，具有“破坏性”吗？比利时布鲁塞尔学派的代表人物普利高津及其合作者几十年如一日地致力于研究不可逆过程，他们认为，不可逆过程是普遍存在的，许多建设性的作用都应该归功于不可逆过程；与此相反，可逆过程只是一种理想假定，它仅仅是人们在研究自然现象时采用的一种近似手段。我们应该为不可逆过程“正名”，应该肯定不可逆过程在大自然舞台上的主角地位，或许只有它们，才能告诉我们自然界的真相。普利高津提出：“我们发现自己处在一个冒险的世界之中，处在一个可逆性和确定性只适用于有限的简单情况，而不可逆性和非确定性却是普遍存在于世界之中。”“不可逆性远不是一个幻影，而是在自然界中起着根本性的作用。”①

普利高津把物理学分为两大部分，一部分是存在的物理学，它反映时间可逆的动力学行为，以牛顿力学为代表；另一部分是演化的物理学，它反映时间不可逆的热力学行为，以热力学第二定律为代表。它们的研究成果大大深化了人们对不可逆过程的认识，大有时间再发现之势，体现了人类思维的飞跃，正是这样的飞跃成了普利高津提出“活”的结构——自组织耗散结构理论的起点。

普利高津首先把注意力从平衡态转向偏离平衡态不远的线性非平衡态，通常的扩散和热传导的不可逆过程都发生在这个区域。他提出了著名的最小熵产生原理，揭示了不可逆过程演化的一般规律。以后普利高津及其领导下的研究人员又花费了20多年时间把对线性非平衡态的理论推广到远离平衡态的非线性非平衡态，形成了一整套远离平衡区的自组织理论。这个理论表明，处于非线性非平衡态的非生命系统在适当条件下会呈现在空间和时间上高度有序的自组织结构。正是这种结构的出现使人们重新认识了热力学第二定律：自然界中既存在着自发发生的不可逆过程，使热力学系统从有序走向无序，这是一种标志着退化的“时间箭头”；也存在着形成自组织结构的过程，使热力学系统从无序走向有序，这是一种标志着进化的“时间箭头”，这就证实了无论是退化和进化都不违背热力学第二定律。

如果说，在线性非平衡区的最小熵产生原理使不可逆过程得到“正名”，那么，在远离平衡态的非平衡区的自组织理论改变了不可逆过程的消极影响——在一个远离平衡态的非平衡系统中，不可逆过程不但不会导致系统走向无序，走向熵增大；相反，它是建设者，能构造出空间和时间上有序的结构，从而使系统的熵减少。

---

① 湛垦华，沈小峰．普利高津和耗散结构理论［M］．西安：陕西科学技术出版社，1982：209.

热力学第二定律预言自发发生的不可逆过程导致一个孤立系统的熵增大，这个结论是正确的，但这个结论是从处于平衡态的孤立系统演化过程中总结得出的。在自组织结构形成的过程中，热力学系统处于开放的远离平衡态的非平衡态区，此时，整个系统的熵变，即系统的熵变不仅包括系统内部由不可逆过程产生的熵产生项，还必须包括由系统与外界环境相互作用引起的熵流项。它可正可负，在没有外界作用时为零。设想在时间内，外界提供给系统足够的负熵流，而且导致整个系统的熵变不是增大而是减少，于是系统演化的结果不是走向无序而是走向有序，呈现自组织的有序结构。

基于这一重要结论，普利高津得到了一个重要原理：非平衡是有序之源。普利高津提出的自组织理论不仅深化了人们对不可逆过程的作用的认识，而且在不违反热力学第二定律的条件下，把物理世界的发展演化与生物世界的发展演化统一起来，为用物理学和化学方法研究生物学乃至社会学问题开辟了新的广阔前景。正是由于在创建非线性非平衡区热力学的自组织理论上的突出成就，普利高津获得了 1977 年诺贝尔化学奖。

2.11.5 “熵是一个物质性的物理量”——熵的一个新的物理观念

德国的赫尔曼在 20 世纪 80 年代编制了一套德国卡尔斯鲁厄物理课程，在相应的物理教材中不仅提出了能量的一个新的物理观念，还提出了熵的一个新的物理观念。

熵是热力学中的一个重要物理量，熵曾经有多种定义，先有克劳修斯提出的“宏观熵”，其后有玻尔兹曼用统计方法引入的“微观熵”。赫尔曼提出用第三种方法定义熵，它的国际计量单位是“卡诺”，用字母 Ct 表示。这个熵的概念在历史上或在日常生活中常称为“热”或“热量”。

赫尔曼提出，熵与温度不同，温度是表示物体冷热状态的物理量，与物体的质量无关，而熵则是一个物质型的物理量，它是一个广延量，与物体的质量多少有关。一个物体含有的熵的多少不仅取决于它的温度和质量，而且与物体的组成材料有关。物体的温度越高，含有的熵就越多；对不同材料的物体，即使具有相同的质量并处于相同的温度下，它们含有的熵也是不同的。熵可以自发地从高温物体传到低温物体。温差是产生熵流的驱动力。

赫尔曼还指出，熵与能量的概念也不同。在一定条件下，一个物体的能量是守恒的，能量既不能消灭，也不能凭空产生。然而，物体的熵可以在一定条件下产生，熵一旦产生以后，就不能被消灭。[①] 赫尔曼提出的熵的观念为我们思考熵的地位和作用又提供了一个新的视角。

正是基于这样的熵的新观念，德国汉堡大学的乔布（Georg Job）将熵直接与热量联系起来并与化学势一起构成学科的两个中心物理量，从而对传统热力学进行了重新梳理。“热”这个概念不再描述为能量的一种特殊形式，而是描述为类似于电荷、质量或体积的物质性物理量，用 S 表示，等同于传统热力学的熵。由此热力学的三大定律可以重新如下表述[②]。

热力学第一定律（能量定律）：功可以以不同的方式被储存起来，并可以重新被取出来，它既不能产生，也不能消灭。

热力学第二定律（熵定律）：“热”包含在物体中。它的含量的多少取决于物体的状态。“热”可以产生，但不会消灭。

热力学第三定律（能斯特热定律）：绝对冷（处于绝对零度）的物体不含有“热”，除非有部分“热”被捕获在其中。

2.12 热力学的三个基本定律与否定式的因果观思想

热力学第一定律揭示了能量是转化过程的不变量，是不同运动形式互相转化的“质”和“量”的量度。这个定律表明，各种运动形式之间有转化，可用能量量度；而热力学第二定律表明的是，在各种不同运动形式转化过程中，转化是有方向性的。尽管转化过程中能量的“量”没有消失，但是能量的“质”在不断丧失它的转化能力和做功的品质，熵的引入给出了能量转化能力和做功品质丧失的量度。而热力学第三定律表明的是，不仅各种运动形式之间有转化和转化的方向，而且转化是有限度的。

为了有助于深化对物理世界的认识，人们经常对物理定律按照不同的特征作出分类。就表述方式上分，实际上，物理定律和定理的表述可以被分成肯定性和否定性两大类。一类是肯定性的表述方式，它的基本格式是，“在什么条件下可以得

① HERRMANN F. 新物理教程·高中版：热学［M］. 朱鋐雄，改编. 上海：上海教育出版社，2009.

② JOB G. 新概念热力学——简明、直观、易学的热力学［M］. 陈敏华，吴国玢，译. 上海：华东理工大学出版社，2010.

到什么结果”。大多数物理定律是采用这样的方式表述的。例如，在物体受到外力的冲量作用时，物体的动量会发生改变；而当外力对物体做功时，物体的动能会发生改变。通观力学中的物理定律，可以发现，力学定律都是以这种肯定性的表述呈现的。例如，从牛顿定律可以得出，一个作匀速直线运动的物体，如果受到一个外力的作用，物体的运动状态就一定会发生改变。物理学肯定性定律告诉我们，只要给出充分的条件，人们总可以利用这些条件充分发挥主动性“去达到某种预料的结果”。

另一类是否定性的表述方式。它的基本格式是，“在什么条件下不能得到什么结果”。热力学的实验定律就是采用这种方式表述的。例如，热力学第一定律的另一个表述是“第一类永动机是不可能制成的”。如果热机的工作物质不从外界吸热但却可以循环一周恢复到初始状态，并周而复始地向外放出热量或对外做功，这样的热机就称为“第一类永动机”。这种机器不需要消耗任何能量，却可以通过循环过程不断对外做功。根据热力学第一定律，这样的永动机是不可能被制造出来的。与通常物理定律的表述相比，热力学第一定律的这种表述称为热力学第一定律的否定性表述。

又如，热力学第二定律的另一个表述是“第二类永动机是不可能制成的”。如果热机的工作物质只需要从单一的热源吸取热量，并把这些热量全部转化为功而不产生其他效果，这样的热机称为“第二类永动机”。这样的理想热机其效率是100%，即它运行的唯一效果是把热量百分之百地全部转化为功。根据热力学第二定律，这样的永动机是不可能被制造出来的。与通常的物理表述相比，热力学第二定律的这种表述称为热力学第二定律的否定性表述。

再如，接近绝对零度的任何过程都是等熵过程，也即绝热过程，因此，任何凝聚物质系统与外界没有热交换，它不能通过放出热量来降低温度；又既然是凝聚物质系统，它不能靠绝热膨胀对外做功来降温。物理学把这个否定性表述为：不可能利用有限次的实验步骤使系统的温度达到绝对零度；或简单地表述为：绝对零度是不可能达到的。这就是热力学第三定律的否定性表述 。

这三个否定性定律都以“在一定条件下人们不能得到什么样的结果”的方式揭示了热运动的基本规律。这类否定性定律告诉我们，在给定的条件下，人们一定不可能“去达到某种预料的结果”。这就对人类的认识和行动在给定的条件下加上了限制，人们不能随心所欲地去“想干什么就做到什么”。如果说，在一定条件下出现预料的结果是因果性，那么在一定条件下一定不出现某结果也是一种因果性。一个是能做什么的因果性，另一个是不能做什么的因果性，与力学相比，热力学显然在因果性上的认识上提供了更深刻的物理思想。

随着社会的发展和科学技术的进步，物理学不断深化着对自然界各种物质结构和物质运动形式的认识。与其他学科相比，20 世纪物理学已经成了自然科学发展史上一个最富于物质成果和思想成果的学科。在已过去的 20 世纪中，特别是近几十年来，物理学的研究领域在空间层次上微观上已达 10^{-19} m（核子）之小，宏观上已达 10^{26} m（哈勃半径）之远；在时间尺度的范围也从 10^{-24} s（粒子的寿命）的短寿命层次到 10^{18} s（宇宙年龄）的长寿命层次。然而，热力学的基本定律却没有以这样鼓舞人心的语言表述，反而以特有的区别于其他物理规律的否定性的方式揭示了物理现象的规律。这不是对人类认识能力的否定和抹黑，相反，它恰恰体现了人类对自然界事物发展规律的一种尊重，体现了在涉及人和自然界关系的认识上对人类自身行为的一种限制。

第3章

电磁学中的物理学思想

本章引入

在经典力学中，牛顿提出了万有引力的表示式，完成了对从天体到地球上宏观物体运动规律的研究，第一次为人类提供了天上运动和地上运动相统一的自然图像。按“万有”的含义理解，它是无处不在、无时不有的，那么，自然界的力统统都可以归结为“万有引力”吗？牛顿自己也发觉自然界还有其他力的存在。1704年，他说：“在自然界中有一种作用力，它能使物体的粒子通过非常的吸引粘在一起。找到这种力正是实验哲学的任务。”[①] 在牛顿看来，找到宇宙中普遍存在的力，就一定可以对宇宙的万事万物的运动作出最后的彻底的解释。

从物理学发展的进程看，一直到19世纪中期，物理学家曾一度相信，不仅是热学向力学的还原，物理学其他领域的成果也都可以归结到力学，物理学进入所谓“力学帝国主义”的时代。[②] 然而，到了19世纪后半叶，场的概念的引入使电磁学领域向力学的还原面临着不可逾越的困难，这个“力学帝国主义”时代终于结束了。法拉第和麦克斯韦发现，“电磁力”恰恰不同于万有引力，是需要“从头开始”研究的对象。爱因斯坦敏锐地洞见了物理学发展史上这一重大转折，他明确指出，牛顿的公理式方法已经不适用了，于是“在研究电和光的规律时，第一次产生建立新的基本概念的必要性”。人们对电磁学的研究不再采用力学的概念，而是以场为主线，从研究的对象、研究的方法等各方面“从头开始”，创建了电磁学理论，物理学的发展进入新的阶段。

“从头开始”意味着，电磁力与万有引力是两种不同性质的力，对电磁力的研

① 朱荣华. 物理学基本概念的历史发展［M］. 北京：冶金工业出版社，1987：87.

② 内格尔. 科学的结构——科学说明的逻辑问题［M］. 徐向东，译. 上海：上海译文出版社，2002：403.

究需要开辟新的完全不同于对万有引力研究的道路。第一，在牛顿力学中，牛顿仅得出质点之间存在万有引力的表示式，没有揭示万有引力的起源，而且引力是与物体的运动速度无关的；然而，在电磁学中电磁力的产生却来自带电体的物质结构，它的大小和方向与带电粒子的速度是密切相关的。第二，在牛顿力学中，牛顿把物体之间的万有引力看成是一种“超距作用”，力的传递是即时的，传递速度无限大；但是，电磁力的作用不是“超距的”，传递速度是有限的。第三，在牛顿力学中，牛顿以“三大定律”作为公理推理出其他定理，从而建立了一整套经典力学的理论体系，但是电磁学却不是基于公理体系建立的。爱因斯坦敏锐地洞见了物理学发展史上这一重大转折，他曾明确指出，“现在，我们确实知道，牛顿的基本概念和假设，只是某种近似的真理。在研究电和光的规律时，第一次产生了建立新的基本概念的必要性。”并指出，“由牛顿建造起来的宏伟大厦失去了它原有的结构上的统一。”①

正是在物理学发展过程中出现了这样的重大转折，大学物理中电磁学内容的展开也就从静电场起显示出“从头开始”的思想和方法。虽然静电学的内容还是从库仑定律、电场强度和电势等概念开始，学生在中学物理对这些概念也早有接触。但是，他们接触电学产生的一个印象就是，静电学的内容和题目看起来好像面熟，但物理上“场的概念的抽象性”（与力学相比）以及数学上“处理方式的复杂性”（与热学相比）似乎使他们对静电问题似懂非懂，难以把握，从而使电磁学往往成了学生大学物理学习的一个难点。

电磁学的教学究竟难在何处呢？学生对有些概念的理解会存在一定的困难，学生对数学计算也可能感到一时无从下手，但是，最困难之处可能还是在于学生一时难以适应电学中从静电学中渗透的“从头开始”的物理学思想和方法，而这一点又恰恰是在电磁学的教学中必须加以关注的。电磁学的理论从哪里“从头开始”？它渗透的思想方法究竟与力学、热学有什么不同？这就是本章讨论的主要内容。

3.1 古人对于静电现象的认识

3.1.1 “云雨至，则雷电击”——古人对于雷电现象的认识

我国古代对电的认识是从雷电和摩擦起电现象开始的。雷电是发生在云内、云

① 爱因斯坦. 爱因斯坦文集（增补本）第一卷［M］. 许良英，等译. 北京：商务印书馆，1976：348.

际之间和天地之际的一种常见的自然现象，很早就引起了中国古人的关注。

早在三千多年前的殷商时期，甲骨文中就出现了“雷”和“电”的形声字。“雷”的上半部是“雨”，下半部是“田”，形象化地告诉人们，下雨时人们可以在田野上空听到巨大的响声。在西周时期的青铜器上还已经出现了“電”字，这里的“電”指的是闪电。“電”的上半部是“雨”，下半部由“田”字和“乚”组成，形象化地表示了在下雨天的田野上人们可以看到天空中从上到下呈现出“乚”形的闪电。在先秦时期，人们已经发现，空间上在各个地域范围内到处都能出现雷电现象；时间上在一年四季里，从春到秋都会出现雷电，唯有冬天无雷，而夏天则最盛。

东汉杰出的唯物主义思想家和教育家王充（27—约97年）的代表作品《论衡》是中国历史上一部重要的思想著作。在该书的《雷虚篇》中，他写道：“云雨至，则雷电击。”明确提出了云雨和雷电出现的关系。以后到了明代，张居正（1525—1582）在《张文忠公全集》中更是精彩细致地描述了球形闪电火球的大小、形状、颜色和出现的时间等，为后人留下了对闪电现象认识的可靠而宝贵的文字资料。

雷电究竟是怎样形成的呢？在那个年代，人们对于天空中出现雷电这样一个惊心动魄的自然现象，心中自然是既恐惧又敬畏的。当时相信有神论的人们认为，雷电是“天公发怒”而致。王充在《雷虚篇》中提出用“阴阳两气”的摩擦和碰撞来解释雷电的起因，以此驳斥有神论的观点。汉代成书的《淮南子·地形训》指出：“阴阳相薄为雷，激扬为电。”到了唐朝，人们已经认识到雷和电是同一个现象的两种不同的表现，从而对雷和电的关系作了进一步的说明。宋代的陆佃在《埤雅》一书中更明确地认为：“电，阴阳激耀，与雷同气发而为光者也。”并说，“阴阳相激，其光为电，其声为雷。”他还用铁与石块相击时所产生的火星与声响去比喻电和雷。元末明初的刘伯温在《诚意伯文集》中这样写道：“雷者，天气之郁而激而发也，阳气团于阴，必迫，迫极而迸，迸而声为雷，光为电。”王充在《雷虚篇》中多方论证了“雷电有火气”，即有特殊的气味，有爆裂声，会发光，会杀死动物、烧毁草木屋宇等。在王充之后1600多年，即在1737年，美国的富兰克林（1706—1790）提出，闪电就是一种有怪味的火。他用实验证明，地上人工电与天上闪电本质是一致的，他提出了12种证据，其中4种与王充的完全相同。[①]

应当看到，古人对于雷电现象的观察主要来自直接的观察和感觉，虽然描述形象生动，但是对于阴阳两气分别与雷电成因对应的解释却是不科学的。“阴阳激耀”

① 戴念祖，刘树勇. 中国物理学史古代卷［M］. 南宁：广西教育出版社，2006：196-197.

中的“阴阳”仅仅是指事物的两极，“激耀”也不是正负电荷的相互作用。但是，在当时的年代里，这些认识力图从自然界本身来解释自然现象的观点是唯物主义的，是对有神论观点的批判。考虑到当时的科学水平，也只能作出这样的解释，它们只是古人在认识静电现象的道路上的一种唯象的、朴素的认识而已。

3.1.2 “顿牟掇芥”——古人对于摩擦起电现象的认识

我国古籍最早记载摩擦起电现象的是东汉王充的《论衡》。在《乱龙篇》中说“顿牟掇芥”，这里“顿牟”就是玳瑁，是一种海龟类动物，其背面角质板光滑，可制成装饰品；“芥”就是小草种子。“掇芥”就是经过摩擦以后的玳瑁可以捡起细小物质或芥体。与《论衡》差不多同时期，西汉末年无名氏创作的谶纬类典籍《春秋纬·考异邮》中也有“瑇（玳）瑁吸褚”的话语，与“顿牟掇芥”的意思完全相同。

古人还注意到摩擦起电在一定条件下，能够发生火星，并伴随轻微的声响，这种现象称为“电致发光”。晋代张华《博物志》记载：“今人梳头、脱着衣时，有随梳、解结有光者，也有咤声。”这里记载了两个现象。一个是梳子和头发摩擦起电。古代的梳子，有漆木、骨质或角质的，它们和头发摩擦是很容易起电的。另一个是外衣和不同原料的内衣摩擦起电。丝绸、毛皮之类的衣料，互相摩擦也容易起电。尤其当天气干燥、摩擦又比较强烈时，电致发光和产生音响的现象就会较为明显。唐代段成式还记载了摩擦猫皮产生的起电现象：“黑者暗中逆循其毛，即若火星。”当然，这些火星与声响都是十分微弱的，古人能觉察到这样的现象并作了记载，说明古人对这些现象的观察是十分仔细、认真的。而这类“电致发光”现象一直到17世纪才被西方发现。波意耳（1627—1691）发现某小姐在解开其发髻时，假发丝附着在她脸上或手上；牛顿发现丝绸衣服的静电闪光和爆裂声。①

“琥珀”是一种树脂化石，绝缘性能很好，经过摩擦后就能吸引轻小物品。古人把经过人手摩擦以后能不能起电，作为鉴定真假琥珀的依据。然而，琥珀的摩擦起电对微小物体的吸引作用也有一些例外。三国时期的虞翻指出的“琥珀不取腐芥”就是一例。由于“腐芥”是指腐烂了的芥籽，必定满含水分，摩擦起电以后琥珀所带的微小电量是难以吸动腐芥的。明代李时珍在《本草纲目》中重申了这个标

---

① 戴念祖，刘树勇．中国物理学史古代卷［M］．南宁：广西教育出版社，2006：195．

准："琥珀，如血色，以布拭热，吸得芥子者，真也。"另外，腐芥上蒸发出水汽使周围空气以及和它接触的桌面都潮湿，以致易于导电。当腐芥接近带电体，因感应而产生的电荷，容易被周围的潮湿空气传走，所以琥珀对腐芥的静电吸引力就变得很微弱。

关于摩擦起电的记载在古籍中可以找到颇多，虽然古人对观察结果记载得很仔细，但是直到欧洲近代电学传入中国之前，由于受到阴阳两极思想的影响，在静电相互作用的发生机制上，在静电力的定量研究上基本上都停留在对现象观察的水平上，没有形成系统的理论体系。

3.2　场的概念的形成和发展是电磁学理论的一条思想主线

3.2.1　"非接触力的相互作用"——库仑定律与万有引力定律的类比思想

静电学与力学不同，它没有牛顿定律那样的公理体系，当然也没有来自从公理出发通过推理形成的概念，静电学概念的建立是直接来自实验的；在力和运动变化的关系上，静电学也不像力学那样先确定物体状态的运动变化然后再引入力，而是直接讨论静电力的表现和对静电场状态进行描述，这就拉开了电磁学"从头开始"思想的"序幕"。

静电力是一种什么性质的相互作用力？长期以来，两个物体的相互作用力一直被人们看作是一种"接触相互作用"，例如，力学中的拉力、摩擦力、弹性力、空气阻力等。对于物体自由下落时受到的重力，牛顿提出的万有引力理论提出，它是物体之间存在的另一种"非接触力的相互作用"，它只决定于两个物体的相对位置，与物体的运动速度无关；它不需要通过任何媒介，可以在真空中传播；它不需要任何时间，可以瞬时传播，这就是所谓"超距非接触相互作用"。虽然这种观念与当时占统治地位的"接触相互作用"的观念相背，但是由于万有引力理论在天体力学上取得了很大的成功，人们只得承认并接受这样的思想观念。

人们早就发现，带电粒子之间存在着力的相互作用，如带电的物体对棉布、毛皮或纸屑有吸附能力。与两个物体接触时产生的摩擦力和弹性力相比，静电力是在两个电荷没有发生直接接触时产生的，因此，静电力不属于接触相互作用。18世纪中叶以后，人们在已知了同种电荷相排斥、异种电荷相吸引的基础上，开始了对相互作用力的定量测量问题。1775 年，英国唯物主义哲学家普瑞斯特列（1733—1804）通过反复观察小软木球在带电金属罐内外不同的受力情况，以类比的思想大胆提出猜想："难道我们就不可以从这个实验得出结论：电的吸引与万有引力服从同一定律，因为很容易证明，假如地球是一个球壳，在壳内的物体受到一边的吸引力，决不会大于另一边的吸引。"[①] 这是一个大胆的推理。普瑞斯特列本人没有加以证明，但却为后来的物理学家提出了一个研究的方向。

法国物理学家库仑（1736—1806）从事研究毛发和金属丝的扭转特性，并于 1777 年发明了扭转天平或"扭秤"。他赞同普瑞斯特列的这一猜想，并于 1784 年利用自己首创的扭秤实验证明，两个带电质点之间的静电力与它们之间的距离的平方成反比。通过与万有引力的类比，库仑大胆地提出，与两个质点之间的万有引力与它们的质量乘积成正比一样，两个带电质点之间的静电力与它们的电荷量的乘积也是成正比的，后来他间接地证明了这个假定的正确性。

库仑在 1784 年递交给法国科学院的报告中，对自己探究"带电质点之间的静电力与它们之间的距离的平方成反比"的实验过程作了这样的叙述：用一根大头针，以尖端插入西班牙蜡棍的一端，使其绝缘，成为一个小导体。使这个小导体带电，并分别与两个小球 a、b 接触。当我们拿掉小导体时，a、b 两球都带着同号等量的电荷并相互排斥，排斥力的大小可以通过扭转的偏角测出。反复使球 b 在不同的距离上接近球 a，就可以观察到不同扭角下球 a 偏离的距离。如再将各扭力与两球的相应距离进行比较，就可以测定得出排斥定律。

库仑连续三次进行的实验结果是：在第二次实验中两球的距离，只等于第一次实验中两球距离的一半，可是后者的斥力却四倍于前者；在第三次实验中两球相距只有第二次实验中的一半，结果，其斥力也是四倍于第二次试验的结果，这三次试验的结果说明，两球带有同性电以后，它们之间相互排斥力的大小与两球距离的平方成反比。库仑在 1785 年发表的第一篇论文中，列举了两小球在分别相隔间距之比大体上是 1∶1/2∶1/4 的情况下，金属丝分别扭转了三个刻度，其相应的电力约为 1∶22∶42，于是从测量数据中，库仑得出了"带同号电荷的两小球之间的排斥力与两球中心之间距离的平方成反比"的结论，但这仅仅是对带有同性电荷的小球之间的排斥力得出结论。

---

① 郭奕玲，沈慧君. 物理学史［M］. 2 版. 北京：清华大学出版社，2005：92.

1787 年库仑发表了第二篇论文，说明了扭秤实验的欠缺之处。他提出了第二个实验——电摆实验。这个实验的装置主要是一个固定的带电金属球和另一个带异号电荷的小球（电摆）。通过实验测量小球受到金属球作用后摆动的周期并与受到万有引力作用的单摆实验测得的周期相比。如果电引力引起的周期也遵循单摆周期规律，那么其振动周期应该与金属球和带电小球之间的距离成正比，电引力也应该与距离平方成反比。库仑列举了三次测量结果：当两个带电体之间间距之比为 3∶6∶8 时，电摆周期之比约为 3∶6.15∶9，接近于正比关系。库仑认为误差的来源主要是由实验过程中的漏电而造成的。于是他对带有异号电荷的小球之间的吸引力得出这样的结论："正电荷与负电荷的相互吸引力，也与距离平方成反比。"[①] 于是库仑定律也就由此应运而生。

通过库仑的实验和他得出的结论，我们可以看到类比思想在科学研究中起着重要的作用。如果没有这样的类比思想产生的启发，仅凭所测的一系列实验数据是难以得出这样规律性的认识的。

由于当时牛顿理论体现的思想影响如此之深，以至于物理学界不仅完全接受了万有引力的超距作用的理论，而且在得到静电力公式的研究过程中主要也是由于运用了与万有引力类比的方法进行推理的，特别是在人们发现在两个点电荷之间的静电相互作用在真空中也会发生，而且点电荷之间的静电力与点电荷的运动速度无关、与时间也无关以后，静电力理所当然地被人们看作与万有引力一样的一种"超距非接触相互作用"。

在大学物理课程的静电学部分首先建立起关于电荷和电荷之间存在静电力的基本认识：电荷有两类，电荷带的电量是量子化的；在一个与外界没有电荷交换的系统内，正负电荷的代数和在任何物理过程中都保持不变，这就是电荷守恒定律；两个静止电荷之间存在着相互作用力，这种相互作用力既可以表现为排斥作用又可以表现为吸引作用，其大小与两个电荷的带电量的乘积成正比，与两个电荷之间距离的平方成反比，其方向总是与两个电荷的连线方向平行，这就是库仑定律。

3.2.2　"伟大的力线概念"——电场概念是怎样提出来的

静电学的实验表明，在一个点电荷周围空间中，处于任一位置上的电荷 q 所受

① 郭奕玲，沈慧君．物理学史［M］．2 版．北京：清华大学出版社，2005：97．

到的该点电荷的作用力 $\boldsymbol{F}$ 的大小与 q 的电量成正比，且与 q 的比值只取决于该点电荷的电量和电荷 q 在空间所在的位置，与 q 所带的电量无关。因此，可以认为 $\dfrac{\boldsymbol{F}}{q}$ 反映了该点电荷周围空间中各点的一种特殊的性质，只要放在该空间任意点上的静止电荷都会受到力的作用。具有这些性质的各点集合就称为由该点电荷产生的静电场，$\dfrac{\boldsymbol{F}}{q}$ 就被定义为静电场的电场强度的大小和方向。电场强度是空间坐标的矢量函数，在讨论静电场的性质时，着眼点往往不是个别点的场强，而是场强的空间分布。

虽然有了静电场和电场强度的定义，但当时人们是把电荷对电荷的相互作用力看成如同质点对质点的万有引力作用一样是“超距”的，电场只是某些空间点的集合而已。静电力是隔着空间传播，不需要任何中间媒质传递的。但是，一旦定义了电场强度，把静电作用力与各点的位置联系起来，尤其是引入场强的叠加原理以后，电磁学“从头开始”从研究“力”到研究“场”的思想就隐含在其中了。

新的“场”的观念是英国物理学家法拉第（1791—1867）于 1837 年确立的。法拉第提出的“场”指的是发生电作用的“场地”——“电场”，它们是一种无所不在、没有质量且充满空间的某种介质——“弹性以太”，它们处于类似弹性体扩张时的力学应变状态。电荷的相互作用是通过这样的“以太”传递的，不是“超距”的。“以太”赋予周围空间各点一种“局域性”：如果知道了某一点或一个小区域内的电场强度，就可以由此知道任意电荷在这个位置或区域内的受力情况。于是，为了描述“以太”这样的弹性体，法拉第相继在电场和磁场中分别引入了“电力线”和“磁力线”的概念。这是物理学关于“场”的概念上的重大发展。法拉第提出的“力线”的思想为电磁场描绘出一幅形象的图像，为以后麦克斯韦从数学上建立电磁场的理论奠定了基础。几十年以后，英国物理学家约瑟夫·约翰·汤姆孙（1856—1940）评论法拉第的成就时说：“在法拉第的许多贡献中，最伟大的就是力线概念了。我想电场和磁场的许多性质，借助它就可以最简单而且富有暗示地表述出来。”①

从牛顿时代起，人们不断地发现，所谓的“超距作用”是很不自然的，人们曾经在揭示引力起源上用各种动力学理论试图作出解释，也是毫无成果的。在这样

① 陈毓芳，邹延肃. 物理学史简明教程［M］. 北京：北京师范大学出版社，1994：204.

的背景下，法拉第当时提出上述关于场的力线的思想显然是一个巨大的变革。但是，实际上，“法拉第这样做是半无意识的，并且是违背自己意愿的，因为他以及麦克斯韦和赫兹三人终其一生都坚信自己是一个力学理论的信徒。”[①] 因此，法拉第提出的“场”还没有完全摆脱牛顿绝对时空观的影响，还不是近代物理学意义上的“场”，但是法拉第的“场”的概念的提出毕竟打破了“超距作用”在物理学上的地位，成为近距作用的核心思想，使人们对“场”的认识向着客观实在方向跨出了关键性的一步。

1936 年，爱因斯坦（1879—1955）写道，法拉第和麦克斯韦的电磁场理论可能代表着牛顿时代以后物理学基础的最深刻的变化[②]。如今“场”的概念是物理学的一个重要的基本概念，也是近代物理学与经典力学在物质观的认识上的最大区别。“场”不仅是现代物理学的“主角”，而且渗透在现代社会中的每个角落，每个人几乎每时每刻都在与“场”打交道。因此，从大学物理课程中“从头开始”了解“场”的概念的由来，并深化和发展对“场”的认识，实际上就成了电磁学的一条思想主线。

3.3　静电学包含的“从头开始”的思想

3.3.1　力学和静电学的不同研究对象——静电学包含的研究对象“从头开始”的思想

在研究的对象上，力学的运动学研究物体的运动状态变化与时间的关系，动力学研究物体运动状态变化与外力的关系，这里研究的对象都是受到作用力的物体本身。两个物体不能同时占有同一个空间位置，物体与物体之间的接触产生的相互作用是引起物体运动状态变化的直接原因。在力学中，如果一个物体相对于某个观察者是“静止”的，那么人们关注的是这个物体的受力情况，并且由此判断它必定是处于力学的平衡状态下。如果由于其他物体对该物体作用而引起该物体运动状态的改变，则这个作用被看作是接触相互作用；如果由于万有引力的作用而引起该物

① 爱因斯坦. 爱因斯坦晚年文集［M］. 方在庆，等译. 海口：海南出版社，2000：97.

② 杨振宁. 杨振宁文集：传记　演讲　随笔（上）［M］. 上海：华东师范大学出版社，1998：324.

体运动状态的改变，那么这个作用力被看作是“超距的力”，对于万有引力的来源，在牛顿理论中是不予考虑的。

在静电学中，如果一个场源电荷相对于某个观察者是“静止”的，则由此产生的场称为静电场。一旦由场源电荷产生静电场以后，观察者就不再把场源电荷作为研究对象，反而从场源电荷转向了由场源电荷产生的“场”；也就是说，“电场”一旦得以产生，就可以把它作为独立的对象进行研究，而不再考虑这个“场”是由何种场源电荷产生的。与两个物体不能同时占有同一个空间位置的力学情况不同，两个场源电荷在空间同一点产生“场”是可以叠加的。

3.3.2　力学和静电学研究的不同逻辑层次——静电学包含的逻辑层次“从头开始”的思想

在研究的逻辑层次上，力学先确定对质点状态的描述，再研究状态的变化及其产生的原因——力。在牛顿的名著《原理》一书中，牛顿三大定律是作为公理提出的，借助于这些公理体系，牛顿建立了动量、能量等若干物理量的定义，并进而通过数学演绎推理得出了物理学的定律。在这些物理量和定律中凡是涉及描述状态需要的空间和时间的变量，都是定义在抽象的“绝对空间”和“绝对时间”上的。在经典力学中，匀速直线运动和静止都是相对于“绝对惯性系”而言的。

包括静电学在内的整个电磁学没有这样的公理体系，因此，它的理论体系无法按照力学的认识顺序叙述。静电学的“从头开始”表现为首先从实验上观察并定量地得出了点电荷之间的相互作用力的大小和方向。与力学中两个物体接触产生作用力的情况不同，电荷之间的作用力是在电荷没有直接接触下产生的，这个力一开始仍然被人们认为是“超距”的。然后，按照“从静到动”的认识次序，静电学首先设定场源电荷相对于观察者处于“静止”状态，然后测量场源电荷对放置在同一个场点上的检验电荷所产生的静电作用力与检验电荷电量之比，人们发现，这个比值只与场点位置有关，而与检验电荷受到的作用力大小和检验电荷的电量大小无关，这就说明，每一个场点都具有自身的状态属性，不仅有力的属性，而且还有做功的属性，由此引出了对“场”的状态的描述，定义了电场强度和电势等物理量。

电场强度和电势都是描写电场本身状态性质的物理量，一旦确定了场源电荷，“场”就会在空间形成一个分布，各点的电场强度和电势与在电场中有没有放入检验电荷、检验电荷的电量是多少无关。尽管库仑得出静电力表示式时确实受到牛顿万有引力定律表示式的影响，他也没有进一步探讨库仑力的来源，但是，静电学内容体现的这一系列的认识上的逻辑层次（没有公理体系，首先从实验出发，确定电荷与电荷的相互作用力，再通过定义电场强度和电势研究电场本身的“状态”）确实与牛顿力学（从公理体系出发，先确定质点所处的状态，再通过定义速度和加速度研究引起状态变化的力）是完全不同的。

库仑力的表示式与万有引力表示式类似，库仑力的大小与电荷移动无关的特征又与万有引力的大小与质点移动无关的特征类似，由于只讨论静电场，静电场中定义的电场强度和电势都还不是时间的函数，只与场点的位置有关，因而“从头开始”的意义还只体现在对“力”和“状态”的表述逻辑次序上。后来，当人们从“静”转向“动”时，不仅发现了与电荷运动无关的静电力，还发现了与电荷运动速度有关的磁力以及与电荷运动的加速度有关的“电动力”，牛顿理论的那种研究模式在电磁学中就被完全改变了。因此，电磁学理论的模式在物理学理论的发展进程中有着“从头开始”的深刻含义，而这种新的理论模式正是从静电学开始体现的。

3.4　对电荷连续分布的带电体求场强的“从部分到整体”的思想

3.4.1　“从点到体”——计算电场强度的认识逻辑顺序

有了电场强度和电势的物理定义，就需要发展起对从点电荷、电荷系到电荷连续分布的典型带电体产生的电场强度和电势的定量计算的数学方法。对于物理学的问题，数学计算过程是必不可少的，通过数学计算，不仅可以加深对物理概念的理解，而且可以得到思维方法上的训练，可以从计算过程和计算方法中领悟渗透在其中的物理思想。

在中学物理中，所讨论的静电学问题只限于计算有限的几个离散点电荷产生的电场强度和几个点电荷之间的库仑力，数学上使用的是代数方法。大学物理把这样的计算从有限的离散电荷延伸到电荷连续分布的带电体，数学上使用的是高等数学方法。这就是大学物理静电学在引入电场以后紧接着讨论的一个内容。在数学计算方法提升的背后，实际上体现了经典物理学关于部分和整体关系的一个深刻的物理思想。

一般地说，静电学关于电场强度或电势计算过程往往是按照“从点到体”这样的认识逻辑顺序展开的：先讨论一个点电荷产生的电场强度或电势，再以叠加原理为根据，讨论多个分立电荷组成的电荷系产生的电场强度或电势，进而讨论连续带电体产生的电场强度或电势。尽管每一本大学物理教材对这类问题的表述都体现了很强的逻辑性，选用的例子具有典型的代表性，但是由于从这里开始计算电场强度的代数方法完全失效，必须运用高等数学的微积分方法，而学生对于这种数学方法一时还不适应和不熟练，因此，在学习这部分内容时，学生往往把学习重点放到如何去对付数学的计算上，例如，如何对带电体进行有效的分割，如何用变量替换法完成积分，等等，从而疏忽了对其中包含的物理思想的领悟。

3.4.2 “先分割，再分解，后叠加”——“从部分到整体”的思想

以求电场强度为例。首先，通过对问题的分析过程可以发现，无论是对于一根有限长或无限长的连续带电棒，还是对于一个具有确定半径的连续带电圆环或圆盘，处理问题的数学计算方法在逻辑次序上可以归结为“三步九个字”：“先分割，再分解，后叠加”，即先把连续带电体分割为“无限小”的电荷元，求出这个电荷元在空间某点产生的电场强度；由于电场强度是矢量，因此，需要在设定的坐标系中进行分解；再把每一个电荷元产生的电场强度按这样的坐标分量方向分解后并以积分方式叠加，最后把分量方向上得到的电场分场强合成为总的电场强度。求连续带电体产生的电势时也是从“先分割”开始，但由于电势是标量，因此，电荷元产生的电势就不存在“再分解”的步骤；最后仍然需要“后叠加”，即把电荷元产生的电势以积分方式叠加。

以上的计算的方法是先求出“部分”产生的场强，再把部分相加得到“整体”产生的场强。这个方法似乎是高等数学典型的运算方法，实际上，这一系列分割和积分的数学操作体现的就是经典物理学关于部分和整体关系的重要思想：整体是由部分组成的，为了认识整体产生的效应（整个连续带电体产生的场强），先要认识部分产生的效应（电荷元产生的场强），一旦认识了“部分”，再从“部分”相加就能得到对“整体”的认识。

经典物理学的这个思想并不是从电学开始的，在力学里这个思想就已经渗透在物理内容的展开过程中。例如，运动的合成、力的合成乃至求解运动微分方程时，采用的从特解进行线性叠加得到通解的解题步骤等都体现了这样的思想。实现这样

的物理思想有一个前提条件，那就是“部分”之间的相加必须服从“叠加原理”，即每一个“部分”产生的物理后果都不受到其他“部分”存在的影响，“部分”与“部分”之间没有相互作用。这就是静电学中在计算连续带电体的场强和电势前必须提出关于场强的线性叠加原理和电势的线性叠加原理内容的原因。在力学中讨论力的合成、速度的合成时，同样也提出了相关的叠加原理。

3.4.3　还原和不可分割——从分割研究对象的还原论到注重对象的不可分割

笛卡儿提出的原则是，为了研究一个问题和解决一个问题，需要把它们分解为简单的要素；于是，为了研究整体就必须研究部分，部分搞清楚了，整体也就搞清楚了。分割的另一个含义是把观察者摆在客观对象的对立面上，把客观对象的运动变化与观察者隔离开来。

17世纪法国物理学家、数学家和哲学家帕斯卡（1623—1662）是一个在复杂性认识上起着关键作用的思想家。他在《思想录》中提出“任何事物都既是结果又是原因，既受到作用又施加作用，既是通过中介而存在的又是直接存在的……我认为不认识整体就不可能认识部分，同样地，不特别地认识各个部分也不可能认识整体。”①

近几十年来，现代物理学正在发展起来的系统论和随机论的认识论模式，是对牛顿以来的还原论和确定论的认识的一个在更高层次上的更新，它承认系统内部的相互作用、系统与环境的相互作用，承认人类是自然界的一部分，人类与大自然的关系不是对立的主宰和被主宰的关系，而是和谐的、统一的协调共存关系。在物理学发展史上，关于部分和整体关系的思想可以追溯到法国哲学家、物理学家和数学家——笛卡儿。他在关于自然科学的哲学本质上提出了一个“心智指导法则”。按照这个“法则”，为了解决所遇到的难题就必须把它们分成几部分，必须从最简单的（对象）开始，逐步进入对复杂的（对象）的认识。笛卡儿提出的还原思维方式的一条原则就是，“把我所审查的每一个难题按照可能和必要的程度分成若干部分，以便一一妥善解决。”②这就是还原方法对部分和整体的关系的“分析—重构”的思

① 莫兰. 复杂性理论与教育问题［M］. 陈一壮，译. 北京：北京大学出版社，2004：26.

② 笛卡儿. 谈谈方法［M］. 北京：商务印书馆，2015：16.

想。笛卡儿的方法论思想经过从牛顿到爱因斯坦几百年的补充和发展而不断得以完善和系统化，从而使“分析—重构”的还原分析思维方法在现代科学方法中占有支配的地位。这种分析的还原方法系统地渗透在从力学、热学、电磁学到原子物理等物理学的各个分支中，以至为了强调学科本身的逻辑性和系统性，物理学的力学部分从质点运动开始，再到质点系；电学部分从点电荷产生的电场引入，再到电荷系；对于连续体层次上的力学和电学的讨论则归纳为“先分割，再分解，后叠加”的一般方法。这一系列思想方法体现了“从简单到复杂”的简化思维原则，使得人们大大提高了对自然界客观事物的认识水平，推进了近代物理学的发展。

3.5 电势梯度与电场强度的关系式描述静电场的非定域思想

3.5.1 从电势梯度求场强——电势和电场强度的空间变化关系

在讨论了电场强度和电势以后，静电学常常安排了“电势的梯度”一节，为什么要讨论电势的梯度？一个较为普遍的回答是，这部分内容提供了从电势求电场强度的一条比较简便的途径。确实，与计算电场强度的过程相比，计算电势的过程中少了一个“再分解”的步骤，因此也不存在把各个电荷元在各个分量方向上产生的电场强度的分量叠加后再把各个分量合成的问题，计算电势的过程确实比计算电场强度的过程省去了一些麻烦。而一旦求得了电势，就可以利用对电势求梯度的数学方法求得相应的电场强度。虽然最后又多了这一步的微分计算，但是由于求微分一般总比求积分容易一些，因此，计算上还是显得较为简单一些。实际上，在导出从求电势到求电场强度的数学梯度表达式背后，包含着另一个重要的物理思想，那就是电场强度和电势体现的静电场的非定域思想和它们在空间上的相互变化关系。

在力学中，描述物体运动状态的物理量是位置、动量等物理量，这些物理量是质点所在空间位置的定域函数。这里“定域”的含义指的是，只有当物体处在空间一个确定的位置上时，该点的位置矢量和速度矢量才表示了物体所处的状态。当物体从一个空间位置运动到另一个空间位置，物体的运动状态就发生了改变。位置的改变产生位移，位移随时间的改变产生速度，速度随时间的改变产生加速度。同样，描述刚体状态的物理量角位移和角动量等也都是刚体相对于一定的转轴转过的角度的定域函数。当刚体绕着轴线转动了一个角度，刚体的状态也就发生了改变。角度的改变就是角位移，角位移随时间的改变是角速度，角速度随时间的改变是角加速度。上述描述物体运动和刚体定轴转动的定域状态物理量——位移、速度和加速度三者之间的关系是，后者是以前者对时间的微分关系表现出来的（例如，速度是位移的微分，加速度是速度的微分等）。

与物体和刚体只能定域在一个点或很小的空间范围内不同，静电场总是分布在一定的空间范围内，特别是真空中点电荷产生的电场还可以延伸到无限远处。电场强度和电势是描述整个电场状态的两个物理量，它们是所有场点的连续函数。因此，只有在原则上知道了这两个量在某一个时刻的无限多的数值时，才能完全确定静电场在这个时刻的状态。

3.5.2　静电场的有势特征——电场“状态”的非定域性描述

只要存在场源电荷，它产生的“场”就是确定存在的。给定一个场点的电势，通过电势对场点的微分，可以得到该点的电场强度；反之，给定一个场点的电场强度，通过对空间的积分，在给定零电势以后，就可以得到该点的电势。这种微分和积分的运算，表明了电场强度和电势描述的电场具有空间延展性和逐点连续性，因此，作为描述电场状态的物理量，电场强度和电势体现了电场的非定域性，电场强度和电势是所有空间场点的非定域连续函数。这里“非定域性”的含义指的是，一旦静电场得以建立，就必然存在一个延展的空间，在这个空间里，电场强度和电势具有一个确定的非定域的连续分布。

在力学中描述质点状态的物理量是位置和速度，它们的定义之间体现的是在时间上的变化率关系，在静电学中描述电场状态的物理量是电场强度和电势，它们的定义之间体现的是在空间上的变化率关系。电场是“保守力场”，电场强度对空间路径的线积分与路径无关，由此可以定义电势这样的物理量；通过对电势这样的“标量势”求梯度，反过来又可以得到电场强度。这就表明了电场是一种“有势场”，电场强度沿任一闭合路径的线积分为零（静电场的环路定理）。因此，静电场专门列出一节讨论电场强度和电势的梯度关系，这不仅提供了计算电场强度的方便，更是揭示了静电场的有势特征，从而与后面讨论体现磁场特征的“安培环路定理”形成呼应，而这两个环路定理分别在电场和磁场的有关章节中进行讨论，正是为以后建立电磁场的麦克斯韦方程组做知识上的准备的，这样的教材安排鲜明地体现了电磁学学科体系在物理内容和物理思想上严密的逻辑性。

从定域性描述到非定域性描述，从物理量之间的时间变化率的关系到物理量之间存在的空间变化率的关系，静电学把对经典力学中的质点或刚体“状态”的定域性描述上升为对电场“状态”的非定域性描述。

在经典物理学中，以质点为代表的“粒子”是定域性的，而以电磁场为代表的“场”是非定域性的，两者的物理属性截然不同，它们的区别泾渭分明。但是，自从20世纪初，爱因斯坦提出的“光量子”的理论成功地解释了光电效应的实验结果，揭示了电磁场的量子性以后，电磁场不仅以它自身存在的“场”的分布而表现出“非定域性”，而且光子只是作为电磁场能量的最小单位出现，因此光子作为“粒子”，也不再具有经典粒子的“定域性”，而以一种“非定域粒子”的形式呈现在人们面前。光子的“波粒二象性”的提出，进一步深化了人们电磁场非定域性的认识。

除了电磁场，现代物理学已经揭示出其他场也具有表征场能量最小单位的“量子”——“准粒子”，例如，固体中晶格振动场的“声子”就是一种“准粒子”，它是相互耦合着的原子系统的被激发了的集体振动，不是一个“单粒子”；铁磁体中自旋波场中的“磁子”也是“准粒子”，它是一种被激发了的自旋波行为，也不是一个“单粒子”；等等。量子场论表明，作为物质存在形式的“场”都具有“粒子性”，“粒子”总是和一个具有无穷多自由度的场体系联系在一起的，它们可以归结为量子化了的场。“粒子”是可以产生或消灭的，分别对应于场体系的激发和跃迁，具有非定域性的特征。

3.6 对电荷对称性分布的带电体求场强的“从整体到部分”的思想

3.6.1 “对称性、高斯面、后运算”——“从整体到部分”的思想

对于电荷分布呈现对称性的连续带电体，静电学常常是通过引入高斯定理来求解电场强度的，于是高斯定理也常常被看作仅仅是计算具有对称性的连续带电体产生场强的一种简便的数学方法而已；如果带电体的电荷分布没有对称性，那么高斯定理在静电学中似乎就显得没有什么重要意义。

高斯定理仅仅是一个计算场强的简单数学工具吗？不是的。从物理上看，高斯定理体现了静电场另一个特征——“有源性”。在静电场中提出高斯定理也是与后

面讨论体现磁场的“无源性”特征形成一个呼应。它们都是麦克斯韦电磁场方程组的重要组成部分。

在静电学中把对高斯定理的应用讨论安排在求连续带电体产生电场强度以后，主要是突出两者在物理思想上形成的一个鲜明的思想对比：前者体现的是“从部分到整体”思想，后者体现的是“从整体到部分”的思想。

高斯定理中的“整体”指的是带电体产生的“场”，“部分”指的是需要讨论的电场中某一个点或某一个区域。“从整体得到部分”计算场强的物理步骤是这样展开的：

先分析带电体以及所产生电场具有的对称性，这是第一步整体的行为；然后根据对称性找出符合一定条件的合适的闭合面——高斯面，这是第二步整体的行为；在高斯面上应用高斯定理完成对闭合面的积分，特别是完成把电场强度提到积分号外面的运算后，再根据高斯面包围的电荷得出电场强度的表示式，这是第三步整体的行为。通过这样的“三步”整体行为以后，由此得到的电场强度仍然是一个区域上（高斯面上）的电场强度，还不是由前一种“先分割，再分解，后叠加”的方法得到空间某一个点的电场强度，但由于需要求得的某一点电场强度在作高斯面时就被有意地置于这个区域中，于是，从依次考虑以上三步“整体”行为着手就可以得到所需要的“部分”结果。

由此可以看出，大学物理电学部分列入的两种计算电场强度的方法，不仅是高等数学在大学物理中一种典型的应用，而且在这个应用背后实际上蕴含着关于部分和整体关系认识的物理思想。这两种计算方法各自体现的物理思想是相辅相成的、互补的。如果说，在力学中已经触及了物理学中“从部分相加得到整体”的思想，那么电学是把对“部分和整体”关系的思想提到了一个更加完整和相互统一的认识论的层次上：对同一个问题（例如，求电场强度），既可以按照“从部分到整体”的思路考虑，也可以按照“从整体到部分”的思路进行分析并得以解决。

3.6.2 部分和整体“不可分割”——部分和整体关系的复杂性思想

近代非线性科学的发展表明，线性系统只是对自然界的一种近似的、理想化描述的模型系统。非线性系统才是更接近对实际系统描述的模型系统。由于存在非线性相互作用，“部分”呈现出与“整体”一样的复杂性，在“部分”和“整体”关系的量的方面“部分”相加可以大于“整体”，在质的方面，“部分”相加可以高于“整体”。“部分”和“整体”不可分割。因此，对于具有非线性相互作用的系统，线性叠加原理失效，人们无法从对“部分”的叠加得到对“整体”的认识。分形几何学的自相似理论更是表明，只要系统在各个层次上呈现出自相似的结构，那么认识“部分”与认识“整体”一样复杂。例如，对于流体流动时出现的湍流复杂性现象，人们无法从认识流体的分子、原子结构入手获得对湍流宏观规律的认识。当代非线性科学正在为人们提供关于“部分”和“整体”认识的更深刻的复杂性思想的启示。

3.7 电场与物质中电荷相互作用的思想

3.7.1 导体和介质中的电荷分布——场与物质中电荷的相互作用

在一些学时不多的大学物理课程中，“静电场中的导体”和“静电场中的电介质”常常被认为是不重要的章节而被删去。实际上，“静电场中的导体”和“静电场中的电介质”不仅在内容上是静电学的重要组成部分，而且在物理思想上它们是对前面提到的关于真空中静电场有关思想的自然延伸。

在真空中的电场中，静电力的存在和静电力做功是通过电场对放入电场的点电荷的作用反映出来的，并不计入该点电荷对电场产生的可能影响。而且，这样的点电荷往往被看作是一种“自由”的电荷，它们在电场力作用下，能够到达的空间范围在理论上是不受限制的。但在实际应用中，电荷总是存在于导体或介质中的。一旦当导体或电介质放入静电场后，受到电场作用的对象不再是真空中的“自由”电荷，而是处在导体或介质中被限制在一定范围内的“非自由”电荷。一方面，这些电荷会受到电场的影响而在导体或介质内部发生相应的运动，其结果是引起导体或介质带电状态的改变；另一方面，导体或介质带电状态的改变反过来会影响原来的电场分布。与真空中的静电场讨论的内容相比，显然，这部分内容的重点应该是“导体和介质中的电荷分布如何受静电场作用而发生改变”和“导体和介质的电荷分布如何产生反作用以影响原来的静电场分布”两个方面，这两个方面是互相依存的，它们体现的是电场对物质中的电荷的相互作用与这些电荷分布对电场产生的影响的反作用关系。显然，在真空中没有任何物质，这个关系在真空中的静电场中是不存在的。

在现代物理学中"场与物质中电荷的相互作用"已经成为物理学许多领域中涉及的重要思想，而静电学正是以"静电场中的导体"和"静电场中的电介质"为主题在大学物理中首先涉及了这个思想。由于导体和介质状态的改变发生在"局部"，但影响电场的分布关系到"整体"，在本章节内容中应用的主要物理方法理所当然是高斯定理，而不再是库仑定律。因此，通过学习"静电场中的导体"和"静电场中的电介质"的内容，不仅将进一步认识场与物质相互作用的物理思想在静电学中的表现，而且将进一步认识高斯定理对解决导体和介质问题的重要作用。

3.7.2　从力学平衡、热动平衡到静电平衡——静电平衡也是"动平衡"

放入静电场中的导体会达到静电平衡，与中学物理学习的静电感应内容相比，大学物理并没有简单地重复这些内容，而是进一步揭示了静电平衡是外电场对导体中"非自由"电荷的作用和导体内部的内电场对"非自由"电荷共同作用的结果。特别是把静电平衡与力学中的力学平衡和热学中热动平衡比较以后，可以看出导体的静电平衡在平衡思想上是对力学平衡和热动平衡概念的深化与发展。

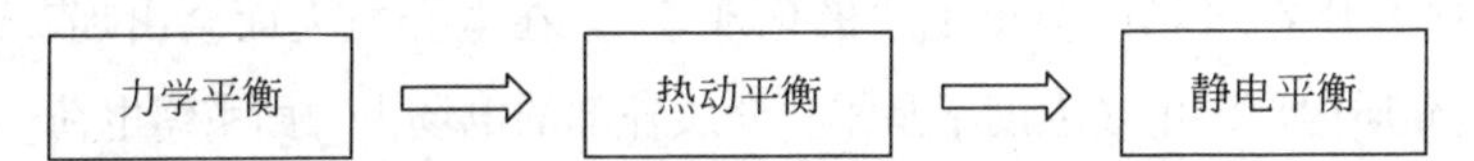

力学平衡是指质点受多个外力作用达到平衡，合力为零，质点保持静止或匀速直线运动状态；如果把静止称为"静平衡"，那么匀速直线运动就可以称为"动平衡"。

热学中的平衡是指孤立系统不受外界作用、不随时间改变的宏观状态。系统内部没有"质量流"和"热量流"，但由于系统内部分子还在作无规则的热运动，因此也是一种"动平衡"，称为"热动平衡"。

电学中的静电平衡指的是受外部电场和内部电场的共同作用，导体内部处处净电荷为零以及内部电场强度为零、导体表面没有电荷定向移动的状态。

导体达到静电平衡的一个特点是：电荷只能分布在表面，使表面成为等势体；表面的电荷分布既与表面紧邻处的电场强度有关，又与表面的曲率有关。这里特别应该提出的是：表面紧邻处的电场强度不只是由当地导体表面的电荷产生的，还是由导体上的电荷和导体外的其他电荷共同产生的合场强，合场强的大小与表面电荷分布密度成正比。导体外的电荷分布发生改变，就会影响导体表面上的电荷分布，进而影响合场强，而合场强又以正比关系影响着表面的电荷分布密度，如此反复，最后使导体达到静电平衡。因此，静电平衡也是另一个意义上的“动平衡”，是电场强度和电荷分布之间相互影响而达到的一种动态平衡。

导体达到静电平衡状态的另一个特点是：导体表面处的电场强度必定与导体表面垂直，与导体形状无关。显然，与没有放置导体时的电场相比，放置导体后的电场分布发生了变化。电场的这个变化是达到静电平衡的导体所引起的，而导体的静电平衡又是电场所导致的，从这个意义上说，这是一种作用与反作用的关系，不过它与力学中的作用与反作用的关系是不同的。在静电学中是场对物质中电荷的相互作用，在力学中是两个物体直接接触的相互作用；在静电学中的作用与反作用是以外电场导致导体内部电荷移动直至内部电场为零和导体影响外电场的变化而反映出来的，力学中作用与反作用则是以两个力的大小相等和方向相反并作用在两个不同物体上来体现的。

3.7.3 从“极化现象”到“面束缚电荷”——电位移矢量引入的意义

类似地，放在静电场中的介质也以作用与反作用体现了场对物质中电荷的相互作用。电介质在电场中会出现“极化现象”，在电介质表面会出现“面束缚电荷”，但是介质内部的电场强度不是零，介质外部的电场由“面束缚电荷”和其他电荷共同决定。这里同样也可以把这样的结果看成是场与物质中电荷的相互作用而导致的。

当介质放在静电场中并计算电场强度时，总的电场强度是由面束缚电荷和其他所有电荷共同产生的，而面束缚电荷又是由电场导致的，这里有一个循环的因果关系，于是，按照“先分割，再分解，后叠加”，“从部分得到整体”的思想方法计算电场强度就显得很困难，但是，一旦引入称为电位移的物理量 D，就可以导出关于 D 的高斯定理，由高斯定理可以求得介质内的场强。这就表明，“从整体得到部分”的思想方法在有介质存在的情况下仍然有效，这就再一次显示了高斯定理所体现的思想在电学中的重要地位和作用。

在磁场中同样存在磁场与介质之间的作用和反作用的问题，与电场中介质不同的是，介质发生的是磁化，介质上产生的是束缚面电流。由于磁介质可以分为顺磁质、抗磁质和铁磁质三种，它们被磁化的机制和发生的性质变化是不同的，从而介质磁化以后对外磁场产生的影响也是不同的。

3.8　电场和磁场“同中求异”的类比思想

3.8.1　“异中求同”——刚体与质点的类比思想

类比的思想是物理学中的一个重要思想，在刚体力学中从质点的“线量”到刚体转动的“角量”就体现了力学量的类比思想。同样，在电磁学中，静电场中从对电场力和电场强度的定义到在电流的磁场中对磁场力和磁感应强度的定义，也同样体现了这一重要的物理思想。但是，这两种类比思想各自具有自己的特点。

刚体力学中刚体与质点的类比思想具有什么特点？为了更好地理解刚体平动和转动的运动规律，刚体力学在提出平动与转动的不同表示的同时，更多地揭示“质心化”与“角量”和“线量”的相似以体现类比的思想，这是在对刚体运动和质点运动这两种不同运动对象的类比中体现的一种“异中求同”的思想。

3.8.2　“同中求异”——电场和磁场的类比思想

电磁学中电场与磁场的类比思想具有什么特点？从对静电场的认识进入对磁场的认识，是逐步进入对电磁场认识的必要步骤和对“场”的认识的深化，因此，建立这样的类比的目的是，在提出磁场与电场存在许多相似之处的同时，更多地揭示“磁量”和“电量”的相异以体现类比的思想，这是在对电场和磁场这两种不同性质的“场”的类比中体现的一种“同中求异”的思想。主要表现为以下两方面。

类比之一：在作用力的表现方式上，两个静止点电荷的相互作用是通过电场来传递的，而电流的相互作用是通过磁场来传递的。这是相似之处。然而，两个静止点电荷之间相互作用产生的是电场力，其方向总是处在两个电荷的连线方向上，电场力大小与两个电荷的电量和它们之间的相对位置有关；而两个电流之间的相互作用产生的是磁场力，其方向不沿着两个电流的连线方向；磁力的大小和方向不仅与电流的大小有关，也与电流的相互放置的位置和电流的方向有关，这是它们的相异之点。

类比之二：在状态描述上，静电场中先提出两个点电荷之间存在相互作用力——库仑力，然后由库仑力引入电场强度 $\boldsymbol{E}$；某点电场强度 $\boldsymbol{E}$ 的方向就是放在该点的正点电荷在电场中受力的方向，大小等于放在该点的单位正点电荷受到的库仑力的大小。在磁场中先提出运动电荷和运动电荷之间存在的相互作用力——磁力，并由磁力引出（不是定义！）磁感应强度 $\boldsymbol{B}$。这些都是与电场的相似之处。然而，在引入磁感应强度的方式与引入电场强度的方式之间却存在下列明显的相异。

（1）对电场的描述是从电场力引入电场强度 $\boldsymbol{E}$。电场强度 $\boldsymbol{E}$ 的大小为正点电荷在电场中受力的大小与电量之比，方向是正电荷的受力方向，这个方向就在两个点电荷的连线上。在静电场空间的确定位置上，一个正的点电荷受到的电场力与该点电荷所带电量之比的大小和方向是唯一的，因此，该点的电场强度的大小和方向是唯一的。在引入的次序上是先确定了电场力大小和方向以后才得出电场强度大小和方向。

在磁场中，同样可以引入一个描述磁场性质的物理量（这个物理量由于历史上的原因而称为磁感应强度 $\boldsymbol{B}$），这一点与电场强度类似，但是，引入磁感应强度的方式却不能照搬引入电场强度的方式。引入电场强度的次序是先有电场力后再有场强，而引入磁感应强度的次序却是先确定磁感应强度方向后再得到磁场力大小和方向。

具体地说，磁感应强度 $\boldsymbol{B}$ 的定义次序是这样的：当运动电荷处于磁场中某个位置时，实验表明，由于运动电荷的速度方向不同，它受到的磁场力大小和方向也不同，但是，实验发现，磁场中的每一点都有唯一的一个特征方向，当放入磁场的电荷在该点沿着这个特征方向运动时，运动电荷没有受到磁场力的作用，因此，这个方向可以用来唯一地表征磁场的性质，于是这个特征方向就被定义为磁感应强度 $\boldsymbol{B}$ 的方向（注意：这里仅仅是定义了磁感应强度 $\boldsymbol{B}$ 的方向）。实验又表明，当运动电荷沿其他方向运动时，它就会受到不同的磁场力。磁场力的方向既与磁感应强度方向垂直，也与电荷的运动的速度方向垂直（但是磁感应强度方向不一定与电荷的运动方向垂直），磁场力的大小取决于磁感应强度的方向和电荷运动速度方向的夹角，当夹角从零到 $\dfrac{\pi}{2}$ 再到 π 变化时，磁感应强度 $\boldsymbol{B}$ 呈现出从零到最大再到零的周期性变化。于是利用磁感应强度 $\boldsymbol{B}$ 方向的定义，可以把以速度 $\boldsymbol{v}$ 运动的电荷 q 在磁场中所受到的磁力 $\boldsymbol{F}$ 三者的关系以右手螺旋法则表示为 $\boldsymbol{F}=q\boldsymbol{v}\times\boldsymbol{B}$。由此可见，如果磁场是由长直导线中的电流产生的，在磁场中运动电荷受到的磁场力既不发生在导线和电荷的连线方向上，也不沿着磁感应强度的方向。当电荷 q 的运动速度 $\boldsymbol{v}$ 的方向平行于磁感应强度 $\boldsymbol{B}$ 的方向时，该运动电荷受到的磁场力 $\boldsymbol{F}$ 为零；当电荷 q 的运动速度 $\boldsymbol{v}$ 的方向垂直于磁感应强度 $\boldsymbol{B}$ 的方向时，该运动电荷受到的磁场力 $\boldsymbol{F}$ 最大，这个

最大的磁场力 $\boldsymbol{F}$ 与 $q\boldsymbol{v}$ 的比值由磁场本身的性质决定，与 $q\boldsymbol{v}$ 的大小无关，于是这个比值的大小就被定义为磁感应强度的大小。必须强调的是，对 $\boldsymbol{B}$ 的这种引入方式是按以下的次序实现的：$\boldsymbol{B}$ 的方向先由电荷不受力的运动方向确定，有了 $\boldsymbol{B}$ 的方向才有了磁场力的表示式，有了力的表示式，$\boldsymbol{B}$ 的大小是由电荷受到的最大的磁场力的大小来确定的。这就是引入磁感应强度与引入电场强度两者在力和场强的次序上存在的区别。这个区别完全是由于电场的性质与磁场的性质不同而形成的。

（2）电场强度 $\boldsymbol{E}$ 的方向是点电荷受力的方向，磁感应强度 $\boldsymbol{B}$ 的方向是运动电荷不受力的运动方向。为什么要把静止电荷受到的电场力的方向定义为电场强度的方向，却把运动电荷不受到磁场力时的运动方向定义为磁感应强度的方向呢？其原因如下所述。

首先，静电力是两个静止电荷之间的相互作用力，不存在电荷运动的问题，处于电场中的电荷的位置一旦确定，按照库仑定律，它受到的电场力的大小和方向就是唯一的。但是磁场力是两个运动电荷的相互作用力，既然是运动电荷，就一定涉及电荷的运动方向，电荷在不同的运动方向上会受到不同的磁场力，于是就必须讨论力与运动方向有关的问题。如果说，在力学中出现的质点之间的万有引力与质点的运动速度无关，而在静电场中本来就不需讨论电荷运动，那么磁场力既不同于万有引力也区别于静电力，它比万有引力和静电力更进一步地揭示出，磁场力不仅与电荷的运动速度的大小有关，而且与电荷运动的速度方向有关。

其次，为了描述磁场的性质，与电场相类似，需要定义一个与运动电荷大小和所受磁场力大小无关、只与位置有关的物理量来表征磁场。问题是在每一点位置上随着电荷运动速度大小和方向的不同，运动电荷受到磁场力的方向和大小也不同，这就是说，即使在同一个位置上，运动电荷受到的力也不是唯一的。如何选择一个唯一的量来反映磁场的性质？实验表明，在每一个位置上只有一个特定方向（这里仅就方向而言是唯一的），当运动电荷沿这个方向运动时完全不受磁场力的作用，即磁场力为零，于是这个方向就可定义为磁感应强度 $\boldsymbol{B}$ 的方向。$\boldsymbol{B}$ 的方向确定后，如果沿着这个方向仿照电场中确定电场强度大小的方式，显然无法确定磁感应强度的大小，因为在这个方向上 $\boldsymbol{F}$ 是零。为了得到每一点上唯一的磁感应强度的大小，必须相应地找到一个唯一的磁力。在每一个位置上这个特定的唯一的磁力只可能是最大的磁力（这里仅就大小而言是唯一的），也就是当电荷沿着与磁感应强度垂直的方向运动时所受到的磁力。由于在确定的一个场点位置上，最大的磁力总是唯一的，因此，由这个力出发就可以唯一地确定磁感应强度的大小。

类比之三：求连续带电体产生的电场和电流产生的磁场，都可以以“从整体得到部分”的思想，从“先分割，再分解，后叠加”的方式着手，这是电场和磁场相似之处。但是在电场中，以“从整体求得部分”的思想求出具有对称性分布的连续带电体产生的电场时利用的是高斯定理，而在磁场中，求出具有对称性分布的电流产生的磁场时利用的是安培环路定理。电场与磁场的这个相异之处根本上来自于“场”本身的性质：电场是有源场，电力线“有头有尾”，电场强度的散度不为零；这是与自然界存在正负两种不同电荷的事实相联系的。而磁场是有旋场，磁力线始终闭合，磁感应强度的散度为零；这是与电磁学理论认为目前在自然界中没有单一的磁荷存在这个事实相联系的。

3.9 电场和磁场的“力线”和场的初步物质观思想

3.9.1 “电力线”和“磁感应线”的引入——电磁场物质观思想的初步体现

在静电学中，往往专门有一节讨论“电力线”，并还引入了“电通量”这个概念。“电力线”和“电通量”的引入通常被看作是对“电场”分布的一种形象化的描述方式。类比于电场，在磁场中，为了形象地描述磁感应强度的分布，也引入了“磁感应线”和“磁通量”的概念。从知识的逻辑体系上看，引入这些概念是为相应地建立静电场的“高斯定理”和建立磁场中的“安培环路定律”做准备的。实际上，在“电场”和在“磁场”中引入的力线不仅仅是一种描述的工具，而且是人们在对电场和磁场本质的认识进程中所形成的关于最初阶段电磁场物质观思想的一种体现。

自从牛顿提出了万有引力定律以后，从17世纪末到18世纪初，围绕着引力产生和传递的机制问题一直有着不同观点的争论。牛顿自己也考虑过引力产生的根源，但是没有得出什么结果。由于牛顿主张“虚空”的存在，因此，笛卡儿和莱布尼茨等就由此指责牛顿主张“超距作用”。实际上，这是一个误解。牛顿曾多次申明自己对“超距作用”的看法，他认为，把一个物体可以穿过真空超距地对另一个物体产生作用的观点加在他身上“尤其荒谬”，“凡在哲学方面有思考才能的人决不会陷入这种谬论之中"[①]。直到晚年，牛顿还一直为人们把他看成"力的超距作用论者"而深感不安。科学史家丹皮尔在评论此事时说："牛顿似乎注定要被人误解。超距作用，他本来以为是不合理的，却被人当作他的基本观念，而确立这个观念也就成了他的最大功绩。"[②] 但是，历史如此地作弄了这位科学伟人，一直到 19 世纪中期，认为起源于牛顿的"超距作用"的思想在欧洲大陆的物理学家中还占领着牢固的统治地位。1820 年，丹麦物理学家奥斯特关于电流磁效应的发现使电磁学的研究进入一个新时期。他在实验中发现，在不同的金属导体中通以电流以后，放在附近的小磁针就会发生偏转，偏转的程度将随着小磁针放置的位置不同而不同。他还发现，在电流和磁针之间放置非磁性物质以后，并不会影响这样的效应发生。于是他把有电流通过的导体周围时产生的这种效应称为"电冲突"。奥斯特还指出："电冲突不是封闭在导体里面的，而是同时扩散到周围空间的。"观察还表明，"这种冲突呈现为圆形，否则就不可能解释这种情形：当联结的导线的一段放在磁极的下面时，磁极被推向东方；而当置于磁极上面时，它则被推向西方。"[③] 正是这个"扩散到周围空间"的思想对法拉第等后来发展起来的"场"的思想产生了直接的影响。

1831 年，法拉第基于他发现的"磁电感应"的现象，提出了在电流和磁体周围存在一种"电紧张状态"，这种状态比奥斯特的"电冲突"更进了一步。法拉第认为，正是这种状态的出现、变化和消失，才会使导体中出现感应电流。这就是现在通常在电磁学中所讨论的"电磁感应"现象。法拉第先提出了对"电紧张状态"进行描述的定量工具——"磁力线"，两个星期以后，他又提出了"电力线"的概念。法拉第从电介质在电场中被极化和磁介质被磁化的现象中，首先认为物质之间的电力和磁力是需要介质传递的近距作用力。在带电体和磁体周围存在一种由电和磁产生的物质，起了传递电力、磁力的作用，于是法拉第就分别把它们称为电场和磁场。

法拉第设想，电力和磁力就是通过相应的力线传递的，"超距作用"是没有物理意义的。他从流体力学中形成一种类比，提出"场"是由力线或力的管子组成，正是力线或力管把不同的电荷、磁体或电流联系在一起。显然，法拉第提出的"场"的思想比静电学中定义电场强度时引入的"场"的思想更显示出了场的物质性。基于力的传递性和力线存在的实体性，法拉第明确地提出了"场"的思想。他在 1855

---

① 塞耶．牛顿自然哲学著作选［M］．上海外国自然科学哲学著作编译组，译．上海：上海人民出版社，1974：64．

② 丹皮尔．科学史［M］．北京：商务印书馆，1975：253．

③ 马吉．物理学原著选读［M］．北京：商务印书馆，1986：460-461．

年发表的一篇文章中提出了力线实体性的四个标志：力线的分布可以被物质所改变；力线可以独立于物体而存在；力线具有传递力的能力；力线的传播需要经历时间过程。1857年，法拉第进一步指出，力或场是独立于物体的另一种物质形态，物体的运动都是场作用的结果；不管空间有没有物质，整个空间都充满了实体性的力线和力场。[①]

3.9.2 《电磁通论》巨著的问世——电磁理论上一次伟大的变革

法拉第的思想是深刻的、伟大的，但是由于他尚未把自己的思想给以数学上定量的表述，一时被科学界认为缺乏理论的严谨性。只有汤姆孙（开尔文）肯定了法拉第的理论，并对法拉第的理论进行了类比研究和数学概括，有力地支持了法拉第通过力线提出的近距作用观点。

1855—1856年，麦克斯韦发表了电磁学的第一篇论文《论法拉第力线》，提出可以用不可压缩流体的流线为静电场的力线提供类比对象。他指出，这并不是场的物理描述；流体也不是一种“假设的流体”，“只是一种想象性质的集合”。1861—1862年，他发表了电磁学的第二篇论文《论物理力线》，在这篇论文中，麦克斯韦精心构想和设计了媒质的力学模型，对力线的分布及其应力的性质给予了机理性的说明。1864—1865年，麦克斯韦在发表的著名的论文《电磁场的动力学》中，完全去除了关于媒质结构的假设，以几个基本实验事实为基础，从场论的观点上重建了自己的理论。他指出：“我所提出的理论可以称为电磁学理论，因为它必须涉及带电体和磁体周围的空间；它也可以称为动力学理论，因为它假定在该空间存在正在运动的物质，从而才产生了我们所观察到的电磁现象。”“电磁场就是包含和围绕着处于电磁状态的物体的那一部分空间。”[②] 1873年，他出版了《电磁通论》巨著，彻底地应用了拉格朗日方程的动力学理论，对电磁场理论作了全面、系统和严密的论述，从而引起物理学理论基础发生根本性变革。这部著作是继牛顿的《原理》一书以后树立的又一座里程碑。1887年，赫兹的电磁波实验光辉地证实了麦克斯韦的电磁场理论。

尽管法拉第设想的场还具有机械的性质，而麦克斯韦一开始为了说明电磁相互

---

① 杨仲耆，申先甲．物理学思想史［M］．长沙：湖南教育出版社，1993：518.

② 马吉．物理学原著选读［M］．北京：商务印书馆，1986，551-552.

作用，也把媒质想象成一些大小不等的很复杂的齿轮之类的东西，但是，毕竟一种新的物质观已经不可抗拒地登上了物理学的殿堂，它把光学与电磁学统一起来。麦克斯韦提出，原来设想的“光以太”完全没有必要存在。电磁效应的传播介质也具有传播光波的功能，光就是传播的电磁扰动。爱因斯坦对法拉第和麦克斯韦的工作给予了很高的评价：“自从牛顿奠定理论物理学的基础以来，物理学的公理基础的最伟大的变革是由法拉第和麦克斯韦在电磁现象方面的工作所引起的。”“这样一次伟大的变革是同法拉第、麦克斯韦和赫兹的名字永远联系在一起的。这次革命的最大部分出自麦克斯韦。”[①] 麦克斯韦也被人们公认是“自牛顿以后世界上最伟大的数学物理学家”。

3.10　电场和磁场的互相转化和电磁场的因果观思想

3.10.1　电流产生的磁效应——物理学发展的一条崭新的道路

电磁感应现象的发现，是电磁学领域中最重大的成就之一，因此，在分别讨论了静止电荷产生的静电场和运动电荷产生的稳恒磁场（“电”产生“磁”）以后，电磁感应（“磁”产生“电”）的内容就成为大学物理电磁学的重要内容。

在 1820 年奥斯特发现电流的磁效应以前，人们已经发现“电”和“磁”两者之间存在一些类似的特征，例如，它们都有吸引和排斥作用，作用力的大小都遵循平方反比定律，但是人们当时更多看到的是电和磁在其他方面存在的不同。即使是后来在电学上做出过贡献的物理学家安培，当时也宣称，他愿意去“证明电和磁是相互独立的两种不同的实体”，物理学家毕奥坚持认为，电作用和磁作用之间的独立性“不允许我们设想磁和电具有相同的本质”，于是，当时许多科学家并不关注对电和磁相互关系的研究。

丹麦物理学家奥斯特受到康德批判哲学和关于“基本力”可以转化为其他各种具体形式力的观点的影响，一直没有放弃寻找电和磁相互关系的努力。他历经三个月六十多个实验的深入研究以后，终于得到了伟大的发现——电流产生的磁效应，从而打破了电和磁不相关的传统信条，为物理学的发展开辟了一条崭新的道路。

---

① 爱因斯坦．爱因斯坦文集：第一卷［M］．许良英，范岱年，译．北京：商务印书馆，1977：292.

继奥斯特以后，1820 年 9 月，安培在法国科学院例会上报告了他从奥斯特实验中总结得出“右手定则”，为判断通电导线产生的磁场提供了简便的方法。同年 10 月，毕奥和萨伐尔提出了他们发现的关于直线电流对小磁针作用的定律，拉普拉斯假设电流的作用可以看成是各个元电流单独产生的作用的总和，于是就得到了以微分形式表示的电流产生磁场的“毕奥–萨伐尔–拉普拉斯定律”。后来安培为了解释奥斯特效应，把磁的本质归结为电流，认为磁场对电流的相互作用都是电流对电流的相互作用。

为了求出电流产生的磁场，可以按照类似静电场的思路，把产生磁场的电流先分割成元电流，从元电流产生磁场的毕奥–萨伐尔定律开始，再把元电流产生的磁场分解，最后按照分量叠加后合成。以这种方法原则上可以求出任意形状电流产生的磁场。此外，对于具有一定对称性的电流分布可以利用安培环路定理求出磁场的分布。这些“从部分到整体”和“从整体到部分”的讨论与静电场的讨论非常相似。但是，静电场与磁场毕竟是两种不同性质的场——静电场是“有源场”，电力线有头有尾；磁场是“有旋场”，磁感应线始终闭合。因此，对于具有对称性分布的电场和磁场，在“从整体得到部分”的解决问题的思路中，前者利用的是高斯定理，而电场强度沿闭合环路的积分为零；后者运用的是环路定理，而磁感应线通过闭合面的磁通量为零。

奥斯特发现电流能够产生磁效应，其意义不仅在于建立了被人们一度认为互相独立的电和磁现象之间的联系，而且引起了人们对电流应用技术的更大兴趣。因为当时人们通过有效地传输电流而获得了大量的能量，于是由此想到，既然电流可以对磁体产生作用力，那么根据牛顿第三定律，磁体也应该对电流产生反作用力，并且有可能产生新的电流。这样产生的电流如果比电池产生的电流更方便，价格更便宜，那么电对人们的生活生产就会产生深远的影响。

3.10.2 电可以产生磁，磁又可以产生电——多元因果逻辑层次上的“因果观”思想

深受英格兰科学方法论中“对称性思维”传统影响的法拉第的指导思想是：既然“电”能够产生“磁”，“磁”也一定能够产生“电”。这样的思考引导法拉第开始了对电磁感应现象的探究活动。在 1822 年法拉第就制作了一个“电磁转子”，观察到了磁体对电流的反作用力，后来终于在 1831 年 8 月观察到了预期的第一个电

磁效应，从此建立了对电磁感应的基本认识：电磁感应是“磁”感应出“电”的现象。就感应的方式而言，感应电动势可分为动生电动势和感生电动势两类，就感应的对象分，感应电动势可分为自感和互感两类。正是基于这种对称性思维的基础，法拉第创立了电磁感应理论。

法拉第说过：“自然哲学家应当是这样一种人，他愿意倾听每一种意见，却下决心要自己作出判断。他应当不被表面现象所迷惑，不对每一种假设有偏爱，不属于任何学派，在学术上不盲从大师，他应当重事不重人，真理应当是他的首要目标。如果有了这些品质，再加上勤勉，那么他确实可以有希望走进自然的圣殿。”法拉第在创建电磁理论的过程中以他对物理学发展的贡献证实：他自己就是“这样一种人”。

1832 年，俄国物理学家楞次（1804—1865）受到法拉第的启发，研究了电磁感应的实验，在 1833 年发表的《论动电感应引起电流的方向》一文中，他把法拉第的说明与安培的电动力理论结合在一起，提出了确定感生电流方向的基本判据，这就是著名的楞次定律。法拉第和楞次都是以文字定性地表述电磁感应现象的，直到 1845 年，诺伊曼（1798—1895）才以定律形式提出了电磁感应的定量规律。法拉第不仅发现了电磁感应，还发现了光磁感应、电解定律和物质的抗磁性。他提出的关于场的思想和力线的概念，为后来麦克斯韦创立电磁场理论奠定了基础。

从静电场中存在的与电荷运动无关的“静电力”到磁场中存在的与电荷运动速度有关的“磁场力”，再到在电磁感应现象中出现的与电荷运动的加速度有关的“电动力”，人们对电磁力的认识超越了对只取决于位置，而与质点运动速度无关的万有引力的认识。于是，电磁学在对电磁力的认识上以新的“从头开始”的模式取代了牛顿机械力学的旧模式。

麦克斯韦系统地总结了从库仑到安培和法拉第等建立的电磁学理论的全部成就，并创造性地提出了“感生涡旋电场”和“位移电流”的假说。在相对论出现之前，他就指出，不仅变化的磁场可以产生电场，而且变化的电场也可以产生磁场，从而揭示了电场和磁场的内在联系。他把电场和磁场统一为电磁场，并且建立了电磁场的基本方程组——麦克斯韦方程组。

在麦克斯韦方程组中，所有的描述电场和磁场的物理量都没有被赋予任何的机械论的解释，而是被看成连续变化的“场”量，于是，这个理论描述的对象就是充满“场”的整个空间。这是与力学描述的对象是分立的质点或刚体是完全不同的。

由于时间 t 作为一个变量出现在方程组中，因此，这个方程组描述的电和磁的物理量是随时间变化的。麦克斯韦方程组表明：变化的电场必然在周围空间产生一个磁场，这个磁场环绕着变化的电场闭合起来，而变化的磁场也会在其周围空间里产生一个电场，这个电场也环绕着变化的磁场闭合起来。于是交变的电场和交变的磁场形成一个互相耦合着的、不间断的旋涡状的电磁场整体。这个电磁场一旦从空间某一点开始，就会逐点相邻地以恒定的速度 c 向外传播。由于电场和磁场都具有能量，这样的传播就是能量在空间的传播，这就形成了电磁波。

电磁场理论不仅在研究的对象和研究的层次上相对于牛顿力学是“从头开始”的，在涉及运动原因和结果关系的“因果观”上也是“从头开始”的。在经典的力学理论中，确定论的“因果观”贯穿在整个理论体系中，“力”被看成是物体运动状态变化的原因，或者说，“力”是“原因”，而运动的变化是“结果”，这个思想的影响如此之深，以至于在热学和电学发展初期，确定论“因果观”思想还一度影响着物理学的进展。但是，电磁场理论却揭示出，在电场和磁场互相转化产生电磁波的过程中，电场和磁场却相继轮流处于“原因”和“结果”的地位上，“原因”和“结果”从经典力学中单一指向的二元因果逻辑关系发展为多元因果逻辑关系。

二元因果逻辑是一种常态下的简单思维方式，它主张，导致事物运动变化的“因”和最后事物呈现出现的“果”之间存在着一一对应的逻辑定向关系，即由一个“原因”只能推理产生一个“结果”，反之，由一个“结果”也只能反过来推理出一个“原因”。

多元因果逻辑是一种变态下的复杂性思维方式，它主张，事物发展变化的“因”与“果”之间存在的是一种逻辑上不定向的多一对应的关系。从一个“因”可能推理产生多个可能的“果”，而从一个“果”反推理得出的“因”也可能不止一个。

在常态下，二元因果的逻辑次序关系可以是固定的，例如，力是产生物体加速度的原因，而不是相反；但是，在变态下，多元因果逻辑关系却是可以互相转化的，即“因”和“果”在一定的条件下是可以互相替代的。电磁学理论揭示出，变化电场可以产生磁场，变化磁场又可以产生电场，由此就产生了电磁场。正是在电磁场的传播过程中，电场和磁场两者之间存在着互相既是原因又是结果的新型逻辑关系，这是一种区别于经典力学的完全确定论“因果观”的更高层次上的新的“因果观”思想。

1905 年以后，爱因斯坦创立的相对论不仅使人们对牛顿力学的适用性和局限性有了更全面的认识，也使人们对电磁现象和理论有了更深刻的理解。在用洛伦兹变换取代了伽利略变换以后，可以证明，从不同的参考系观测，同一个电磁场既可以表现为电场，也可以表现为磁场，或者表现为电场和磁场共存的方式。由此表征电磁场的物理量——电场强度和磁感应强度也将随参考系的不同而改变，这就证明了电磁场就是一个统一的实体；电场和磁场不是两个独立的矢量，而是一个描述电磁场的统一的“电磁场张量”的两个不同的分量。这个张量相对于任何一个惯性参考系，即在任何运动状态下都是不变的绝对量，而电场分量和磁场分量对于不同的惯性参考系是不同的，即在不同的运动状态下它们都是不同的，具有相对性。近代物理学的进展表明，麦克斯韦方程组正确地描述了从巨大的星系到 10^{-18} 米的微小空间范围内的电磁现象。在相对论和量子论创立以后，麦克斯韦方程组还是在它原来的形式下被使用，不过，对麦克斯韦方程组的解释发生了变化，以量子场论的语言可以把麦克斯韦方程组看成是对被称为光子的电磁量子在空间传播过程的一种描述。

第4章

波和光学中的物理学思想

本章引入

在大学物理课程中，振动与波的内容是以独立的一章出现的。有的教材把它们作为力学篇的最后一章；有的教材把振动放在“力学”篇中，把波放在“光学”篇中；有的教材却把它们作为“波和光学”篇的第一章。怎样理解在大学物理课程中对振动与波的内容的这种不同的安排？振动与波在物理学中究竟具有什么样的地位和作用？是否仅是为了学习“光学”篇而提供准备知识而已？

振动与波有狭义和广义之分。狭义的振动与波通常指机械振动与机械波。虽然机械振动和简谐波还是属于机械运动，但是，无论是运动学还是动力学方面，对机械振动和机械波的描述较质点力学对质点机械运动的描述有着很多新的特点。例如，与质点的直线运动、圆周运动和抛体运动相比，一个机械振动的质点作的是方向和大小都随时间改变的变加速直线运动，这是以往质点力学中还没有讨论过的内容；又如，描述机械振动需要振幅、频率和初位相这样三个特征物理量，这也是质点力学中没有出现过的新概念。因此，机械振动与波往往可以在大学物理教材中被作为力学的相对独立的一部分放在“力学”篇中。

广义的振动与波则包括所有物理量随时间周期性变化的运动（不仅是机械的，还可以是电磁的、生物的、社会的运动等）。只要某个物理量发生了扰动，并一旦出现扰动的传播，就会形成各类波动。按扰动的形式分，则不同的扰动形式产生不同类型的波，例如，机械扰动的传递构成机械波，电磁场扰动的传递构成电磁波，温度变化的传递构成温度波，晶体点阵扰动的传递构成点阵波，自旋磁矩的扰动在铁磁体内传播时形成自旋波等。按扰动的物理量性质分，则受扰动的物理量可以是标量，相应的波称为标量波（如空气中的声波）；也可以是矢量，相应的波称为矢量波（如电磁波）。按扰动中质元的运动方向与扰动的传播方向的关系分，则运动方向与传播方向一致的波称为纵波，扰动方向与传播方向相垂直的波称为横波。

最容易在自然界被观察到的机械振动和机械波既具有机械运动的个性，又具有其他振动与波的共性，机械振动和波的基本概念和基本规律适用于各种振动和波。例如，机械波可以叠加，其他各类波也都可以进行叠加，它们遵循类似的波动方程；机械波可以在一定条件下发生干涉，其他各类波中的两列波也可以产生干涉，它们产生的明暗条纹的分布具有相似的规律；机械波在传播过程中如果遇到障碍物或小孔，在一定条件下又可以产生衍射，其他各类波也会产生衍射现象，它们产生的明暗条纹分布的规律也是相似的。

因此，虽然在大学物理课程中，振动与波的内容有时是作为力学的一部分来讨论的，但是，由于振动与波现象的共性在宏观物理世界里是广泛存在于物理学各个领域中的，特别是光波就是发生在我们周围的一类常见的波动现象，因此，从大学物理课程的内容体系上看，振动与波在大学物理教材中也常常作为独立的一章被放在“波和光学”篇中。先从学习最直观的机械振动和波着手进而学习光的波动理论，由此理解各种波的共同性质和特征，这是符合人们的认识规律的。把学习振动与波的内容作为学习波动光学的开始，也体现了物理学内容的严密逻辑性。

不仅在宏观领域如此，在研究微观粒子运动规律时，机械振动和波的基本概念也是理解“物质波”的重要基础。薛定谔于 1926 年建立了用波动方程描述微观粒子运动状态的理论。这部分量子力学常称为波动力学。在量子场论的理论框架中，物质结构既不是从分子原子到基本粒子层次上的不连续性结构，也不是在伴随粒子的场的波动层次上的连续性结构，而是呈现出连续性和不连续性在更高层次上统一的图像，因而，波动理论实际上也已经成为物理学关于物质结构理论的重要组成部分。

波的干涉和衍射现象是波动性的主要体现，由于光波的波长很微小，因此，光波的干涉和衍射呈现出比水波、声波更丰富的干涉和衍射的物理图像。光的偏振是光的横波性的表现，也是光波与物质相互作用的结果。大学物理课程中振动与波以及波动光学的内容包含着丰富的物理内容和物理思想，振动与波以及波动光学在整个物理学体系中有着特殊的地位和作用。学习这部分内容将是学习近代物理学的重要基础。

4.1 古代人们对振动和声波现象的朴素认识

4.1.1 “形气者，声之源”——有形之物和无形之气的运动发声的思想

在中国古代物理学中，声学是一门最有成就的学科。声音是如何产生的？《乐书要录》云：“形气者，声之源”，即有形之物和无形之气的运动都是产生声音的源泉。古代中国人早在春秋末期就已经把听到的声音的高低音调与振动联系在一起，对声音的来源进行了一番考察。成书于战国初年的我国古代手工艺专著，并作为齐国官书的《考工记》一书在论及钟体的设计与制造时就有这样的记载：“薄厚之所振动，清浊之所由出。”这就表明，至迟在公元前6世纪下半叶到公元前5世纪初已经有了“振动”这个名词，并且将“振动”现象与钟壁的厚薄和音调的清浊联系在一起了。①

4.1.2 “纵横寻丈而犹未歇”——声波传播与水波传播类比的思想

明代的宋应星在他的著作《论气》一书中仔细考察了声音的产生和声波的传播机制。他认为，声音是由气受到了急促的冲击和扰动而产生的，在他看来，气本是浑沌之物，具有生声之理，但是不能自为生，必须冲之，界之，振之，辟之，合之，击之。这些动作显然都是激烈扰动空气的形式，也就是振源。声音产生后如何向外传播？宋应星把声音的传播与水波相类比，认为气和水都是容易发生移动之物。把一块石头投入水中，水上激起纹浪可“纵横寻丈而犹未歇”。气的扰动也是如此，扰动激起的纹浪也会“以此而开”，向四方传播，只不过因其“特微渺”，而不易被人察觉而已。②

正是基于对声音起源和传播的认识，人们对物体发声规律进行了研究，并制作了各种乐器，《考工记》还记载了鼓的振动和发声的情况：“鼓大而短，则其声疾而短闻，鼓小而长，则其声舒而远闻。”如果将鼓声内的空气看成弹性控制系统，那么，在一定范围内，大而短的鼓发出的声频高，而且急促；而小而长的鼓，其声学特性则与之相反。

---

① 戴念祖．中国物理学史大系·古代物理学史［M］．长沙：湖南教育出版社，2002：162.

② 杨仲耆，申先甲．物理学思想史［M］．长沙：湖南教育出版社，1993：67.

4.2　机械振动和机械波

在力学中把物体在平衡位置附近作往返的周期性的运动称为机械振动，机械振动在介质中的传播就形成了机械波。与其他形式的机械运动相比，振动和波在无论是运动学的描述还是动力学的运动起因方面都有着新的特点。在大学物理课程中，对机械振动和机械波的叙述分别是从质点的简谐振动和简谐波开始的。

4.2.1　简谐振动和简谐波——从本体论到物理建模的思想

讨论机械振动为什么要从讨论简谐振动开始？一个通常的回答是，如同讨论物体的直线运动和曲线运动时需要引入质点理想模型一样，在机械振动中，简谐振动是作为振动的理想模型被提出来的，它被看作是基本的振动，一切复杂的振动可以被看成是由许多简谐振动合成的。

的确，从理想物理模型出发研究问题的思想方法是物理学的重要思想方法，作为物质理想构型的质点就是在力学中第一个出现的理想模型。那么简谐振动在振动与波动中的地位是不是就如同质点在力学中的地位一样，不过又是一个理想模型而已？不是的。物理学家在对物体运动进行的力学解释是分层次的，而简谐振子这个理想模型与质点这个理想构型两者在力学解释上所处的层次是不同的，因此，所体现的物理思想也是不同的。

纵观物理学发展史可以发现，19 世纪的物理学家大致是通过以下三个层次对物体的运动进行力学解释的，并由此相应体现了三个方面的物理思想。[①]

第一个层次是提出物理实在的基本构成的假设性构型。通过设想物质基本单元的构型和相互作用力来回答“物体究竟是怎样构成的和怎样运动的”的问题。质点就是作为组成物体的物质粒子理想构型首先被提出来的，它被看作是最基本的物质单元，其他物体可以被看作是由质点构成的质点系处理。然后再设定质点之间的相互作用力，由此建立质点运动理论。这是关于物理实在的基本构成的“本体论”思想。

第二个层次是设定物理实在的假设性力学模型。通过从模型演绎得到的运动变

---

① 哈曼. 19 世纪物理学概念的发展——能量、力和物质［M］. 龚少明，译. 上海：复旦大学出版社，2002：9-10.

化来回答“物体的运动及其变化究竟是怎样发生的”的问题。简谐振子就是这样的力学模型。显然，振子的模型比质点的构型提高了一个层次，因为质点是从组成物体的最基本单元上提出的，相互作用力是发生在质点之间的。而简谐振子不是组成物体的最基本单元，它是由受到一个特定作用力的质点和其他施加外力的对象（不是来自其他质点）共同连接组成的一种力学模型，它的运动是对实际机械元器件运动的一种近似。一个简谐振子在光滑平面上的运动、小木块在理想斜面上的运动、滑轮和转轴的运动等都属于这样一类运动模型。它们虽然不一定代表了物理实在的真实表示，但是，通过对这些模型运动的演绎，原则上可以描述所发生的一大类物理现象，从而有助于对物理现象的理解。这是关于实际事物的物理建模的思想。

第三个层次是建立分析动力学的运动方程。通过数学抽象把运动规律上升提炼为用符号表示的数学方程，来回答“物体的运动规律究竟具有怎样的普遍性”的问题。这类运动方程比物理模型又提高了一个层次，因为这个方程已经与具体的物理模型的结构无关，它代表了同一类物理模型运动的本质属性，这样的运动方程也称为数学模型。这是对力学运动建立抽象表示的数学综合的思想。

从质点构型到物理模型再到抽象符号表示，从本体论思想到物理建模再到数学综合的思想，这就是物理学家研究力学现象的三个层次和其中包含的三个方面的物理思想。从研究力学现象上的层次上看，简谐振子及其运动的模型所在的层次比质点构型所处的层次提高了一个层次。这也就是振动与波动的内容在大学物理中常常被独立成章的原因。

简谐振动是机械振动中最简单的一类力学模型。在忽略阻力的情况下，弹簧振子的小幅度振动以及单摆和复摆的小角度振动都可以看作是简谐运动。

与简单振动相比，阻尼振动和受迫振动属于复杂的振动，因为它们是在受到外界动力和空气阻力以及其他摩擦阻力的共同作用下产生的。对于物理学上这两种常见的实际振动，处理的方法就是在无阻尼自由振动即简谐振动的基础上再加上阻力和驱动力，进行修正，以更逼近实际问题。这正是物理学中的一种典型的研究思想方法的体现。

简谐振动的理论也分为运动学和动力学两大部分。作为一种机械运动，它与质点的其他运动有哪些相似的共性，又有着哪些特有的个性呢?

在运动学方面，描述简谐振动仍然是从表示位移的运动方程式开始，再由位移定义速度和加速度，这是与描述质点的其他运动相同的；但是，简谐振动的运动方程式具有特定的函数形式，它所表示的物体运动时离开平衡位置的位移随时间的变化一定是由余弦（或正弦）函数来描述的：

$$x(t)=A\cos(\omega t+\varphi_0)$$

此外，描述简谐振动仍然需要位移、速度和加速度等物理量，这也是与描述质点的其他机械运动相同之处；但是在描述简谐运动状态时，除了仍然需要讨论速度和加速度这些物理量，还必须涉及角频率 ω（或周期 T）、振幅 A 和相位 φ 这样三个特征物理量，这是简谐振动特有的。在描述简谐振动的三个特征量中，尤其是相位（t=0 时刻的相位 φ_0 称为初相）是一个在振动理论中具有重要地位的物理量，理解相位及其意义是认识简谐振动规律的重点，也是学习振动的难点。

在动力学方面，由于作简谐振动的物体作的是围绕平衡点的往返运动，物体一定具有加速度，因此，物体一定受到外力的作用，这是与质点的其他各类机械运动相同之处；但是，一个作简谐振动的物体受到的作用力是一种特定的恢复力，即力的大小与物体离开平衡位置的位移成正比，力的方向与位移方向相反，在这样的恢复力作用下，物体作的是变加速运动，这也是简谐振动特有的。

简谐波就是简谐振动的传播形成的波，简谐波所到之处介质中各点均作同频率和同振幅的简谐运动。简谐波的传播并不是介质中质元向周围各个方向的移动，而是振动相位和能量的传播，这类波称为行波，行波具有空间的延展性。平面简谐波是最简单的也是最基本的波动形式，它的波动方程具有时间和空间周期性的运动特征。严格意义上的平面简谐波是单一频率的理想化的波，它在空间上和时间上都是无限延伸和重复变化的，因此，它是无法实现的。实际的波动或者可以近似地看作简谐波，或者可以看成是若干个不同频率和振幅的简谐波的叠加。所以，如同研究振动是从简谐振动模型开始一样，研究波动首先是从研究平面简谐波模型开始的。

4.2.2　简谐振动和简谐波的时空变化和能量传播——运动的周期性思想

简谐振动和简谐波之所以在物理学中可以列为单独一章，除了简谐振动模型与质点模型有所不同，其一个重要的原因就在于，简谐振动鲜明地体现了物理学在探究自然界万事万物运动的过程中建立的一个重要思想——运动的周期性思想。

周期性现象广泛存在于各种自然过程和社会变革之中，人们常常凭借对周期性的认识来制订自己的行动计划，达到预期的目的。而关于自然界物体运动的周期性思想正是渗透在物理学的一个重要思想，这个思想的体现实际上并不是从讨论振动和波开始的，在大学物理的力学、热学和电磁学的课程中实际上已经呈现了运动的时间周期性的思想。例如，在质点的圆周运动中定义了角速度，在刚体的定轴转动的运动学描述中，先定义角位移然后定义角速度，一旦定义了角速度后就自然地引入了运动的时间周期性；在热学部分关于热力学第一定律应用的内容中，首先讨论单一过程——等温过程、等压过程和绝热过程的吸热、做功和内能的变化，然后在这个基础上讨论由多个单一过程组成的循环过程的热量传递和输出功的变化。卡诺循环、奥托循环等就是这样一些典型的循环过程。按照热力学第一定律，热机必须经过周而复始的循环，才有可能从外界吸取热量并可持续不断地对外输出功，因此，任何循环过程实际上就是热力学状态量发生周期变化的过程。显然，没有热力学量的周期循环，也就没有热机的实际应用。在电磁学中，一开始讨论的静电场和稳恒电流的磁场没有涉及场量随时间的变化，当然也就没有任何时间周期性，但是一旦涉及电磁感应现象，就出现了电场和磁场随时间的变化。实际上，静电场和磁场中的高斯定理和安培环路定律以及法拉第电磁感应定律，都是麦克斯韦电磁场方程组的组成部分。早在 1832 年，法拉第在发现电磁感应定律以后不久，就在交给英国皇家学会的一份备忘录中预言了电磁波存在的可能性。1879 年，德国柏林科学院悬赏征求对麦克斯韦电磁场理论的验证。1888 年，德国物理学家赫兹从实验中发现了电磁波，其中最有说服力的实验是直接测定了电磁波的传播速度，于是波的时间、空间的周期性就进入了电磁学。

虽然在大学物理的力学、热学和电磁学的内容中相继提到了周期性的思想，但考虑到学科本身相对独立的知识体系，在力学、热学和电磁学中一般都没有足够的篇幅对运动的周期性思想作出进一步的具体展开。于是，在继力学、热学和电磁学部分以后把“振动和波”单列一章，把提到的运动的周期性思想作一个共性的归纳，同时为下一阶段学习和理解波动光学做准备，在知识的逻辑体系上是承上启下的。正是从“振动和波”这一章开始，大学物理从物理意义和数学模型两个方面建立了对振动和波所体现的时间和空间运动的周期性思想的系统描述。

1. 简谐振动和简谐波的运动时间周期性

简谐振动具有运动的时间周期性，它的数学表达式是以位移作为时间的余弦（或正弦）函数的形式出现的。简谐振动的状态是由三个特征量——振幅、角频率和初相决定的。

简谐波也具有时间周期性。一旦简谐振动在空间传播时就形成了简谐波。简谐波传播的机制来自介质各质元之间由形变而产生的弹性力。在简谐波的传播过程中，每一个时刻介质中的各个质元都在作简谐运动，其特点表现为介质中同一个质元所在位置处的物理量在经过一个时间周期后完全恢复为原来的状态和数值，这就体现了简谐波的时间周期性（这是在不同时刻观察同一质元的运动状态以后得出的结论）。

2. 简谐波的运动空间周期性

简谐波的传播速度是有限的，它表现为一个质元位置处表示其运动状态的物理量（例如，质元的速度和加速度）在沿波的传播方向相隔某一空间距离处的质元位置上会重复出现，这就体现了简谐波的空间周期性（这是在同一个时刻观察不同质元的运动状态以后得出的结论）。

简谐波的传播既有时间周期性又有空间周期性，表征简谐波特征的函数称为波函数或波动表示式，它是定量描述波动过程的数学表达式。正因为简谐波的时间和空间周期性，于是在波函数的数学表达式中除了需要表征振动特征的三大物理量，还需要加入体现空间传播的波长、波速和波数表征波动的三个特征量。

3. 简谐振动和简谐波的运动能量周期性

振动与波除了分别在时间和空间上存在运动周期性，它们的周期性还表现在第三个方面，即它们的运动能量也具有周期性的特点。

就简谐振动而言，一个不受任何外力做功的作小幅度自由振动的弹簧振子在作简谐振动的过程中，它的振动动能和弹性势能随时间变化，分别都是时间的周期函数。由于弹簧振子在整个简谐振动过程中机械能守恒，且与振幅的平方成正比，因此，在弹簧振子具有最大振动动能的时刻，它的弹性势能就最小；反之亦然。在一个时间周期内，弹簧振子的平均动能和平均势能相等，而且分别等于总能量的一半。

就简谐波而言，介质中每一个质元的动能和弹性势能也都是时间的周期函数。与振动能量明显不同的是，质元的动能和弹性势能在任意时刻都具有相同的数值并同时达到最大值和最小值，它们都是“同相”地随时间变化的。由于波的传播就是能量的传播，因此，每一个质元能量不守恒，这是波动能量与振动能量之间很大的区别。波在介质中传播能量的基本模式是：介质中每一个质元在围绕自身平衡点振动的过程中不断地从前一个质元接收能量，又不断地向后一个质元传递能量。于是，为了描述传播的波动能量的强弱，在讨论波动时，除了需要质元的动能和弹性势能，还需要引入体现能量传播的物理量——能流密度。单位时间内通过垂直于传播方向的单位面积的能量称为波的能流密度，能流密度是与波的振幅的平方成正比的。

在波的传播过程中，还必须注意区分波的相位传播方向和能量传播方向。相同相位（即波面）的传播方向与波面垂直，称为波的法线方向，相位（或波面）的传播速度称为相速度或法线速度。对各向同性介质，波的法线方向与能量传递方向合二为一，相速度和能量传播速度也相同。对各向异性介质，波的法线方向与能量传播方向一般不重合，相速度与能量传播速度也不相等。

此外，类似于在空气中振动的单摆会受到阻尼，摆动的幅度会逐渐衰减那样，当波通过介质得以传播时，介质既是传播能量的“媒体”，也成了吸收能量的“中介”，介质会吸收掉一部分能量，并把这些能量转化成介质的内能和热量，从而使波的传播强度逐渐减弱，这种现象就称为介质对波的吸收。

4.2.3 确定性运动和非确定性运动——周期运动和非周期运动可以互相转换的思想

在振动与波中体现的运动的周期性思想是物理学中的一个基本思想。人们为什么对周期性运动特别加以关注？原来，运动的周期性是运动有序性的一种体现，人们追求着获得对事物运动周期性的认识，体现了人们对事物的有序变化发展作出预料并实现可控的愿望。当然，作为理想模型的简谐振动和简谐波的周期是不变的，简谐振动和简谐波动是严格的周期运动，因此，对运动的理论预料存在着最大的确定性。而实际发生的振动和各种扰动的周期是复杂多变的，甚至根本就没有任何的周期性，这类运动是非周期的运动，因此，对运动的预料存在着很大的不确定性。

按照运动的周期性划分，目前物理学中讨论的各种运动一般涉及周期运动、准周期运动和周期无穷大（即没有周期）三大类运动。近几十年发展起来的混沌运动理论揭示了一个非线性动力系统可能从周期运动或准周期运动通向“貌似无序，实质有序”的混沌运动的基本途径。在大学物理课程中常常把一个摆角很小的单摆作为具有周期运动特征的典型例子，实际上，随着摆角的逐渐增大，单摆的运动就变得越来越复杂，甚至出现了对初始条件的敏感性，最后失去周期的确定性而进入不确定性的混沌运动状态。

这就表明，周期运动与非周期运动之间本来就没有明确的界限，周期性运动是简化了的理想模型，有着明显的确定性，非周期运动是实际的运动表现，存在不同程度的不确定性，但它们之间是可以互相转换的。而从认识论的角度看，人们对实际运动的认识也总是从认识简单的周期运动开始再进入复杂的非周期运动的。

4.3　简谐振动的合成和分解

在讨论了简谐振动的描述以后，简谐振动的合成就成为“振动与波”章节的一个重要内容。实际上，运动合成和分解的问题也不是从振动开始的，在质点力学中就已经出现了速度的合成和分解的内容，例如，根据伽利略相对性原理得出的物体速度的变换关系就是运动合成和分解的问题。仔细分析运动的合成和分解的问题可以发现，讨论合成和分解不仅对于解决具体的力学问题提供了方便，而且，还体现了机械运动形式互相转换的思想。

4.3.1　简谐振动合成和分解——不同运动形式之间的互相转换的思想

如同简谐振动的描述具有与质点运动不同的特征一样，在运动合成和分解问题上简谐振动也具有与质点运动不同的特点。

按机械运动形式分，质点的运动可以分成直线运动、曲线运动、圆周运动和简谐运动等。在质点运动学讨论的运动合成和分解问题中，合成的运动与被合成的各项分运动往往属于同一种类型的运动，例如，两个匀速直线运动的合成运动仍然是匀速直线运动；反之，一个匀速直线运动可以相应地分解为两个或几个匀速直线运动。这是同一种机械运动形式之间的互相转换。

与质点运动的合成结果相比，简谐振动的合成本质上体现的是不同机械运动形式之间的互相转换：两个简谐振动合成以后其结果可能仍然是简谐振动，但也可能转换为圆周运动和椭圆运动等，甚至出现合成运动轨迹随时间变化的不稳定运动——这种不稳定运动的轨迹图形称为李萨如图形。在运动形式互相转换的思想上，这种合成方式体现的是从一种机械运动形式向另一种机械运动形式的转换。反之，一个圆周运动或椭圆运动也可以分解为两个简谐振动，这种分解的形式体现的也是从一种机械运动形式向另一种机械运动形式的转换。

质点的运动不经过合成或分解，也是可以实现从一种机械运动形式向另一种机械运动形式的转换的，例如，在质点力学中一个质点的运动可以从原来的直线运动形式转换为曲线运动形式，但这种转换是必须通过外力的作用才能实现的。一颗子弹在被击发后先在枪膛内作极为短促的直线运动，然后射出枪膛，在重力作用下形成类似抛物线状的曲线运动就是一个典型的例子。类似地，在两个简谐振动合成过程中发生的不同机械运动形式之间的转换也是需要通过作用力来实现的，对简谐振动的模型而言，这个作用力不是外力，而是在两个简谐振动中本来就存在的恢复力。因此，两个简谐振动合成以后引起运动形式转换的原因，归根到底仍然取决于两个恢复力；而两个简谐振动合成以后究竟转换为哪一种运动形式，归根到底则取决于两个分振动的相位差。

4.3.2 简谐振动合成的四种基本类型——初相位差的决定性作用

在大学物理课程中一般讨论以下四种简谐振动的合成的类型。这些类型是按照两个简谐振动是否在一条直线上，以及两个简谐振动各自具有的三个特征量中频率是否相同，振幅及初相是否相同而分类的。这样的分类不仅是物理学分类思想在简谐振动中的具体体现，也是运动形式转换的普遍思想通过四种典型合成运动展开的具体演绎。通过这样的演绎，丰富和加深了人们对运动形式转换的认识，同时也突出了在振动合成形成的过程中三个特征量，尤其是相位差在运动形式转换过程中的作用。

（1）两个方向相同频率相同，但振幅和初相不相同的简谐运动的合成（同处于 x 轴上的两个简谐运动频率相同，但其他两个特征量——振幅和初相不相同）。

由于两个同频率的简谐运动原来就处于一条直线上，则它们的恢复力也处在一条直线上，又由于分振动频率相同，则合成振动的频率就是分振动的频率，从而运动合成的结果仍然是简谐运动。这个合振动作为简谐运动依然需要用三个特征量——频率、振幅和初相来表征。

合振动具有与分振动一样的确定的频率；合振动的振幅的大小不仅与两个分振动的振幅有关，还取决于它们的初相的差。如果它们的初相差是 2π 的整数倍，那么合振幅最大，等于两个分振幅之和；如果它们的初相差是 π 的奇数倍，那么合振幅最小，等于两个分振幅之差。

如果说，在中学物理讨论关于力的合成和速度的合成过程时，两个分力或分速度的夹角对合成的结果有着重要的作用；那么在大学物理的“振动”章节内容中，两个振动的相差对于振幅的合成结果有着重要的作用。

（2）两个方向相同频率不同，但振幅和初相均相同的简谐运动的合成（同处于 x 轴上的两个简谐运动频率不同，但其他两个特征量——振幅和初相均相同）。

一般地说，如果两个简谐运动频率不同，振幅也不同，它们的合运动就不再是简谐运动。大学物理课程往往只限于讨论频率不同，但振幅相同、初相也相同（初相差为零）的两个简谐运动的合成。而且为了使合成的运动显示出明显的周期性的特点，又只限于讨论其中两个分振动的频率都很大但其差很小的特殊情况。由于振动仍发生在同一条直线上，则恢复力也仍在一条直线上，于是合成振动可以近似地看成是简谐振动。这里之所以是“近似”，那是因为在合成振动的三个特征量中，频率还是一个不变量（但不是原来两个分振动的频率），初相也没有变（仍然是原来分振动的初相），但是振幅却出现了随时间的周期性变化，呈现出近似简谐振动的形式。这里不同时刻的合成振幅的大小取决于频率差，其数值介于两个分振动振幅之和与零之间。合振动振幅的周期性变化使合振动的强度出现忽强忽弱的现象，这种现象就称为“拍”，“拍”的频率等于分振动的频率之差。

（3）两个处于相互垂直方向上的频率相同，但振幅和初相不相同的简谐运动的合成（分别处于 x 轴和 y 轴上的两个简谐运动频率相同，但其他两个特征量——振幅和初相不相同）。

一般情况下，这两个简谐运动合成得到的振动表达式是一个椭圆方程式，也就是运动的轨迹将是一个椭圆而不再是直线。但在两个振动同相和两个振动反相这两种特殊情况下仍然可能得到在直线上的简谐振动。当相差为其他数值时，合振动的轨迹一般就是椭圆，椭圆的具体形状和运动的方向由分振动的振幅大小和相位差决定。

（4）两个处于相互垂直方向上的频率不同，但振幅和初相均相同的简谐运动的合成（分别处于 x 轴和 y 轴上的两个简谐运动频率不同，但其他两个特征量——振幅和初相均相同）。

由于这个合成结果比较复杂，一般大学物理课程只讨论其中的几个简单特例，例如，分振动频率虽然不同但差异很小和分振动频率不同但差异很大且有着简单整数比的情况。在这两种情况下，合振动的轨迹都出现了新的特点：对于前者，合成运动的轨迹会呈现出从直线到椭圆再到直线的周而复始的变化；对于后者，合成运动的轨迹将按照整数比的不同而呈现出带有周期性变化的图形——李萨如图形。它提供了从一个分振动周期求出另一个分振动周期的常用的方法。表 4.1 列出了简谐振动合成引起运动转化的四种基本类型。

表 4.1　简谐振动合成引起运动转化的四种基本类型

振动类型	频率	振幅	初相	合成结果
两个处于同一条直线上的振动	相同	不相同	不相同	合振动仍然是直线上的简谐运动
两个处于同一条直线上的振动	不相同	相同	相同	在两个分振动的频率都很大但其差很小的特殊情况下近似简谐运动，出现“拍”的现象
两个相互垂直的振动	相同	不相同	不相同	在两个振动同相和两个振动反相这两种特殊情况下，仍然可能得到在直线上的简谐振动。当相差为其他数值时，合振动的轨迹一般就呈现椭圆轨道的运动
两个相互垂直的振动	不相同	相同	相同	在分振动频率虽然不同但差异很小和分振动频率不同但差异很大且有着简单整数比的情况下，按照整数比的不同呈现出带有周期性变化的图形——李萨如图形

显然，简谐振动的合成体现的运动转换比一般质点的直线运动或曲线运动的合成体现的转换复杂得多，其根本原因在于，描述简谐运动既需要与其他机械运动相同的速度、加速度等物理量，更需要其自身独有的三大特征量。

三大特征量对于确定振动状态的作用如同三个自由度对于确定一个质点在空间的位置状态的作用一样重要。在三个特征量中尤其是初相对于运动的合成及其转化起着决定性的作用。只要两个分振动的初相不同，那么合振动的振幅和运动轨迹将完全取决于两个初相的差。相差的这个作用在后面讨论两列光波的干涉时显得更加突出。

从一定意义上说，单向直线运动可看作是振动频率为无限大的振动特例，曲线运动也可以看成是不同频率振动叠加的特例，质点的各种运动形式实际上都可以看成是质点以不同频率所作的简谐运动的合成，因此，质点运动形式的转化相应地也就被包含在简谐振动与其他运动形式的转换之中了。由此可见，在“振动与波”章节中讨论的振动合成不仅是数学运算上得出的结果，它体现了自然界机械运动形式之间互相转换的思想，并且更显示了相在振动与波中所起的重要作用。

4.4　线性波的叠加和波的能量

4.4.1　线性波的叠加原理——波的独立性原理的思想

在大学物理的力学和电学部分相继出现过叠加原理，前面讨论的振动的合成实际上就是一种叠加。同样在波动中也存在着叠加原理：几列波可以保持各自的特点（频率、波长、振幅、振动方向等）同时通过同一介质，在它们相遇或叠加的区域内，任一点的位移就是各个波在单独存在时在该点产生的位移之和；在它们各自分开以后，它们又表现出好像没有遇到过其他波一样仍然保持原来的特点传播。由于这个特点，波的叠加原理也称为波的独立性原理。

叠加原理在波动学中起着重要的作用，后面讨论的光波的干涉就是符合一定条件的几列光波叠加的结果。凡是在大学物理中出现的叠加原理都包含着一个重要的思想，那就是每一个“部分”产生的物理后果都不受到其他“部分”存在的影响，“部分”与“部分”之间没有相互作用。实际上，这个叠加原理的思想在波的叠加问题上仅当波的强度很小（因为在数学上表现为波动方程是线性的，从而又称为线性波）时才成立。对于强度很大的波（非线性波），这个原理就失效了。

当介质中两列简谐波叠加以后，在叠加区域内介质中各点的振动都相应地发生了合成。由于波动是振动能量的传播，因此，从能量上分析讨论两个简谐振动的合成以后的能量特征，尤其是波动合成以后介质中的各个质元的能量的分布状况就是十分必要的。

对一个作简谐运动的质点而言，它的总能量是守恒的；当它参与两个简谐运动的合成以后，在每一个时刻它的总能量等于两个简谐运动能量之和，并依然保持守恒。

对一列简谐波而言，能量在介质中的传播引起介质中每一处质元相继发生振动，每一处的能量从无到有、从大到小地发生改变。于是根据振动和波动能量的特点，自然地就可以提出这样的问题：当两列简谐波叠加以后，每一个质元的振动和能量会发生怎样的改变？能量在空间的传播会出现什么特点？

4.4.2　线性波能量的叠加原理——能量在介质中重新分布的思想

为了具体认识波的叠加产生的质元振动和能量的变化情况，最简单的例子当然就是分析两列在同一条直线上沿相同方向传播的频率相同、振动方向相同、振幅也相同的简谐行波的叠加。显然，这样叠加的结果是没有新内容的，因为叠加以后依然是一列简谐行波，除了每一个质元的振动振幅增大，相应地传播的能量也增大，叠加后的波动在能量的传播方式上与叠加前两列简谐行波是完全一样的，没有出现新的变化。

进而，很自然地就会进一步讨论在同一条直线上两列沿相反方向传播的频率相同、振动方向相同、振幅也相同的简谐行波的叠加。实验表明，这样两列波叠加得到的是一类新的特殊的波动——驻波。驻波既能体现波动叠加的共性特点，又能体现驻波的个性特点。驻波在波动的表达式上与行波不同，因而在能量的传播方式上也与行波相异，由此就引起能量在介质空间中的重新分布。在体现空间周期性和能量周期性的“共性”的同时，驻波作为简谐波叠加的结果更呈现了自己的“个性”。这就是大学物理教材在讨论了波的叠加内容以后，往往就把驻波的内容作为下一个章节列入的重要原因。

机械波的驻波能量分布状况，很容易在两端固定并水平放置的一根弦的演示实验中被观察到（例如，用电动音叉产生的驻波实验）。驻波之所以姓“驻”不姓“行”，那是因为与行波相比，实验中显示的驻波的周期性波形和能量分布出现了以下的特点。

1. 在质元振动的状态上

行波传播时每一个质元都在依次发生振动，行波呈现的是“连续运动型”的周期性波形，其特点是，沿着波的传播方向，后一个质元的振动相位始终落后于相邻的前一个质元的相位。

驻波呈现的是“分段运动型”的周期性波形，其特点是，整个周期波形按照波节可以被划分为“段”，在两个波节之间的同一“段”上相邻各质元的振动是同相的，而每一个波节两侧不同“段”上各质元的振动却是反相的。

2. 在能量的传递方式上

行波的能量在空间的传递特征是“逐点传递式”的，而驻波的能量是“分段驻守式”的。由于行波传递能量，因此，介质中每一个质元的能量不守恒。

驻波没有振动状态或相的传播，也没有能量的传播。驻波中各个质元依然在作简谐运动，各质元的振动频率相同，但振幅是不同的。由于波的能量与波的振幅平方成正比，所以，在波腹（振幅最大的各点）处，质元的振动能量最大，而波节处（振幅为零的各点）的质元不发生振动，振动能量为零。每一个质元振动的能量依然是守恒的，但不是相同的；在两个波节之间的各点振动又是同相的，因此，驻波的能量就分段驻守并保持分段守恒。

3. 在波动的模式特征上

行波一旦形成以后，它的波动模式是固定不变的，即一个行波只有一个波长或一个频率。

一个驻波系统可以具有许多个固有频率，例如，在上述两端固定的细绳上形成的驻波可以有多种简正波动模式，这些波动模式的波长和频率的取值呈现出“分立性”的特点，其中最低频率称为基频，其他较高频率都是基频的整数倍，依次称为二次、三次……谐频等。后来在早期量子论的发展过程中，德布罗意正是把原子的定态与驻波波长的这个“分立性”特点联系在一起，导出了角动量的量子化条件，从而解释了微观粒子能量的“量子性”。

4. 在波动能量的空间分布上

行波的能量在空间呈现的分布特征是“周期重复式”的连续分布：各点振动能量相继从最大到最小，直至消失，再依次重复；而两列行波叠加形成的驻波的能量却在空间呈现出以“分段间隔式”为特征的重新分布：在同一个“段”内的各点的振动能量强弱不同，但每一个点始终以某一个能量振动，不会增大也不会减少或消失，因此，在每两个波节之间都“驻留”了两列波动所传递的某一部分能量，仅在波节处的质元才完全失去了能量，处于静止不动的状态。

由相互作用引起能量在空间重新分布的思想是物理学的一个重要思想。实际上，能量重新分布的思想也不是从波的叠加开始的，在力学和热学中已经出现了能量分布的思想。在力学讨论的碰撞问题中，两个小球在发生完全弹性碰撞前后，它们的总机械能和总动量虽然都是守恒的，但是两个小球各自的能量却发生了变化，即总能量在碰撞以后在两个小球之间产生了确定性意义上的重新分布。而热学中的能量均分定理则体现了在经典统计意义上无规则热运动的分子互相碰撞以后热运动能量重新分布的结果。在力学和热学问题中，能量之所以发生了重新分布，完全是由小球与小球之间、粒子与粒子之间的相互作用（碰撞）所致。

在波动叠加过程中也发生了能量的重新分布。波动叠加产生能量的重新分布也是相互作用的结果，但是这种相互作用不是小球之间或粒子之间发生碰撞的相互作用，而是两列波动在传播过程中各自引起相邻介质元发生形变时所产生的弹性力的相互作用。由于相互作用力的机制不同，叠加以后产生的能量分布也不同。因此，波动叠加以后产生的能量在介质中的重新分布既不同于两个质点碰撞得到的重新分布，也不是分子热运动能量在每一个自由度上的平均分布，而是按一定的周期在空间呈现出能量大小的间隔分布。正是这样的重新分布才使得叠加以后介质中有的质元获得了更多的能量（处于驻波中波幅位置上的质点元的能量最大），而有的质元却失去了能量（处于驻波中波节位置上的质元的能量为零）。

虽然驻波是由两列反向传播的波叠加产生的，这两列波的频率相同、振幅相同、振动方向相同，研究驻波对于研究这一类波的叠加特征具有代表性，但是，驻波作为叠加的例子，讨论的毕竟只是在同一条直线上两列沿相反方向传播的两列波的叠加。因此，又可以发散开去提出下一个问题：不在一条直线上传播的两列波叠加以后会发生什么现象？对机械波来讲，最容易观察到的就是两列水波在特定的水槽中发生的叠加现象，叠加的结果是在水槽中出现了明暗相间的水波条纹，这就是水波的干涉。同样，对光波来讲，满足一定条件下两列光波在空间叠加以后，其结果也形成了明暗间隔的条纹，这种现象就是光的干涉。两列波发生干涉形成的明暗相间条纹的结果从能量上看也是两列波各自具有的波的能量通过干涉在空间产生的一种重新分布。

由此可以看出，大学物理课程中讨论驻波，在振动和波动的内容体系上是为讨论波的干涉现象做准备的，是不可缺少的重要环节，而后面讨论的光的干涉则是在讨论驻波基础上的合理延伸和一般化。

4.4.3 多普勒效应与波动频率的相对性

在讨论了波的传播和波的叠加现象以后，大学物理教材常常把多普勒效应的内容单独列为一节。

什么是多普勒效应？奥地利物理学家及数学家多普勒（1803—1853 年）于 1842 年首先发现，由于波源和观察者之间的相对运动而使得观察者接收到的频率与波源发出的频率不同。两者相互接近时，接收到的频率升高；两者相互离开时，接收到的频率降低，这就是多普勒效应。所有波动现象（包括光波）都存在多普勒效应。

为什么要讨论多普勒效应？一个通常的看法是，多普勒效应在物理上有着很多应用，例如，利用机械波的多普勒效应可以用于测量行车运动速度和液体流量，而利用光波的多普勒效应显示的星球谱线“红移”，近期一直被宇宙“大爆炸”学说的倡导者作为理论依据。实际上，在物理学内容上，讨论多普勒效应是前面讨论“行波”和“驻波”以后在逻辑上的必然延伸，其中体现着从质点运动的相对性延伸到波动频率相对性的重要物理思想。

运动的相对性的概念在力学中早就已经出现过，运动学一开始就指出，质点的位置是相对的，其速度和加速度也是相对的。既然运动是相对的，那么在讨论“行波”和“驻波”以后就很自然引发出这样一些值得思考的问题：如果“行”通常指“前进”，“驻”通常意味着“停止”的话，这里的“行”和“驻”是不是也是与观察者有关的？波是否也体现了运动的相对性？这里的波的相对性与力学的相对性有什么不同？

力学相对性原理对于质点运动或对于波动都是适用的。对一般的机械波而言，不同的观察者判断一列波是“行”还是“驻”所得出的结论可以是完全不同的；即使是对同一列“行”波，不同的观察者对于波的“行”进速度的判断也是不同的。然而，多普勒效应表明，除了利用力学相对性原理判断波是“行”还是“驻”，以及“波”的行进速度，由于波源和观察者的相对运动，会使观察者接收的波的频率与波源发出的频率不同。因此，对波动频率的判断与对质点运动速度的判断两者存在着很大的区别。

第一，对于质点的运动，判断的是质点本身的位置和它的运动速度；但是，对于波的传播，不管是横波还是纵波，介质的质元只发生振动，并没有沿着波传播的方向而前进。判断的对象是一列波本身的状态（包括频率或波长等），而不是任何质点。

第二，对于质点的运动，可以按照需要任意选择不同的参考系；但是对于一列波的传播，在产生的多普勒效应中出现的只有一个确定的波源和一个确定的接收者，它们是静止还是运动是相对于介质而言的（这是以介质为参考系的），而对波的频率的判断又是分别相对于波源和接收者而言的（这是以波源和接收者分别作为参考系的）。

第三，在对质点的运动进行判断时，选择的参考系与质点是没有任何“牵连”的；但是多普勒效应表明，在一列波传播时，只有在波源和观察者相对于介质都静止的情况下，波源发出的频率与观察者接收的频率才是相同的。在波源相对于介质静止，而观察者向着波源方向相对于介质以某一个速度运动的情况下，以及在观察者相对于介质静止，波源向着观察者方向相对于介质以同一个速度运动的情况下，即使波源和观察者两者之间的相对速度是相同的，但是，观察者接收到的波的频率与波源发出的频率也是不同的。其物理原因分别是：

当波源静止，接收者向着（远离）波源方向运动时，接收者测得的波速比静止时要大（小），但波的频率就是波源发出的波的频率，接收者在单位时间内接收到的波数比他静止时接收的多（少），因此，接收到的波的频率将大于（小于）波源发出的波的频率；

当接收者静止，波源向着（远离）接收者方向运动时，波的频率不等于波源的频率，这是因为波源在一个地点发出某振动状态后，由于波源的运动，将在更靠近（远离）接收者的另一个地点发出下一个同相的振动状态，从而引起接收者接收到波的波长小于（大于）波源静止时发出的波的波长，导致波的频率将大于（小于）波源发出的波的频率。

由此很自然地会提出这样的问题：在多普勒效应中涉及的波的相对性思想和力学的运动相对性原理两者是否有矛盾？以上的分析表明，关于波的相对性思想与力学的相对性原理并不矛盾，前者是对后者在波动现象中的深化和发展。在多普勒效应中，在判断波速时，力学的相对性原理依然成立，但是在判断频率时，接收者判断波的频率不仅与波源和观察者的相对速度有关，也与波在介质中的传播速度有关（对光的多普勒效应，判断波的频率只与光源与观察者的相对速度有关）。而在质点运动学中，判断质点的运动状态只与质点本身与参考系的相对运动有关。

4.5 光的干涉和光的衍射与光的相干性

4.5.1 笛卡儿假设和惠更斯原理——光的波动思想的提出

大学物理课程中讨论光波的干涉时提到的一个重要的实验就是英国医师和物理学家托马斯·杨（1773—1829）在1802年成功实现的光的干涉实验。这个实验常常被看作是提出光的波动理论的一个开端。事实上，光的波动说的提出不是从托马斯·杨做的这个实验开始的，但是杨氏双缝干涉实验在验证光的波动性方面所起的作用确实非同一般，它不仅是对光的波动性的一个一般的实验验证，而且从光学的发展史上看，它是判定光的波动性的一个关键性的实验验证。

从物理学发展史上看，最早提出光的波动思想的是法国数学家和物理学家笛卡儿，他用“以太”中压力的传递来说明光的传播过程。他认为，光本质上是一种“压力”，在完全弹性的且充满在一切空间中的媒质（以太）中传播，传播的速度是无限大。但是，他在解释光的反射和折射时，仍然把光看成是小球的运动。因此，笛卡儿并没有创立完整的光的波动说。而首先明确倡导光的波动说的是意大利的格里马第（1618—1663）。他通过观察实验发现，光通过小孔以后在屏幕上产生的影子比直线传播预料产生的影子要宽一些。由此，他设想，光是一种能够作波浪运动的精细流体。胡克（1635—1703）是光的波动说的重要创建者和捍卫者。他以金刚石受到摩擦、打击或加热时会发光的现象为根据认为，光是由发光体的微粒振动在媒质中引起一系列的扰动的扩散。这里，他已经提出了波前和波面的概念。

这里特别要提出荷兰物理学家惠更斯对光的波动说的贡献。在大学物理教材中都会把波的惠更斯原理作为一个章节列出，如果单从文字表述看，似乎这个原理在波动光学中没有什么重要的作用，仅仅是对波的传播方向作了一个形象化的分析而已。如何看待惠更斯原理的地位和作用？首先，惠更斯明确地论证了光是一种波（更确切地说，光是一种“以太”纵波）。他从光速是有限的结论推断出，光与声波一样以球面波传播。尤其是他提出了波阵面的概念，并由此形成了关于波的传播的惠更斯原理。其次，惠更斯从纵波运动的假设入手，推导出波在各向同性的介质中直线传播和在分界面上发生反射和折射的定理。这个原理不仅被应用于光在各向同性介质中的传播，还被用来解释光通过方解石发生的双折射现象。最后，用这个原理还能对波的衍射现象作出一定的解释。惠更斯原理对于光的波动说的建立起着较为重要的作用。但是，毕竟由于这个原理缺乏数学基础，特别是没有建立周期性和相的概念，也无法解释当时已经观察到的干涉和衍射现象。虽然从惠更斯原理可以得出波在遇到障碍物时传播方向发生改变的现象，但没有得出衍射强度的分布。因此，在当时的物理学界，光的波动说在与光的微粒说的竞争中并没有占有统治地位。

从笛卡儿、胡克到惠更斯，他们提出的波动说是建立在试图对已经出现的实验现象作出的假设或提出的原理的基础上的，这些假设和原理从理论上提出了光的波动说，为波动说的形成和发展奠定了一定的理论基础。但是这些假设和原理只是假设和原理而已，还无法对光的波动说提供强有力的理论支撑，其原因是：第一，就定性的物理解释而言，它们没有提出只能用光的波动性解释而不能用光的微粒说解释的最重要的光学特征；第二，就定量的数学表示而言，它们没有找到由于光的波动性而呈现的光的干涉和衍射结果的数学表示式。

在牛顿早期对光的研究中，牛顿一开始是倾向于把光看作微粒流的。在牛顿接受了“以太”说以后，曾经试图把光的微粒说与光的波动说结合起来解释光的本性，但是，牛顿始终没有接受纯粹的光的波动说。因为当时的光的波动说是从与水波和声波的类比中通过引进“以太”媒质而提出的，它能说明一些光的传播现象但又不能圆满地解释干涉和衍射现象。于是，问题就归结为，既然有了关于光的波动说和微粒说两种学说，那么要确定光究竟是波动还是微粒，能不能通过实验来进行验证？什么光学现象只能用光的波动性解释而不能用光的微粒说解释？如果存在唯一只能从波动说得出而不能从微粒说推理得出的结果，并且这个结果不仅可以从实验中得到定性验证，甚至可以用定量数学式加以表示，那么是否就可以肯定光的波动性？显然，惠更斯原理——仅仅是原理而已——是无法解决这个问题的。杨氏双缝干涉实验与菲涅耳理论及实验，正是证实光的波动性的两个关键性的实验。

4.5.2 杨氏双缝干涉实验——光的相干思想的形成

光是一种电磁波。两列光波动在传播过程中叠加以后会发生干涉现象，它是光具有波动性的强有力的证明。由于光波的波长很小，在一定条件下光波的干涉特征更为明显，并且容易在实验上得到实现，因此，研究光的干涉就构成了物理光学的一个主要内容。

如果说，惠更斯仅仅是从原理上解释了关于一列光的传播方向的一些问题，那么托马斯·杨则是从双缝实验上观察了两束光在传播过程中发生叠加以后出现的干涉现象并分析了干涉发生的条件，还得出了计算明暗条纹的公式。显然，出现光的明条纹（光波加强）或暗条纹（光波减弱）甚至两束光互相抵消这样的干涉现象，从微粒说看来简直是不可思议的，这只能是作为波的两束光相遇时得到的完全区别于微粒说的特征性结果。德国物理学家劳厄（1879—1960）认为，“同微粒组成的光束相反，光相遇时，不一定加强，有时却可相互减弱直至相互抵消，这种干涉观念从那时以来一直是物理学中最有价值的财富之一。当对辐射的性质有所怀疑时，人们就尝试产生干涉现象，只要这实现了，那么，波动性也就被证明了。”[1] 因此，

---

① 劳厄. 物理学史［M］. 范岱年，戴念祖，译. 北京：商务印书馆，1978：38.

从这个意义上说，杨氏双缝干涉实验是对惠更斯原理的发展，是判定光的波动性的一个关键性的实验验证。

杨氏实验表明，两列光能否发生干涉，除了必须满足上面提到的频率相同、振幅相同、振动方向相同的条件，两束光的相位差必须保持恒定是保证出现稳定的明暗条纹，即保持稳定的能量重新分布的一个关键性的条件。以上这些条件就统称为光的相干条件，满足这些条件的两束光就称为相干光。相干条件在杨氏实验中主要是通过一束线光源照射到设有两个平行细缝的遮光屏上来实现的。从这样两个细缝发出的光就是满足相干条件的两束相干光。显然，两个互相独立的光源发出的不是相干光。

波动性与相干性之间存在着什么关系呢？两束光可以各自呈现出波动性，但是不一定是相干光；反之，两束相干光叠加以后一定会出现干涉图像，这是波动性的特征表现。这里，“相干”的思想是作为波的重要物理思想被提出的。从理论上讲，各种波都有可能产生相干；“相干”的实质是波与波的相互作用，“相干”的结果是波动能量在叠加空间里重新分配，产生新的能量分布，两列波离开叠加区域以后，它们的能量又会恢复为原来的分布。

4.5.3　菲涅耳衍射理论和实验——光的相干思想的发展

光是一种电磁波。光波在传播过程中遇到障碍物或穿过狭缝和小孔时会发生衍射现象。波的干涉和衍射都是相干性的表现，它们在相干叠加上有什么区别呢？从物理学发展史看，光的干涉和衍射是在光通过狭缝以后的传播过程中发现的，体现了若干束光束之间的相干性。它们的区别在于，波的干涉是有限多（分立）光束的相干叠加，这是就光束作为整体而言发生的一种光束与光束之间的“粗粒化”相干叠加；波的衍射就是波阵面上（连续）无穷多子波发出的光波的相干叠加，这是一种在光束内部子波与子波之间发生的“精细化”相干叠加。

由于光波的波长很小，在一定条件下光波的衍射特征更为明显，并且容易在实验上得到实现，因此，研究光的衍射就构成了物理光学的另一个主要内容。

如果说，托马斯·杨是从双缝实验上观察了有限多束光波在传播过程中发生相干叠加以后出现的干涉现象并分析了干涉发生的条件，得出了计算明暗相间条纹位置的公式，那么菲涅耳则是从理论上和实验上得出了波阵面上无限多子波发出的光波在传播过程中发生相干叠加出现的衍射现象并分析了衍射产生的条件，还得出了计算明暗条纹位置的公式。

就光的相干性而言，光的干涉和光的衍射现象之间存在下列主要区别。

1. 产生相干条纹的物理原因不同

光的干涉是有限束相关光在空间里相互叠加相干而形成的明暗相间的条纹，而光的衍射是一束光在传播路径中产生的无限多个子光源相互叠加从而偏离直线传播方向形成的明暗相间的条纹。

2. 产生相干条纹的物理条件不同

要产生光的干涉，两束光必须频率相同，相差恒定，振动方向相同。而产生光的衍射需要满足的条件是：一束光遇到的障碍物或小孔的尺寸比光的波长小或跟光的波长相差不多。

3. 产生相干条纹的物理结果不同

从双缝处发出的两束相干光到达屏幕上的某点的光程差等于波长的整数倍时，该点是相长点，出现明条纹；当光程差等于半波长的奇数倍时，该点是相消点，出现暗条纹。而一束光从单缝处产生的无数多个子波到达屏幕时单缝两边缘处衍射光线的光程差等于波长的整数倍时，出现暗条纹；当光程差等于半波长的奇数倍时，出现明条纹。

4. 产生的相干条纹的分布和亮度不同

以单色光为例：干涉图样是互相平行且条纹宽度相同的，中央和两侧的条纹没有区别；而衍射条纹是平行不等距的，中央明条纹最宽，且光强最大，其他明条纹宽度变窄，光强迅速依次减弱。在关于光的波动理论上，法国物理学家菲涅耳（1788—1827）提出的理论在当时是最有影响力的。他用托马斯·杨的原理补充了惠更斯的原理，从而不仅解释了光的直线传播，而且解释了光的衍射现象。他曾经应征参加了法国科学院 1818 年提出的主题为“利用精密实验确定光线的衍射效应和光线通过物体附近时运动状况”的悬奖活动。这个活动的本意是鼓励人们用微粒说解释衍射现象。其中一个典型的事例是，评奖委员之一的泊松在审查当时年仅 30 岁的菲涅耳提出的关于光绕过障碍物的衍射方程时得出一个推论：根据波动说，如果有一个小小的圆盘放置于光束中时，在圆盘后面的屏幕上在圆盘产生的阴影中央应该有一个亮斑。而根据微粒说，则不可能产生这样的亮斑。泊松认为前一个推理是荒谬的，他要求菲涅耳做实验进行验证，并预言菲涅耳一定无法得出亮斑出现的结果，从而由此可以得到推翻波动说的依据。菲涅耳应对了这个挑战，用精彩的实验完全证实了由他的理论得出的推论：阴影中央果然出现了一个亮点。于是这个活动不仅没有给微粒说提供什么支持，反而使光的波动说战胜了光的微粒说，菲涅耳也由此获得了这一届活动的科学大奖。光学研究从此开始进入了一个新的阶段，菲涅耳被称为“物理光学的缔造者”。

在讨论衍射现象时，大学物理课程一般是分两步阐述的。先从单缝衍射开始分别介绍了单缝菲涅耳衍射和单缝夫朗禾费衍射，其原因就是为了首先说明衍射是通过单缝（以与讨论双缝干涉相区别）的波阵面上无限多个子波源发出的无限多束光波（以与有限个光源干涉相区别）相干叠加所产生的，由此可以导出单缝衍射形成明暗条纹出现的位置。然后，在讨论光栅衍射时，进一步对每一个单缝产生的衍射效果与各个缝之间产生的多光束叠加相干的效果加以综合分析，由此也导出了明暗条纹出现的位置。正是由于各缝之间的干涉和每个缝自身的衍射的综合效果，使光栅衍射出现了与单缝衍射不同的特点：光栅衍射出现的明纹的亮度要比单缝大得多，而暗纹的亮度要比单缝暗得多，又主极大明条纹的宽度比单缝窄得多，这样就在几乎黑暗的背景上出现了一系列又细又亮的明条纹。此外，干涉产生极大的条件和衍射产生极大的条件导致了出现干涉产生的各主极大受到单缝衍射的调制，并可能出现一些主极大消失的缺级现象。由此可以看出，光栅衍射现象中出现的相干性既有一条缝内波阵面上无限多子光源的干涉相干，又有有限各条缝之间的干涉相干，显然，这是比双缝干涉现象中出现的相干更强的相干性。

4.6　光的偏振与介质对光矢量的选择性

4.6.1　光的偏振——光与介质的相互作用

在大学物理光学课程中，光的偏振也是作为光的波动性的一个特征而与光的干涉和衍射并列提出的。光的偏振现象是 1808 年由马吕斯在观察一束光在两种介质界面上的反射和折射现象时发现的，因此，光的偏振还有一个比干涉和衍射突出的新的特征：它提供了光通过某些介质或在另外一些介质表面反射和折射以后产生的新信息。正是这样的新信息，不仅更加证实了光的波动性——光是一种以横波方式存在的电磁波，而且反映了介质对光矢量的一种相互作用的选择性——这个选择是以吸收、反射和散射产生偏振光的方式表现出来的。

光是处于特定频率范围内的电磁波，在这种电磁波中起光作用的主要是电场矢量，又称光矢量。而光作为横波，光矢量的振动方向是与光的传播方向垂直的。因此，光通过介质以及光在介质表面反射和进入介质的折射归根到底就是电磁场在通过介质以及在介质表面的反射或折射。放在电场或磁场中的介质会因受到外场对电子的作用而改变了介质的电荷分布或分子电流分布的形式，而介质的极化和磁化也会改变场的分布，在光的偏振中出现的光在通过介质以及在介质表面的反射和折射的结果，也是由光与介质相互作用而导致的，相互作用的结果使传播能量（光强）被介质选择性吸收、反射、折射和散射，从而表现为电磁场的传播分量（光的传播分量）受到了一定的选择。

自然光与偏振光的主要区别体现在光矢量的分布上。自然光的光矢量分布是对称均匀的，在垂直于传播方向的平面内各个方向上光矢量的振幅都相同；而偏振光的光矢量分布是不对称的，在垂直于传播方向的平面内的某些方向上光矢量的振幅会比其他方向上更大一些。这里又有两种情况：如果光矢量的振动只发生在某个确定的方向上，即只有这个方向上光矢量的振幅不为零，其他方向上都是零，这样的偏振光称为线偏振光。如果光矢量的振动发生在各个方向上，但是在某个确定的方向上光矢量的振幅明显较大，这样的偏振光就是部分偏振光。

一束自然光照射到介质上就可能通过光被介质吸收、光在介质分界面上反射和折射，以及光在晶体内或通过微粒的散射的三种方式产生线偏振光或部分偏振光。

4.6.2 马吕斯定律——光的起偏与光强度变化的思想

如果自然光通过介质产生了偏振光，这个过程就称为光的起偏。起偏只是把自然光变为偏振光，但不改变光的传播方向。起偏以后，光的能量一部分通过介质（起偏器），其余部分被介质吸收。偏振光的偏振状态再通过介质受到检验的过程称为检偏。检偏以后偏振光或者从检偏器射出（有光强），或者完全被介质吸收消光（无光强），即光强发生了变化。马吕斯定律给出的就是检偏前后光强变化关系的定量表示式。

如果自然光通过介质分界面发生了反射和折射，也有可能产生偏振光。与通过介质起偏和检偏的结果不同，自然光通过反射和折射的方式不仅可能变成偏振光，而且改变了光的传播方向。在中学物理的几何光学中已经有了反射定律和折射定律，这两个定律表明，反射角和折射角的大小都与入射角之间存在一定的关系。现在既然是通过反射和折射产生了偏振光，那么就自然地需要深入讨论反射和折射产生的偏振光的偏振化程度与入射角的关系。

在一般的情况下，自然光入射产生的反射光和折射光都是部分偏振光。但是当自然光以某个特定的起偏角入射时，反射光会全部成为线偏振光（这是光振动矢量垂直于入射面的偏振光的一部分），布儒斯特定律给出的就是这个特定起偏角与介质相对折射率关系的定量表示式。一旦反射光成为线偏振光时，折射光就是部分偏振光（这是光振动矢量垂直于入射面的其余部分偏振光和所有平行于入射面的偏振光），因此，反射光的强度很弱，而折射光的强度较强。既然由入射和折射的偏振化程度不同而引起光强的不同，那么很自然地就需要讨论如何增强反射光和折射光的偏振化程度（例如，使反射光成为垂直于入射面的全部偏振光，使折射光成为平行于入射面的全部偏振光）以调节光强的分布，于是就产生了制作使光通过不止一块介质（例如一块玻璃）而是通过一个平行放置的介质片（例如很多片玻璃组成的玻璃堆）的起偏器件的需求。

除了由自然光通过介质与在介质面上的反射和折射产生偏振光，光通过在空气（介质）中散射也能产生偏振光，这类偏振光的产生是空气（介质）中的微粒或分子在光矢量的作用下受到激发振动而向四面八方发出的同频率电磁波的结果。太阳光被空气中微粒散射以后产生的“天光”就是这样的部分偏振光。

第5章

相对论中的物理学思想

本章引入

物理学的时空思想从大学物理的力学课程一开始就已渗透在整个教学的过程中。一个学生在学习物理知识的同时也在受到一种朴素时空思想的教育。但是，日常生活中的时间空间概念实在太普通了，以至于人们一般不会去思考其中的物理道理。尽管很多学生从中学到大学，在学习物理课程时做了很多题目，但他们似乎没有感觉到受过物理时空思想的教育。大学物理课程一旦进入以对时空观的认识发生了革命性变革为主要标志的相对论的学习阶段，很多学生会感到相对论的时空观似乎来得如此突然，再加上相对论的时空观又如此地与日常生活经验不符，以至于他们面对着“同时的相对性”“时间延缓”“长度收缩”“空间弯曲”等一系列新奇的概念，往往觉得相对论听起来很新奇有趣，但实在如同陷入“云里雾里”，不知所措，难以接受。

相对论的内容（包括狭义相对论和广义相对论）在现代物理学中有着重要的地位和作用。相对论的内容早就进入大学物理课程，现在已经开始被写入了中学物理教材。一个理工科的大学生在学习大学物理学课程时不仅应该对三百多年前牛顿创建的经典力学的理论、公式和定理“了如指掌”，甚至会熟练地求解一些难题；而且更应该对于一百多年前爱因斯坦创建的相对论知识“有所了解”，且初步理解革命性的相对时空观思想是怎样从绝对的时空观思想发展而来的。如果只偏重于“三百多年前”的前者而忽略了“一百多年前”的后者，那么大学物理的学习只停留在公式和定律的浅层次上，而没有悟出一点深层次的物理思想，这样的学习至少是不完整的。

爱因斯坦说：“为了科学，就必须反反复复批判基本概念。”相对论的创建是在批判经典物理学的一些似乎是不言自明的最基本的物理概念和思想中发展起来的。

对时空观的变革就是其中最重要的物理思想之一。时间、空间和时空观究竟是怎么一回事？时空是绝对的还是相对的？相对论的相对时空观与经典力学体现的绝对时空观究竟有什么区别？时空与物体的运动是割裂还是有联系的？与物体作匀速运动和加速运动对应的时空分别是平直的和弯曲的？相对论体现了哪些重要的物理思想？为什么说，相对论和量子论的创立是20世纪物理学的革命性成就？对这些问题的回答就构成了相对论时空观与经典时空观的主要分界线，这些问题也都是每一个大学物理课程的学习者都应该思考的问题。

本章将围绕时空观的思想主线，从经典力学的相对性原理和绝对时空观开始入手，对相对论时空观中所包含的主要物理思想进行一些探讨。

5.1 时空观是物理学中最基本的物理思想

5.1.1 空间是一个“大容器”，时间是物体某些属性“流逝”的表现——日常生活中的朴素时空观

作为物理学中的一种最基本的物理思想，时空观从大学物理课程一开始就已渗透在整个物理教学的过程中。一个学生在接受物理知识的同时也在不自觉地受到一种朴素时空思想的熏陶教育。例如，在运动学的教学中，质点在一维空间的实际运动状况（例如，在一维直线上作匀加速运动的质点经过不同时间后所经历的不同的路程）需要在两维（一维是质点的时间坐标，另一维是质点的位置坐标）空间才能表示出来。类似地，质点在二维空间的实际运动状况显然需要在三维空间中才能表示出来。依次类推，为了表示出质点在三维空间中的实际运动物体的状态，我们需要一个四维的“时空”坐标系，在这种四维“时空”坐标系中描述的图像就是一种四维“时空”图。由此可见，为了完整地描述质点的运动状态，必须同时采用时间和空间的坐标。在这种时空坐标系中，时间和空间分别可以被分解为互相独立的“连续区”。观察者可以选用不同的参照物来建立不同的空间坐标系，但对于任何参考系，选择的时间坐标却都是相同的。在这样的时空描述方式下，空间就是一个“大容器”，物体的运动被看作是在这个“容器”中的运动，时间也只不过是物体在这个“容器”中运动的过程中某些属性“流逝”的表现而已。

因此，在中学和大学进行物理教学的过程中，只要讨论物体运动的快慢和路

程的长短，“时空”的一种朴素思想就已经出现在教学内容和所做的各类习题中了。但是它表现得如此普通，以至于学生记住了公式，学会了解题，却几乎没有去关注渗透在其中的“时空”思想，以至没有理解“时空”观在物理学中的地位和作用。于是，当他们学习大学物理的相对论时，一旦触及“时空”观，就常常会把“时空”观看成似乎是物理学家头脑“风暴”的产物，是一个远离实际、很抽象的物理概念。这大概就是学生感到相对论难学的一个重要原因。

5.1.2 看不见的三维空间和微观世界——对空间和时间的隐喻模式

四维“时空”坐标系是无法直观地架构起来的，四维“时空”图也是看不见、摸不到的，在学习过程中是必须依靠学生的想象力才能去构思和理解的。那么，三维的空间是否总可以“看”到呢？事实上，真正的三维空间也是根本“看”不到的，我们所形成的所谓“空间”的体验也只是人的大脑思维的产物，并不是真实的空间。当一个人通过两只眼睛观看三维空间中的某一个物体时，在不同距离上的物体信息从眼睛进入大脑，大脑就把它们诠释为人与物体的距离，于是人感到自己似乎“看”到了空间的物体。实际上，在日常生活中，明明是同一个物体，但不同的人“看”到的结果往往可能是不同的，这样的例子是“俯拾皆是”的。例如，在观看一幅彩色图片时，不同的人们“看”到的同一个物体的颜色就可能是不同的，而不同的颜色在不同人身上产生的“冷”和“热”的感觉也可能是不一样的。这就意味着，每个人“看”到的物体是“因人而异”的，所谓“看”到的物体，不仅与物体本身的物理因素有关，还与观察者的心理因素和生理因素有关。

另一方面，关于微观基本粒子和各种物理场，在人们的感觉上显然更是“看不见”的，但是，人们可以对它们作出一幅合情合理的自洽的理论描述图像，由此得到了微观世界和场的“空间影像”，这种图像又是从哪里来的呢？实际上，对这样的微观世界和场的认识是这样得到的：人们首先通过各种测量手段从实验测量中得到一系列复杂的数据，然后，经过大脑对从数据中获取的信息进行加工诠释，最后形成结论或作出一番描述，因此，这样的“空间图像”仍然不过是大脑给我们留下的关于该物体的一个感觉到的空间而已。

人们正是基于以上对空间认识的基本途径，再加上对独立于空间的时间的认识，就逐渐形成了对空间和时间的隐喻模式。在日常生活中人们会很自然地说出“某年某月某时在什么地方发生了某个事件”以及“某物体离开我们的空间距离很远”和“某个事件早在几个月前就已经发生了”这样类似的话语。这些话语都包含了“时间”和“空间”，不过这里的“空间”在人们日常生活经验上仅仅是指物体所在的位置远近的标识。一个物体可以处于确定的一个空间位置上，但不同的人对物体所处位置的远近感觉可能是不同的；这里的“时间”在人们日常生活经验上也仅仅是指对物体运动变化的前后次序的标识，一个物体的运动状态或某些属性可以发生一定的改变，但不同的人对物体运动改变和属性变化的快慢次序的感觉也可能是不同的。显然，我们通过日常生活感受到的时空认识毕竟只是一种朴素的认识，还只是表示了对运动的描述需要空间位置和时间间隔而已，而且在物理学中准确地标志出一个物体的空间位置比标志它在运动过程中经历的时间更为重要，因为，空间坐标的获得是对运动作出定量描述的根本因素。而且人们早就从生活经验中感到了空间距离的相对性，但是，对时间的相对性却从来没有考虑过。因此，这样的时空认识明显地包含着主观感觉经验的判断因素，还不是物理学中建立起来的绝对“时空观”。

5.2　牛顿相对性原理和经典力学的绝对时空观

5.2.1　伽利略变换——牛顿相对性原理的思想

为什么大学物理课程中的“相对论”章节一般总是要从牛顿的相对性原理和伽利略变换开始讨论呢?

原来，区别于人们日常生活中对时间和空间的感受，物理学上的所谓“时空”观指的是人们对时间和空间的物理特性的一种认识，这种认识是不依赖于人们的感觉经验判断的，在一定意义上被看作是客观存在的物质运动属性的反映。随着人们认识的不断深化，这样的认识就在不同的时期形成了物理学的不同的“时空”观理论。

“时空”观是物理学家建立自己物理理论的思想依据，物理学理论的发展过程也是时空观的不断深化和发展的过程。一旦在物理学发展的进程中形成了新的时空认识时，新的时空理论就会逐渐形成，从而取代旧的时空理论。例如，牛顿的绝对时空理论是在取代古希腊和中世纪的宇宙观中产生的，而爱因斯坦的相对论时空观在 20 世纪初又取代了牛顿的绝对时空观理论。

20 世纪初，爱因斯坦相继提出了狭义相对论和广义相对论。虽然在牛顿的相对性原理和爱因斯坦提出的相对论中都有“相对性”的词语，但是，它们各自体现的“相对性”的物理含义是不同的，后者是对前者在时空观思想上的重大发展。为了更好地理解爱因斯坦的相对论及其时空观的由来，从物理发展史上理解“相对性”概念和时空观的演化发展过程就是完全必要的。

由于大学物理的力学中所引入的物理量，例如质点的位置、速度和加速度等都是相对于一定的惯性坐标系而言的，“时空”图也总是在一定的坐标系下建立的，因此物理量是相对的。由此很自然可以提出以下三个问题。

第一，既然这些物理量是相对的，那么在不同的惯性坐标系中测量得到的同一个质点的位置、速度和加速度的表示式可能就是不一样的，那么如何从质点在一个坐标系中的位置、速度的表示式变换为在另一个惯性坐标系中的表示式？

第二，这样的变换归根到底将会涉及对不同坐标系中的长度和时间的测量问题，那么在不同惯性系中对长度和时间的测量是完全一样的吗？如果不一样，那么它们之间存在什么样的关系？

第三，既然物理量是相对的，那么包含这些物理量的物理定律（例如，牛顿运动定律）在不同惯性系中的表示形式也会是相对的吗？如果是相对的，物理定律的表示式会发生什么改变吗？

显然，以上这些问题触及的都是相对性的问题。伽利略首先明确地回答了这些问题。他提出了著名的伽利略变换式。

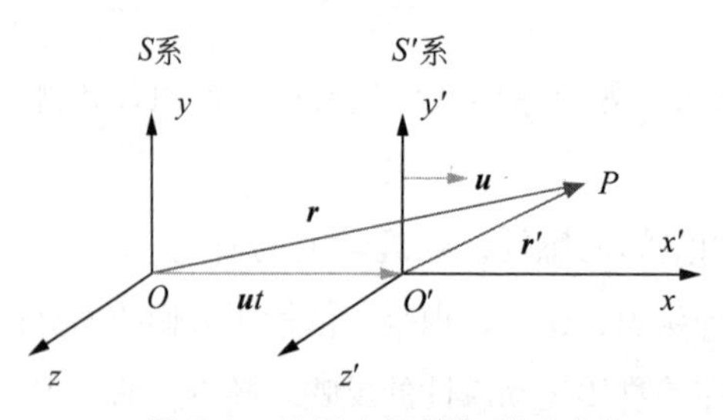

图 5.1　位置坐标的伽利略变换

为简单起见，设惯性系 S' 相对惯性系 S 以速度 u 沿 x 方向作匀速直线运动（图 5.1）。

假定一个事件发生在 P 点，它的位置被两个相对运动的参考系 S 和 S' 系的观察者进行测量，并设在两个坐标系的原点 O 和 O' 重合的瞬间，每一个观察者的时钟的读数为零，则两个坐标系中测得的 P 点的位置坐标之间的伽利略变换分别是

$$x'=x-ut \qquad x=x'+ut$$

$$y'=y \qquad y=y'$$

$$z'=z \qquad z=z'$$

$$t'=t \qquad t=t'$$

则这个变换式表明，一个物体在两个惯性系中的空间坐标之间存在一定的变换关系，但时间坐标是不变的。对不同坐标系中的长度的测量问题，伽利略的回答很明确：根据这个变换关系，不管参考系之间的相对速度 u 是多少，在不同惯性系中对长度和时间的测量是完全一样的，u 不出现在测量的结果之中，如果测量一把尺子的长度，设这把尺子的前端和末端分别标记为 A 和 B，那么，

$$t=t',\quad x_B-x_A=x_B'-x_A'$$

在测量一个运动物体的速度 v 和加速度 a 时，只要用伽利略变换式分别对时间求导（注意到 $t=t'$），就可以得出速度和加速度的变换是

$$v_x'=v_x-u \qquad v_x=v_x'+u \qquad a_x'=a_x$$

$$v_y'=v_y \qquad v_y=v_y' \qquad a_y'=a_y$$

$$v_z'=v_z \qquad v_z=v_z' \qquad a_z'=a_z$$

在经典力学中，物体的质量是一个不依赖于它对于观察者的相对速度的常数，由此即可以得出，在伽利略变换下，力学的三个基本量——物体的长度、质量和时间都与测量者所在的坐标系无关。再依据牛顿第二定律可知，在不同惯性系中的观察者对力的测量也是相同的。又力学中各种守恒定律，例如能量守恒定律和动量守恒定律等都可以证明是牛顿定律的推论，于是可以得出这样的结论：经典力学的基本定律在所有惯性系中都是一样的。

1632 年，伽利略出版了他的名著《关于托勒密和哥白尼两大世界体系的对话》。在该书中，伽利略曾以在一艘匀速前进的“萨尔维蒂”大船中的观察者所观察到的人从原处向上跳跃、水滴从高处下落等各种力学现象与大船静止时观察到的结果没有任何区别的比喻来说明，在彼此作匀速直线运动的所有惯性系中，力学的基本定律形式是完全相同，不会发生变化的。这个结论就称为牛顿相对性原理或力学相对性原理。牛顿相对性原理既指出了一些物理量的相对性（例如，位置、速度等相对于不同惯性系有不同的数值），也指出了一些物理量和物理定律的绝对性（例如，空间长度、时间间隔、加速度、力以及力学运动定律等相对于不同的惯性系有相同的数学表示或表述）。由此推出一个重要的推论是：在这些惯性系中做任何力学实验是无法判定它们是处于静止的还是在作匀速运动的状态的。在所有惯性系中对一个物体的长度和物体运动经历的时间间隔的测量也是没有任何区别的。通过这样的测量，人们可以得到的只能是两个惯性系的相对运动速度，而试图判定哪个惯性系在作绝对运动或处于绝对静止是没有意义的。

5.2.2 绝对运动和绝对时空观——对时间和空间的理性认识的第一次大飞跃

显然，在牛顿以前确立的运动的相对性中已经包含着人们对空间和时间的某种认识，如果没有这种认识，怎么能够得出坐标和速度以及它们之间的变换关系呢？怎么能够得出关于不同坐标系中空间距离和时间间隔的测量结果呢？在运动的相对性中还包含着所有的惯性系都是平权的思想，如果惯性系不平权，牛顿定律只在一个特殊的惯性系（绝对惯性系）中成立，在其他惯性系中不成立，又怎么能够得出相对性原理的表述呢？

然而，在相对性原理已经得以确立的情况下，牛顿却提出了他关于绝对运动以及相应的绝对空间和绝对时间的观点。牛顿是在什么背景下提出绝对时空观的呢？这样的时空观在物理学发展史上有什么科学意义？体现了什么物理学思想？又有什么局限性？

对“时空”的认识并非自牛顿开始的，早在牛顿之前，伽利略和笛卡儿提出的运动理论就体现了一种对“时空”的相对性认识，而牛顿在这方面“站在前人的肩上”，批判地继承了笛卡儿、惠更斯、伽利略等对时间空间物理特性的观念，最后，正是从这些对“时空”的相对性认识中集大成地提出了绝对时空观的思想。

在确立运动相对性的过程中，最早提出“惯性原理”思想的伽利略、笛卡儿等就已经涉及对时空的平直性和均匀性的认识，笛卡儿还提出了物质与空间不可分离、时间与运动不可分离的思想。后来，英国的神学家莫尔和牛顿的老师巴洛也提出了一系列关于时空的观点，例如，他们认为，空间就是等同于上帝的“无所不在”，是上帝存在和能力的体现；时间与物体的运动或静止都无关。牛顿分析批判地吸取前人关于时-空的观点，觉得用空间和时间的相对性来判定运动与人们的日常经验是相符合的，但是这种相对性仅仅是时空本质属性的一种可感受的量度而已，尚未触及时空的属性；而前人关于时空的一些观点又是各有取舍的，需要作出一番梳理，尤其需要在理论上作出概括和提升。牛顿在《原理》一书中谈到空间、时间、位置和运动等概念时指出，人们多是“从这些量和可感知的事物的联系中来理解它们的。这样就产生了某些偏见；而为了消除这些偏见，最好是把它们区分为绝对的和相对的，真正的和表观的，数学的和通常的。”在这里，牛顿清楚地提出了他认为需要建立与人们的感觉和偏见无关的“绝对的、真正的和数学的”时空观的必要性。

此外，牛顿作为公理提出的三大运动定律，也必须在一个特定的以绝对时空观为理论基础建立的“绝对惯性系”中才能成立。第一定律指出，物体具有保持静止或匀速直线运动状态的惯性，问题是，怎样判定“静止”？怎样判定“匀速直线运动”？显然，在实际测量过程中离开了一个特定的参考系是无法回答这些问题的。第二定律指出，物体受到的外力与物体动量的变化成正比，问题是，怎样判定“力”？在牛顿理论中，“力”是没有定义的，它不过是作为一个假设引入的，“力”引起的结果是用物体动量的变化或速度的改变来表征的。因此，要确定物体是否受到“力”，就必须确定物体是否产生了加速度或发生了某些形状上的变形，于是就需要对运动进行测量，对空间位置给出标记，而这些测量离开了坐标系又是不可能进行的。牛顿承认，在运动学方面，一切运动都是相对的；但是在动力学方面，他主张，必须把一个“绝对的惯性系”放在逻辑的优先地位上，才能按照他的公理来分析运动。只有相对于“绝对惯性系”，才有“绝对的运动”（包括“绝对的静止”）的表征。正是为了数学上得到对时空属性的概括和抽象的表示，也为了建立经典力学理论体系的需要，牛顿提出了关于“绝对空间”和“绝对时间”的观点。[①]

什么是绝对空间？“绝对的空间，就其本性而言，是与外界任何事物无关并且永远是相同的和不动的。”因此，在牛顿看来，我们通常确定物体的空间位置都只是在相对空间里，相对空间是绝对空间的可动部分或者量度。

什么是绝对时间？“绝对的、真正的和数学的时间自身在流逝着，而且由于其本性而在均匀地、与任何其他外界事物无关地流逝着，也可以把它称为‘延续性’。”因此，在牛顿看来，我们通常用诸如小时、日、月、年来计算时间也只是相对的，是对绝对时间在表观上的延续性的一种可感觉的、体现在外部运动状态变化上的一种量度。

基于绝对空间和绝对时间基础上的绝对运动的表述是：“绝对运动是一个物体从某一绝对的处所向另一绝对处所的移动。”

由此可以看出，牛顿的绝对时空观理论是对人们通常进行的直接观察和生活经验的总结，它为伽利略变换和牛顿相对性原理能够成立提供了理论基础。伽利略变换是绝对时空观的直接反映，牛顿相对性原理则是绝对时空观的直接推理结果。

在近代物理学中，虽然绝对时空观已经被爱因斯坦的相对时空观所取代，但是绝对时空观在物理学发展史上有着重要的地位，它是人类历史上第一个建立在自然

---

① 塞耶．牛顿自然哲学著作选［M］．上海外国自然科学哲学著作编译组，译．上海：上海人民出版社，1974：19-28.

科学基础上的系统的时空观，是人类对时间和空间的认识从感觉上升为理性认识的第一次大飞跃；它的提出对于人类进一步把握时空本质，推动自然科学的发展，都有着重大的作用。爱因斯坦曾经明确指出，“在建立一个物理学理论时，基本观念起了最主要的作用。物理书上充满了复杂的数学公式，但是所有的物理学理论都是起源于思维与观念，而不是公式。”可以说，没有绝对时空观的建立，就没有经典力学的全部理论。对于绝对时空观，爱因斯坦曾经作出这样高度的评价：“牛顿的决定，在科学当时的状况下是唯一可能的决定，而且特别也是唯一有效的决定。”[①] 他还深情地讲过：“牛顿啊，……你所发现的道路，在你那个时代，是一位具有最高思维能力和创造力的人所能发现的唯一道路。”一位用相对论时空观取代了绝对时空观、创建了狭义相对论和广义相对论，从而开创了20世纪物理学新纪元的伟大的科学家，对牛顿的绝对时空观和在此基础上创立的经典物理学用了几个“唯一”的如此最高级词语给出肯定性评价，其中包含的深刻启示是值得人们认真思考的。爱因斯坦的评价为我们科学地正确地理解牛顿经典物理学思想的发生和发展以及历史地位和作用提供了最好的典范。

5.3 狭义相对论的相对性原理和相对时空观

5.3.1 经典物理学中的不对称性——爱因斯坦对经典时空观的超越

在宏观世界里，按照人们的经验，时间就是用时钟测量出的量，而空间则是用尺子度量出的量，它们是互相独立的，也是与物体的运动无关的。按照牛顿相对性原理，在两个相对作匀速直线运动的惯性参考系中，力学规律的形式是相同的。又按照伽利略变换，一个物体的空间位置相对于不同坐标系是不同的，在一个坐标系中给定某物体的位置以后，可以通过空间坐标的变换关系得到这个物体相对于另一个坐标系的空间位置；但是，时间在任何坐标系中都是不变的，没有从一个坐标系到另一个坐标系的转换关系。于是一个可以引发思考的问题就是：难道空间是与坐标系有关的、相对的，而时间却是与坐标系无关的、绝对的吗？时间和空间是这样的不对称吗？正是爱因斯坦首先发现了在经典意义上时间和空间之间存在的变换关

① 爱因斯坦. 爱因斯坦文集：第一卷［M］. 许良英，范岱年，译. 北京：商务印书馆，1976：589.

系上的不对称性。

此外，在电磁学理论中，感生电动势的产生可以通过两条途径来实现：一是导体在磁场中作切割磁力线的运动时所产生的感生电动势，这就是通常讲的所谓由“磁场不动，导体运动”而在导体中产生的动生电动势；二是由磁场随时间发生变化而产生了感应电场，这个电场在导体中产生了感生电动势，这就是通常讲的所谓由“导体不动，磁场运动”而产生的感应电动势。在这两种情况下产生感生电动势的机制是不同的：在前一种情况下，电动势的产生一般归结为是导体中的自由电子受到了非静电力——洛伦兹力的作用，而在后一种情况下，电动势的产生一般归结为是由变化的磁场产生了“感应电场”所致。在这两种情况下，导体与磁场之间都发生了相对运动，这一点是相同的，但是，为什么对感生电动势产生原因的表述形式却是不同的呢？爱因斯坦在他 1905 年发表的那篇论文的开头就指出了在这个传统解释里存在一个矛盾之处：“大家知道，麦克斯韦电动力学——像现在通常为人们所理解的那样——应用到运动的物体上时，就要引起一些不对称，而这种不对称似乎不是现象所固有的。比如设想一个磁体同一个导体之间的电动力的相互作用。在这里，可观察到的现象只与导体和磁体的相对运动有关，可是按照通常的说法，这两个物体之中，究竟是这个在运动，还是那个在运动，却是截然不同的两回事。”[①] 换句话说，为了得到相同的电流，在这两种情况下，虽然都是导体和磁体的相互作用，但不得不使用两组不同的概念和方程式。这又是一种不对称性，这个不对称性起源于何处呢？

又按照伽利略相对性原理，所有惯性系都是平权的，不存在一个特殊的“绝对参考系”。但是，对电磁现象的基本规律进行伽利略变换的结果发现，这些电磁学规律在不同惯性系下并不具有不变性；伽利略变换的不变性在电磁领域中失效了。尤其是按照麦克斯韦电磁理论，光速是一个常量。那么，这个光速常量是相对于哪一个参考系而言的呢？麦克斯韦并没有回答这个问题，因为他意识到这个问题对于建立物理理论的重要性。但是从麦克斯韦主张“以太”是电磁波的载体的观点看来，他得到的这个光速是对“以太”而言的。以洛伦兹为首的物理学家更加明确地提出，这个光速只对“绝对静止”的“以太”参考系成立。由此可以推理出，“以太”就是麦克斯韦方程组得以成立的“绝对参考系”。在这个“绝对静止的以太”中测得的光速与在其他不同惯性参考系中观察得到的光速应该是不同的，如果能够通过实

① 爱因斯坦．爱因斯坦文集：第二卷［M］．范岱年，等编译．北京：商务印书馆，1977：83.

验在不同的惯性参考系中测出不同的光速，就可以判定这些惯性参考系相对于“绝对静止的以太”的运动速度。这个推论使伽利略相对性原理与“绝对静止”的“以太”之间产生了明显的矛盾：一个是基于牛顿时空观理论建立的伽利略相对性原理，否认“绝对惯性系”；另一个是麦克斯韦建立的电磁学理论，承认存在“绝对静止”的“以太”参考系。于是伽利略相对性原理在电磁领域又一次面临着尖锐的矛盾。为什么相对性原理只在力学现象中成立，而在电磁学中却失效了呢？这个不对称性又是从何而来的呢？

面对着这样一些不对称性，爱因斯坦陷入了深深的思考。特别在寻找“以太风”的实验失败以后，爱因斯坦终于感到问题不在于现象本身，而在于基本概念和理论上的错误。他指出：“如果我们承认迈克耳孙的零结果是事实，那么地球相对于‘以太’的运动的想法就是错的。这是引导我们走向狭义相对论的最早想法。从此以后，我认识到，虽然地球在环绕太阳运动，但地球的运动不能由任何光学实验检测出来。”[①] 在这里，爱因斯坦不仅否定了“绝对静止以太”的存在，而且提出了用任何光学实验（不仅是力学实验）也不能测量出地球的运动。当时大部分物理学家认为牛顿的相对性原理理论是正确的，麦克斯韦理论得出的结论是需要修改的。而爱因斯坦却凭自己的直觉果断地认为，麦克斯韦理论是正确的，需要修改的是牛顿的相对性理论。他提出，必须抛弃牛顿关于绝对空间的假设，而将物理学建立在一个新的假设之上，即，“对于力学方程能够成立的所有参照系，同样的电动力学和光学的定律也成立。”他还提出，要把这个假设提升为公设，利用这个假设和他提出的另一个关于光速不变的假设一起就足以得到一个简单又不自相矛盾的动体电动力学。在这个电动力学中，“以太”的引入将完全是多余的。[②]

正是在对于对称性的思考基础上，爱因斯坦超越了牛顿的经典时空观思想，建立了新的相对论时空观。他正是从两个基本假设出发，在新的相对时空观的基础上创立了狭义相对论。

5.3.2 时间和空间的相对性和统一性——狭义相对论的一个核心思想

从爱因斯坦提出两个基本假设到建立完整的狭义相对性理论，贯穿在其中的核

---

① 杨仲耆，申先甲．物理学思想史［M］．长沙：湖南教育出版社，1993：557.

② 爱因斯坦．爱因斯坦文集：第二卷［M］．范岱年，等编译．北京：商务印书馆，1977：84.

心思想就是时间和空间的相对性和统一性。

爱因斯坦提出的狭义相对论的两个基本假设如下所述。

（1）物理规律对所有的惯性系都是一样的，不存在任何一个特殊的（例如“绝对静止”的）惯性系。

这个基本假设就是狭义相对性原理，它是对牛顿相对性原理的推广。牛顿相对性原理仅表明，物体运动经历的空间距离和运动经历的时间间隔以及物体的加速度和力学运动规律都是不变的，在任何惯性系中用任何一个力学实验都无法确定本惯性参考系的运动速度。而狭义相对性原理进一步表明，不仅是力学实验，而且所有的物理实验都不能确定本惯性参考系的运动速度。既然所有物理定律都遵循这个狭义相对性原理，那么在物理学中就不可能再有“绝对运动”和“绝对惯性系”存在的任何余地。

爱因斯坦指出：相对性原理是“对自然界的一条限制性原理，它可以同不存在永动机这样一条热力学基础的限制性原理相比拟。”[①] 在第 2 章中曾经指出，物理定律一般有两类表述形式：一类是揭示出自然界在什么条件下可以演化发展得到什么结果，这类表述称为“肯定性”表述，力学的运动学和动力学规律就是一种“肯定性”表述；另一类是揭示出自然界在什么条件下不能演化发展为什么结果，这类表述称为“否定性”表述。热力学基本定律就是一种“否定性”表述，例如，第一类永动机和第二类永动机是不可能制成的。爱因斯坦把他提出的相对性原理与不存在永动机相比拟，从更广泛的运动层次上提出了对“绝对运动”的一种“否定性”表述。扩展相对性原理的适用范围，这是 20 世纪物理学发展历程中的一条极为重要的指导思想，它不仅指引了相对论的诞生，也同样指引了量子力学的发展。

（2）在任何惯性系中，光在真空中的速率都相等。

这个基本假设称为光速不变原理。它是爱因斯坦作为构建自己的理论体系而提出的另一个假设。这个假设是相对性原理的必然推理，因为既然作为物理定律的麦克斯韦方程在所有惯性系都能成立，那么光速只可能在任何惯性系中都相等，并且是一个常量。这个假设不仅表明光的速度在任何惯性系中都相等，而且表明任何物体的实际运动速度不可能超过光速，光速是自然界一切物体运动速度的极限。

显然，这样两个假设动摇了伽利略和牛顿创立的经典物理学的基础，是经典物理学的思想所不能容忍的。从表述上看，光速不变原理与狭义相对性原理似乎是

---

① 爱因斯坦．爱因斯坦文集：第一卷［M］．许良英，范岱年，译．北京：商务印书馆，1976：20.

相矛盾的：相对性原理表明，所有的物理定律在任何惯性系都能成立，并由此可以得出光速对所有惯性系都不变的推理。当两个惯性系相互作匀速直线运动时，按照光速不变原理，在这两个惯性系中的观察者测得同一束光的光速应该是相同的；但是，按照速度合成法则，一个惯性系中观察者测得的光速与另一个惯性系中观察者测得的光速肯定又是不同的。在这里，速度合成法则究竟是否还能成立呢？如果不成立，其原因又是什么呢？爱因斯坦明显地觉察到这个矛盾，他还认为，这种矛盾是不容易解决的。在经过了一年时间的研究以后，爱因斯坦终于领悟到，问题正出在人们最不容易怀疑的一个基本思想观念上，即同时性的问题上。长期以来，人们对牛顿的绝对空间和绝对时间产生了成见，或者说得更确切些，对分隔开的事件的时间的同时性的绝对性有了成见。爱因斯坦认为，“只要时间的绝对性或同时性的绝对性这条公理不知不觉地留在潜意识里，那么任何想要令人满意地澄清这个悖论的尝试都是注定要失败的。”①

“绝对”和“相对”是一对重要的哲学范畴。所谓“绝对”，往往指的是无条件的、不变的、普遍的等含义，在物理学中表现为物质及其运动的不灭性（就时间的流逝而言）和不变性（就坐标的变换而言）；与不灭性相联系的物理量称为“守恒量”，而与不变性相联系的量称为“绝对量”。例如，质量是守恒量（在一定的运动速度下质量是守恒的），但不是不变量（在不同的速度下质量是可变的）；熵是不变量（在不同的坐标系下熵是不变的），但不是守恒量（在一定的系统和过程中熵不守恒）。而“相对”则意味着有条件的、可变的、特殊的等含义。

在牛顿的绝对时空观里，时间和空间是绝对的，它们既与物质和运动无关，也是相互独立和不相干的。绝对时间和绝对空间是牛顿力学赖以成立的一个重要的基础观念。牛顿提出，匀速直线运动就是相对于绝对空间的。“绝对”一是指在牛顿力学中这个空间是与客体无关的、独立存在的绝对物；二是指这个空间是赋予一切物体以惯性的绝对原因。同样，牛顿毫不怀疑地认为，绝对时间是同绝对空间一样存在的。在牛顿的时空观中，描述空间的三个坐标分量与时间变量 t 是毫无关系的。空间和时间各自具有自己的不变性，也就是在这个空间里，一个物体的空间尺度不会因为运动的状况而改变。一根相对于观察者静止时测量长度为一米的尺，无论它相对于观察者以什么速度运动，其长度仍然是一米。牛顿的绝对时空观是经典物理学的基础。两个坐标系之间的空间位置和时间的变换是伽利略变换式。

---

① 爱因斯坦. 爱因斯坦文集：第一卷［M］. 许良英，范岱年，译. 北京：商务印书馆，1976：24.

在爱因斯坦提出的狭义相对论中不存在绝对的、孤立的时间和空间。爱因斯坦指出，物理学中的空间和时间不是直接从物理学的实验和观察中得出的；空间和时间是物理的，它们不是独立于观察者、米尺和钟而存在的抽象，而是由于物理的物体（观察者、米尺和钟）的存在而存在的；空间和时间不是绝对的，而是相对于观察者所在的参考系而言的；空间和时间不是互相独立的，在狭义相对论中，除了描述空间位置的三个坐标分量，还有第四个坐标 ict（i 是虚数，c 是光速，t 是时间）。任何物理事件的发生及其变化都在这个四维空间里，时间不再独立于空间以外，时间是“时空结合体”里的第四维；运动与时间空间是不可分离的。从一个惯性系到另一个相对运动的惯性系之间不仅空间坐标会发生变换，时间坐标也会随之发生变换，在空间变换关系中包含有时间坐标，在时间的变换关系中也包含有空间坐标；时空的这些变换都是与运动物体的速度有关的。

人们曾经一度把在相对论中涉及的一切事物都说成是相对的，早先对相对论产生的这个误解曾经“促使爱因斯坦提出用恒定性理论代替相对性理论”。[①] 其理由在于，首先，当尺子相对于观察者以一定的速度运动时，对不同的观察者来说，单独对空间和时间的测量结果是不同的，空间或时间不再保持各自的不变性，但是时空两者测量结果合成的所谓“时空间隔”是不变的；其次，不管惯性系之间发生怎样的相对运动，在任何惯性系中，光在真空中的速率都相等，是一个不变量；最后，作相对运动的不同参考系可能会出现难以预测的变化，但是，把一个惯性系的测量结果变为另一个惯性系的测量结果的变换法则是不变的，这个变换关系就是洛伦兹变换式。这个重要的相对论效应与物体的内部结构无关，是时空的基本特征。当物体的运动速度 $v \ll c$ 时，洛伦兹变换就转化为伽利略变换。不过，当后来无论是发挥科学现象力还是普通想象力，人们都可以接受“相对性”时，爱因斯坦再想改变相对性理论的名称，也已经为时已晚了。

在物理学发展史上，早在爱因斯坦创建相对论之前，法国数学家彭加勒（1854—1912）就已经提出了“相对性”这个概念，荷兰物理学家洛伦兹（1853—1928）就已经提出了以他的名字命名的变换式。爱因斯坦在一封信中写道：“毫无疑问，要是我们从回顾中去看狭义相对论的发展的话，那么它在 1905 年已到了发现的成熟阶段。洛伦兹已经注意到，为了分析麦克斯韦方程，那些后来以他的名字而闻名的变换是重要的；彭加勒在有关方面甚至更深入钻研了一步。”

---

① 琼斯. 普通人的物理世界［M］. 明然，黄海元，译. 南京：江苏人民出版社，1998：23.

早在1887年，当迈克耳孙-莫雷实验得出的“零结果”使人们感到极其费解和不安之际，人们又在其他寻找以太风的实验中遇到了类似的困难，由此人们发现，这似乎是大自然阻挠人类的阴谋。彭加勒就指出，整个阴谋本身就是大自然的一条定律，即不可能通过任何实验找到“以太风”，也就是说，不可能确定绝对速度。[①] 1898年，在论文“时间之测量”中，他就提出了，光速不变并在所有方向上均相同“是一种公设，没有这一公设，就无法测量光速。”在1904年，即爱因斯坦发表狭义相对论的前一年，彭加勒在圣路易国际艺术与科学大会上作了题为“数学物理学的原理”的讲演。在这个讲演中，他提出：“相对性原理（就是）根据这一原理，不管是对于一个固定不动的观察者还是对于一个匀速平移着的观察者来说，各种物理现象的规律应该是相同的；因此，我们既没有也不可能有任何方法来判断我们是否处在匀速运动之中。”[②] 特别是，他在那次科学大会上已经明确地提出，我们应该建立一个全新的力学去代替牛顿力学。彭加勒以他惊人的哲学洞察力，提出了相对性这个概念和光速不变的假设，但是，彭加勒并没有彻底把握住同时性的相对性这个关键性、革命性的思想。

洛伦兹为了使麦克斯韦方程组满足相对性原理，在1904年提出了洛伦兹变换关系式。仍为简单起见，设惯性系 S' 相对惯性系 S 以速度 u 沿 x 方向作匀速直线运动。

假定一个事件发生在 P 点，它的位置被两个相对运动的参考系 S 和 S' 系的观察者进行测量，并设在两个坐标系的原点 O 和 O' 重合的瞬间，每一个观察者的时钟的读数为零，则两个坐标系中分别测得的 P 点的位置坐标之间的洛伦兹变换是：

$$x' = \frac{x - ut}{\sqrt{1-(u^2/c^2)}} \qquad x = \frac{x' + ut'}{\sqrt{1-(u^2/c^2)}}$$

$$y' = y \qquad y = y'$$

$$z' = z \qquad z = z'$$

$$t' = \frac{t - (u/c^2)x}{\sqrt{1-(u^2/c^2)}} \qquad t = \frac{t' + (u/c^2)x'}{\sqrt{1-(u^2/c^2)}}$$

类似地，通过对时间求导，可得到速度的相对论变换式。

洛伦兹变换的特点是：在与相对运动垂直的方向上，在 S 和 S' 系中测得的结果是相同的；当一个物体相对于观察者静止时，测得的物体长度最大，称为物体的本征长度（静长度），如果一个物体相对于观察者在运动，那么这个观察者测得的

① 费曼. 费曼讲物理相对论［M］. 周国荣，译. 长沙：湖南科学技术出版社，2004：64.

② 杨建邺. 窥见上帝秘密的人——爱因斯坦传［M］. 海口：海南出版社，2003：160.

物体在运动方向上的长度将小于本征长度，这就是所谓的“长度的收缩”；当一只钟相对于观察者静止时，由这只钟记录下来的在同一个地点发生的两个事件之间的时间间隔称为本征时间间隔，如果一只钟相对于观察者在运动，那么这个观察者测得的同样两个事件（已不在同一个地点上）之间的时间间隔将大于本征时间间隔，这就是所谓的“时间的延缓”。

由于洛伦兹没有跳出经典物理的框框，他在调和光速不变与以太假设之间的尖锐对立时，曾提出光速不变是由受到以太的膨胀或收缩的调节所致等设想。当这些设想无法自圆其说时，他甚至发出过这样的悲叹：“在今天，人们已经提出了与昨天所说的话完全相反的主张；在这样的时期，真理已经没有标准，也不知道科学是什么了。我很悔恨我没有在这些矛盾没出现的五年前就死去。”这里，洛伦兹虽然建立了数学的变换式取代了经典力学的伽利略变换式，但他也仅仅是实现了一个数学上的巧妙变换而已，没有涉及同时的相对性的革命性思想。

正是在前人大量的实验和理论的研究工作基础上，爱因斯坦敢于质疑人类关于时间的原始观念，坚持同时性是相对的，才由此打开了通向微观世界的新物理之门。时间和空间的相对性和统一性成了爱因斯坦狭义相对论的核心思想。

5.3.3　相对论时空观下的质量和能量——狭义相对论质量观和能量观

基于这样的时空观的变革，在相对论中的质量观和能量观也随之发生了深刻的改变，因此，大学物理在讨论了相对论的运动学以后，紧接着就讨论了相对论的动力学内容，这就涉及质量、动量和能量等主要的物理量。

1. 质量与物体的运动速度有关，且随物体运动速度的增大而增加

在物理教科书中，质量一开始被定义为物体所含的物质多少的量度。到了学习牛顿第二定律时，质量则是由物体受到的力和由此产生的加速度之比来定义的。这里物体的质量是以物体反抗外力所引起的加速度的一种“阻力”的面貌出现的。这就是通常所说的“惯性质量”。此外，当物体受到重力下落时，物体的质量也可以由物体的重量来量度，这就是“重力质量”。这两种根本不同的定义却导致了物体质量的同一数值。在经典物理的教学内容中，这两个质量是不加以区分的。质量被看作是物质的一个基本性质。牛顿力学告诉我们，当物体的质量一经确定，无论物体处于静止或运动状态，其质量总是不变的。

然而相对论指出，物体的质量与运动速度有关，它在一定的速度下守恒，但不是一个不变量。如果以 m_0 表示物体相对于观察者静止的质量，称为“静止质量”；m 表示物体相对于观察者以速率 u 运动时所测得的质量，称为“惯性质量”。这两个质量之间的关系是

$$m = \frac{m_0}{\sqrt{1-\frac{u^2}{c^2}}}$$

这个关系式表明，在宏观低速运动情况下，物体的惯性质量与静止质量实际上是相等的，但物体的惯性质量是随着其运动速度的增大而增大的。对于高速运动的物体，惯性质量会比静止质量大很多。质量的基本意义是惯性的量度，因此，惯性质量的增大将意味着随着物体运动速度的增大，物体的惯性也随之增大。

在狭义相对论中，动量的定义式仍然是 $p=mu$，但是，由于质量随速度的增加而增加，因此，动量也与速度有关；但是对这样定义的动量，在任一惯性系中动量守恒定律都成立。

2. 质量的增加与能量的增加有关，且随能量的增加而增大

在经典力学中质量和能量是相互独立的，质量和能量在经典力学中的独立性表现为这两个物理量各自从一个方面反映了物质的运动。

根据经典力学的质量守恒原理，物体的质量在任何物理变化和化学变化过程中都保持不变，因此，质量是物质的一个基本性质。在牛顿力学中质量是作为惯性的量度而被定义的，而一个物体的惯性的大小与它所包含的物质的量是精确地相同的。

又根据能量守恒定理，一个物体在只受到保守力作用的情况下，它的机械能守恒。例如，一个理想的单摆在作周期运动时动能和势能的总和即机械能守恒，与单摆的质量无关。如果摆的运动最后逐渐趋于停止，那么能量守恒定律在这里就表现为机械能和热能的总和保持不变，也与物体的质量无关。后来物理学家又进一步把其他形式的能量，例如，化学能、电磁能等也包括在这条定理之中。

然而，相对论指出，为了确切地表述物体具有的能量，必须首先对上面提到的两个不同的质量概念严格加以区分：“静止质量”指的是由一个相对于物体静止的观察者所测得的这个物体的质量，它是物体本身不变的性质；而“惯性质量”量度的是物体具有的惯性大小的量，它是随着物体运动速度的增大而增大的。按照相对

论的观点，无论一个物体处于静止还是运动状态，它都具有总能量 $E=mc^2$，于是，物体的质量就是它所含能量的量度。一个物体增加了能量（例如，弹簧受外力作用而伸长，它的弹性势能得以增加），它必定相应地增加了质量。反之，一个物体释放出能量（例如，铀发生裂变时，会释放出大量能量），它必定相应地减少了质量。以一个爆炸能量相当于 2 万吨级 TNT 的原子弹为例，由于在原子弹爆炸以后会释放出来巨大的能量，从而使其残余物的质量比爆炸前的初始质量减少了 1 克。一个电子和一个正电子具有相同的静质量 m_0，当它们相遇时，就会变成两条伽马射线，每一束射线都具有精确的能量 m_0c^2。这个物质湮没完全转变成能量的实验完美地证实了质量与能量的等效性。[①]

当物体静止时，这个总能量与它的“静止质量”有关；当它的速度增加时，其“惯性质量”也随之增加，它的总能量也相应增大，物体的动能等于物体运动时的总能量（此时质量是“惯性质量”）减去静止时物体具有的总能量（此时的质量是“静止质量”）$E_k=mc^2-m_0c^2=\Delta mc^2$。这个动能的表示式在低速运动情况下，可以近似表示为经典物理学中为人们熟知的动能关系式。

相对论指出，一个物体的质量随物体的运动速度的增加而增大，相应地，它的总能量也随之增大，因此，尽管这个物体在运动的速度变化前后都没有从外部添加一个分子和一个原子，但是物体的质量却增加了，这里的质量增加是对物体总能量的增加的量度。

在经典力学中，似乎物体的能量已经与质量有着密切的关系。当一个物体的速度恒定时，质量越大，它的动能也就越大。一个物体的动能不是与物体的质量有关的吗？注意到，在经典力学中出现的质量是相对于相对论中的“静止质量”，它是一个守恒量。与该物体运动速度相关的能量是动能，而不是它的总能量。物体一旦处于静止状态，它就没有任何动能，但可以具有其他形式的能量。

如果把相对论的质能转化关系包括在一起，那么质量守恒定律就需要重新表述为 $\sum\left(m_0+\dfrac{E}{c^2}\right)=$ 常量，这里的 E 包括了物体具有的除动能以外的其他各种类型的能量。在一个封闭的系统中，能量包括静能和其他形式的能量，其总和是不变的，即能量守恒定律可以表示为 $\sum(m_0c^2+E)=$ 常量，容易看出，这个公式实质上就是推广了的质量守恒定律。爱因斯坦说：“如果一个物体以辐射的形式放出能量 E，则

① 费曼．费曼讲物理相对论［M］．周国荣，译．长沙：湖南科学技术出版社，2004：76.

它的质量减少 E/c^2，这个事实与从物体抽出能量变为辐射能量显然没有什么区别，因此，这使我们得出更普遍的结论，即物体的质量就是它所含能量的量度。”“在相对论以前的物理学中有两个具有基本重要性的守恒定律，即能量守恒定律和质量守恒定律；在那里这两个定律是作为彼此完全独立的定律出现的。通过相对论，它们融合成一个原理。”①

狭义相对论不仅在力学中重新表述了物体的运动学和动力学理论，在电磁学中，狭义相对论也以一种新的观点加深了人们对电磁学的理解。在相对论中电场和磁场没有各自独立分开的意义，而是互相依赖的。在某惯性系中的一个纯粹的电场或纯粹的磁场，在另一个惯性系中将同时具有电场和磁场的分量，从力的变换式中可以得出电场强度和磁感应强度从一个坐标系到另一个坐标系的变换关系。于是，在解决电磁学问题时，狭义相对论就提供了比经典处理方法更简单的方法：先从较容易得出结论的坐标系着手，再转换到所需坐标系中。事实上，即使对电磁学本身的理论体系而言，单单从库仑定律和电荷不变性出发，用相对论就可以导出电磁学的全部内容。

狭义相对论突破了经典物理学关于“时间和空间与物体运动无关”的传统观念，使人们对时间和空间的认识发生了深刻的改变，但是在狭义相对论中时空还仍然只不过是物质运动的一个框架而已，时空本身并没有参与到运动中。爱因斯坦在其他物理学家还在理解和消化狭义相对论时，自己发现了新的疑难。经过 10 年时间的努力探索，爱因斯坦把狭义相对论推进到广义相对论，达到了他一生中辉煌的顶点。

5.4 广义相对论的相对性原理和等效原理以及时空几何化

5.4.1 物理定律在任何参考系中都是适用的——广义相对论的相对性原理

在创立了狭义相对论以后，爱因斯坦认为，物理定律只在惯性系中适用的相对性原理在理论上面临着这样两个进一步的选择：第一个选择是必须对惯性系优于

① 瑞斯尼克．相对论和早期量子论中的基本概念［M］．上海师范大学物理系，译．上海：上海科学技术出版社，1978：125-126.

其他参考系的优越地位作出解释，回答“为什么相对性原理只在惯性系中成立，在非惯性系中就不成立”的问题；如果不能给出说明，那么，第二个选择就是必须放弃惯性系的优越地位，回答“能不能把相对性原理从惯性系推广到非惯性系，使相对性原理在一切参照系中都成立”的问题。爱因斯坦相信自然界的和谐统一，选择了后者，放弃了惯性系的优越地位，作出了把相对性原理从惯性系到非惯性系的推广，即物理定律在任何参考系中都是适用的，这就是广义相对论的一个基本原理，爱因斯坦称之为广义相对论的相对性原理。

5.4.2 “我们根本不需要重力”——广义相对论的加速度与重力等效的思想

爱因斯坦认为，狭义相对论只论述匀速运动的参照系。然而物理学的定律应该在任何参照系中都必然成立，不管它们是否处于匀速运动的状态。此外，狭义相对论根本没有考虑重力，而重力在宇宙中以强度不同的万有引力场的形式普遍存在。我们是在地球重力场的作用下留在地球上的，而地球与行星是在太阳的万有引力场的作用下保持在其轨道上运行的。银河系星群也是在它们之间的万有引力的相互作用下聚在一起的。因此，可以认为，整个宇宙的行为都是由重力支配的。加速度与重力的这两个问题并不是毫不相干的，应该一并解决。

爱因斯坦解决这些问题时采用的方式主要是有名的思维实验。设想一个人站在静止的电梯里，如果从电梯里他看不到外界任何事物，那么，这个人怎样知道自己站在电梯的底面上？一个最容易的判定方法是他把手上拿的某件物体松开，观察该物体是否下落。爱因斯坦认为，在两种情况下，电梯中的人会看到物体“往下落”。一种是物体受到重力的作用向底面下落；另一种是当电梯处在远离任何行星的外层空间中并向上作加速运动时，物体也会“往下落”。对处在电梯中的观察者而言，他看到的这两种下落现象是完全相同的。但是，在第一种情况下，物体受到了重力的作用，作加速运动；而在第二种情况下物体没有受到任何引力的作用，而是以手松开时的速度作惯性运动。爱因斯坦认为，只要电梯以恒定的加速度上升，那么在电梯里的观察者做的任何实验和任何观测都不能区分自己是处于引力场中，还是处于远离星球而加速运动的电梯中。这就表明，重力和加速度之间存在明显的等效性，即加速参考系等效于引力场，这就是广义相对论的另一个基本原理。爱因斯坦将其称为“等效原理”。

对一个在中学学过物理的大学生来说，记住一个物体作匀加速运动的路程公式是很容易的。在这个公式中，路程与时间之间是一个二次方的函数关系。然而，正是在这个公式中恰恰包含了爱因斯坦在等效原理上所创立起来的新的时空观。

仍然以上述的电梯为例。假设一架电梯以匀速直线上升或下降，则根据匀速运动的路程公式，在时空关系图上与这样的匀速运动对应的是一根直线；而假设另一架电梯以加速度直线上升或下降，则从上面的路程公式中得出，在时空关系图上与这样的加速运动对应的是一根曲线！实际上在四维时空图中，作加速运动的物体总是与曲线的轨迹相对应的。正是基于对时空关系的这种深思，爱因斯坦又设想，如果一个观察者坐在作圆周（曲线）运动的旋转木马上，他观察得到的结果会是什么呢？显然，在这个观察者看来，那些相对于地面处于静止或作匀速直线运动的物体现在却在作加速运动，他在时空关系图上相应得到的运动轨迹是曲线而不再是直线。

此外，在物理教学中，平抛运动是作为日常生活中常见的曲线运动的典型例子而提出来的。的确，当我们在地球的引力场中抛出一个小球时，小球在重力作用下，其运动轨迹显然也是一根曲线。因此，如果从时空图曲线的“时空曲率”上看，以上提到的两种运动的时空性质是一样的。所不同的是，一个是以对地面作加速运动（圆周运动）的参照系所得到的结论，另一个是以在重力场中建立的惯性参照系所得到的结论。爱因斯坦问道，如果重力与加速度是等效的而且难以区分，那么我们为什么还需要它呢？我们从来只是从例如抛出一个小球观察到的曲线运动来间接地判断重力的。而在重力场中小球的曲线运动又同样可以在某个加速运动参照系中被观察到，那么为什么还要引入一个看不见的又无法测试的力而使问题复杂化呢？因此，爱因斯坦得到的结论是，我们根本不需要重力，我们谁也没有见过重力。

1907年，爱因斯坦把他初次得到的这种认识比作“我一生中最愉快的思维”。

这个原理揭示的现象实际上在爱因斯坦以前就为人们所知道，但是人们没有去深入地思考其中包含的原理。在物理教学中常常会提到的关于伽利略在比萨斜塔上使一个铁球和一个木球同时落到地面的传说，从现代物理学观点上看就是一次等效原理的实验：在地球的万有引力场中处于同一高度的不同物体是否同时落到地面上。在这个传说中，不存在伽利略把这个实验搬到在太空中作加速运动的火箭上去实施的情节。然而，爱因斯坦却以思维实验告诉人们，在这样的火箭上铁球和木球也会同时落到“底面”上。加速的参照系与万有引力场等效。在这一点上爱因斯坦比伽利略前进了一大步，他利用加速度而不是利用重力来观测“同时”落地的结果。

更重要的是，爱因斯坦认为，重力和加速度之间的关系最终可以扩充为关于宇宙的崭新概念，在这个概念中重力乃至物体之间的引力的概念是多余的。这里应该指出，等效原理只对重力场适用，对其他的场完全不适用。例如，在爱因斯坦假设的加速运动的电梯中所有的带电体都以同样的速度落到地面上，但是在电场中却以不同的速度落下。因此可以用加速运动的方法区分电场或磁场，但却不能把加速度和重力场区分开来；更具体地说，我们不可能将地球的引力场中的惯性参照系与加速的参照系区分开来。正是从等效原理出发，物理学的一些最基础的概念发生了更深刻的变革。

5.4.3　平直空间与弯曲空间——广义相对论的时空几何化思想

在时空的性质是等效的前提下，惯性系和其他参照系之间根本就没有任何区别。但是，在一个参照系中观察到的直线运动（例如在一个惯性参照系中观察自由落体运动），在另一个观察系中看上去可能是曲线运动（例如在一个沿圆周作加速运动的参照系中观察同一个落体运动），这在物理学上是不允许的，因为在所有的参照系中物理学的定律必须是一样的。爱因斯坦认为，如果在一个参照系中见到的惯性运动似乎成了曲线运动，那么这样的曲率不可能是运动本身固有的，而是本来就在这个参照系中的。因此，不同参照系的空间特征和几何形状必然有差别。“你”见到的运动是直线运动，这是因为“你”所在的参照系的空间是“平直的”；“我”观察得到的惯性运动是曲线运动，那是因为“我”所在的参照系空间是“弯曲的”。这样，爱因斯坦在狭义相对论的相对时空观上，又加进了几何学的内容，用几何学代替了重力。于是，惯性参照系和非惯性参照系之间不再存在任何物理学上的实质性区别，只有几何学上的区别。人们可以不再需要用重力对火星偏离惯性运动的情况作出解释。于是物理学的定律比牛顿想象的情况要简单得多。所有运动都是惯性运动，所有的物体完全沿时空的自然等值线运动。在惯性系中等值线恰好是直线，而在其他参照系中等值线又恰好是曲线。

由此我们看到，爱因斯坦创立的广义相对论使牛顿以来的对时空、物质和运动的认识体系发生了重大的变化。广义相对论最一般地讨论了时空、物质、运动之间的关系；如果说，狭义相对论以相对时空观取代了绝对时空观，则广义相对论又进一步以弯曲时空取代了平直时空。他的新时空观和运动观归根到底可以从四维时空关系中得到解释：四维时空不仅可以伸长或缩短，而且可以弯曲；物体运动所有可能的曲线轨迹是由弯曲的几何空间的等高线所决定的；只有这条法则将所有的运动描述为自然运动或惯性运动。爱因斯坦的理论也许很复杂、很深奥，然而，他的物理学却很简单，只有一条运动法则，根本没有力。因此，爱因斯坦相对论的意义远不是对牛顿时空观和运动观的修改，而是建立了对宇宙认识的一种全新的观念：从行星、恒星与银河系这些巨大的星系到地面上一块石头、一只苹果的落地，宇宙间万事万物的运动原来并不统一于万有引力的作用。它们的运动不再受什么动力学的规律支配，而是时空本身几何学的演绎结果。物理学的几何化是爱因斯坦认识论模式中带有根本性的思想方法论武器。

5.4.4 洛伦兹变换不是普适的——非线性变换下的场方程的协变性思想

在创立狭义相对论的过程中，爱因斯坦首先为了表达时间和空间对于速度的相对性这个基本思想，用洛伦兹变换代替了伽利略变换。这里物理定律在洛伦兹变换下的不变性是与速度的相对性对应的。当爱因斯坦提出了加速度与引力场等效性的原理以后，他发现在引力场中，洛伦兹变换不是普适的，需要寻求更普遍的变换关系，也就是需要建立与加速度的相对性对应的非线性变换下的协变性。爱因斯坦去求教老同学数学家格罗斯曼。他们通过查阅文献发现，上面提到的数学问题早就被黎曼等解决了。于是格罗斯曼帮助爱因斯坦引入了属于黎曼几何学的张量运算，并把平直空间的张量运算推广到弯曲的黎曼空间。在 1913 年两人联合发表的论文中，提出了引力的度规场理论，并在文中第一次提出了引力场方程，但是这个方程只对线性变换是不变的。1915 年，爱因斯坦又把对线性变换是协变的引力场方程推广为对任意坐标变换下普遍协变的引力场方程，从而终于用数学语言表述了广义相对论的基本概念，完成了广义相对论的逻辑结构。

如果说，狭义相对论的相对性原理得出物理定律不会受参考系速度的影响，那么广义相对论的相对性原理则指出物理定律不会受参考系的加速度的影响。这样的推广表明，人们可以在完全不同于牛顿理论的基础上来考察范围更加广泛的事物，这是一种比以往理论更加满意、更加完备的考察方式。正是对广泛事物进行这样的考察，才导致了新思想概念的形成和发展。

爱因斯坦的广义相对论为大多数物理学家所接受，主要是由于这个理论推导出的若干个预言已成功地得到了证实。

1. 光线在引力场中弯曲

在牛顿理论中，引力是两个物体之间存在的相互作用；而在广义相对论中，爱因斯坦提出的引力是一个完全不同于牛顿理论中的引力的概念。爱因斯坦预言，引力会使时空发生弯曲，也就是质量使时空弯曲，因此，引力就是时空的弯曲。地球围绕太阳的圆周运动根本不是牛顿理论中提出的引力所引起的，而完全是由时空的弯曲造成的。根据这个预言，爱因斯坦还推算出，来自恒星的光从太阳近旁掠过时将发生偏转的角度为 1.75″。1919 年，英国皇家学会和皇家天文学会派出由爱丁顿率领的两支观测队，在西非几内亚湾和巴西索布腊尔测得的偏角分别为 1.61″ ± 0.30″ 和 1.98″ ± 0.12″，与爱因斯坦的预言基本相符。当时的德国《时代》杂志上在刊登这个消息时，赞扬爱因斯坦是“世界史上的伟大新人物”，“阿尔伯特·爱因斯坦，他的研究成就预示着将对我们关于自然的概念作一次全面的修改，他的成就可以与哥白尼、开普勒和牛顿所具有的深邃的洞察力媲美。”后来，在 1922 年以后，人们又多次作了观测。进入 20 世纪 60—70 年代以后，利用射电干涉仪已经可以测量到 0.01″ 的角位差，分辨率也达到了 2×10^{-4} 角秒，1974 年和 1975 年对类星体的观测结果是 1.761″ ± 0.016″，非常接近爱因斯坦的预言。[①]

2. 引力红移的测量

在狭义相对论中，时钟要受到它与观察者之间的相对运动的影响，在广义相对论中，时钟的“速率”还会继续受到它与观察者之间的加速运动的影响。由于加速运动与重力等效，因此，时钟还受到重力场的影响。从空间的几何化上看，时钟受到的引力影响归根到底将是弯曲时空的影响。爱因斯坦预言，如果把时钟放在强引力场（严重弯曲的空间）中，时钟的速率会慢于一般的速率，时钟看起来走得比原来慢了。如果把原子发射光波的频率作为“时钟”，那么，在这个区域内电磁辐射的频率在另一个区域被测量时，频率就会降低，于是，相对于原来的频率，被测量到的频率朝着低频即红端的方向移动了一个距离。在 20 世纪 60 年代和 70 年代所作的检验完全证明了爱因斯坦的理论。

爱因斯坦的理论预测这个红移的结果精确到小数点后面 21 位，但 20 世纪的测量还只是在较大尺度上观察到红移。目前人们利用世界上最精确的原子钟，通过测量原子周围的电子改变能量状态时发出的频率来计算引力红移秒数。测量结果表

① 郭奕玲，沈慧君. 物理学史［M］. 2 版. 北京：清华大学出版社，2005：206-207.

明，由于重力的影响，在原子钟的顶端测量到的 1 秒比在底端测得的 1 秒长 10^{-19} 秒。如果让这样的时钟走过 140 亿年（大约是宇宙的年龄尺度），那么它的误差只有 0.1 秒。[①]

3. 水星近日点的进动

牛顿成功地以运动定律和万有引力为起点，通过数学计算得到了开普勒提出的行星绕太阳运行的轨道是完全椭圆的结论。但是，实际观察得到的结果表明，水星运行的轨道既不是椭圆，也不是完全静止，而是发生着缓慢的进动，进动率为每个世纪 43 秒，水星轨道以这一速率完成一次自转需要 300 万年。这种情况与牛顿理论计算的结果大致相符，但还存在微小的差异无法解释。爱因斯坦将水星看成是在围绕太阳的弯曲空间中的一颗行星，着手进行了同样的计算工作。他也发现了水星的椭圆轨道，但不是如牛顿计算得到的静止的轨道，而是恰恰以每世纪 43 秒的速率在进动的轨道。这个结果是如此地直截了当，以至爱因斯坦情不自禁地“心脏在颤动”。[②]

爱因斯坦为进行这样的探索，耗费了大约十年的时间。这是一场时间长、难度大的斗争。他遇到过绝境、挫折和失望，但是他的洞察力与他的直觉给了他力量，他丝毫没有对自己的思路产生过动摇。1915 年，他的奋斗终于得到了回报。那时爱因斯坦在他的一封信中这样写道：“接连数天，我情不自禁，兴高采烈。”玻恩曾把广义相对论称为“认识自然的人类思维最伟大的成就，哲学的深奥、物理学的洞察力和数学的技巧最惊人的结合”。德布罗意认为，广义相对论对引力现象的解释，其“雅致和美丽是无可争辩的。它该作为 20 世纪数学物理学的一个最优美的纪念碑而永垂不朽。”

---

① 英国《新科学家》周刊．原子钟证明广义相对论［EB/NL］. https://www.newscientist.com/article/2308688-most-precise-atomic-clock-shows-einsteins-general-relativity-is-right.[2023-11-28].

② 琼斯．普通人的物理世界［M］. 明然，黄海元，译．南京：江苏人民出版社，1998：63.

第6章

量子论中的物理学思想

本章引入

量子论的创立是20世纪物理学最重要的成果之一，它从根本上改变了人们对物质结构和物质运动的经典物理的概念，揭示了微观客体具有波粒二象性。微观粒子既具有粒子性，但不是经典意义上的粒子——例如，量子物理中引入的是表征微观粒子的能量和动量的力学量算符，从这些算符出发只能得到的是微观粒子能量和动量的平均值；微观粒子又具有波动性，但不是经典意义上的波动——例如，微观粒子状态是用波函数描述的，波函数的平方体现了微观粒子出现在空间位置上的概率密度，这是一种带有概率意义的、被称为"物质波"的波动性。正是由于波粒二象性，对微观粒子的状态的描述就完全不同于经典力学。描述微观粒子状态的波函数所满足的动力学方程是一个波动方程，而不是关于粒子位置和动量的经典动力学方程；力学量算符服从与普朗克常量有关的非对易关系，而不是经典力学中能量和动量所满足的乘法可交换的对易关系；它能够给出微观粒子的位置、能量、动量等物理量的一个可能取值的"分立谱"，而不是连续变化的经典物理量等。

大学物理中的量子物理篇讨论的正是量子理论的基本概念："量子化"的概念是怎样提出来的？什么是能量子？什么是物质波？什么是波粒二象性？什么是波函数？波函数满足的动力学方程是什么？由这个动力学方程可以得出什么与经典力学不同的结论？等等。

量子理论带给人们的不仅是对物质世界结构的新的认识，而且是思维方式的根本变化，例如，关于微观粒子运动演化概率性因果观的思想、在测量物理量时测量仪器和被测量客体相互作用的思想、微观粒子的物理量呈现"量子化"分立值的思想、测量微观粒子位置和动量时满足的不确定性关系的思想等。由于这些思想超越了人们的日常生活经验，具有很大的抽象性；又涉及人们对物质结构和物质运动的一系列认识论根本问题，具有丰富的哲理性，因此，学习量子理论篇要注重理解物理概念和物理思想从经典到量子的过渡和转变过程，而不是只记住表面上的复杂数学公式和运算解题方法，否则很容易走入物理学家玻尔曾经警告过的“数学丛林”之中，从而迷失了学习的方向。

由于经典物理的物理概念与生活经验如此吻合，以至其“根深蒂固”地存在于人们的头脑中，从而使得人们获得的关于宏观物理世界的认识从一开始就成为学习量子理论的严重阻碍。物理学家玻尔曾经说过：“谁没有被量子理论所震惊，谁就不会理解量子理论。”这里所谓的“震惊”就是量子理论与经典物理之间产生的一种思想和观念上的“碰撞”，而量子理论给人们带来的思想上的“震惊”，正是我们学习和理解量子理论的起点。因为有了“震惊”，才可能引发思考，才有可能逐步摆脱经典概念的限制，进入量子世界。没有“震惊”，或者表现为固守经典物理观念，或者表现为无法理解量子理论的精髓。因此，学习量子物理需要注意克服“死记硬背概念”和“套用公式解题”的机械式的被动学习方法，更多地理解物理学家提出问题的过程和方法，更多地分析形成“量子化”思想的渊源和有关的实验论证。正是基于这样的理念，本章着重从过程和方法上展开了对“量子化”思想从起点、发展和提升过程的论述，讨论了量子状态的波函数的“概率性”因果观思想、“波粒二象性”的互补性思想和“不确定性”的复杂性思想。

6.1 “量子化”思想是20世纪物理学的重要思想

6.1.1 物理学产生革命性变革的开端——“量子化”思想提出的“革命性”

“量子化”是量子论的最基本的概念，它以物理量取值的“不连续性”与经典物理的“连续性”相对立。为了引入这个概念，大学物理的“量子物理”篇总是从20世纪物理学的发展历程中出现的一系列实验新发现与经典力学理论体系之间的尖锐矛盾、从经典物理学出现的局限性、从经典物理学面临着的“危机”开始论述的。这样的论述从物理学发展史的角度上提供了一个深刻的思想启示：物理学的发展不仅为人们提供了对物质结构和物质运动形式的更加深刻的知识，而且也同步深化了人们对自然界本来面貌的深刻的思想认识。其中“量子化”假设正是从克服20世纪初物理学面临的所谓“危机”中提出来的，是物理学从思想观念上和理论体系上产生革命性变革的开端。

物理学史表明，从“量子论”的最早提出到成为物理学的重要思想，其中经历的过程比相对论的发展历程长得多，对大自然进行的这个新诠释为物理学开辟的场面也比相对论的场面丰富得多。

作为创建量子力学的基础，“量子化”最初仅仅是作为一个“假设”提出的，但是，仅仅作为提出的“假设”，即使是得到了实验验证的“假设”，也是不足以构成思想的。只有当一个“假设”既得到实验验证又成为一个更高层次理论演绎的当然结论时，它就具有了理论上的“立足点”，就能成为理论体系的组成部分。“量子化”作为物理学的革命性思想，是从德国物理学家普朗克（1858—1947）提出的“能量子”假设开始的，进而又被爱因斯坦（1879—1955）发展为“光量子”的假设，又被丹麦物理学家玻尔（1885—1962）发展为原子结构的轨道“量子化”模型的假设，这些假设都相继解释了有关的实验结果，得到了实验的验证，但直到“量子化”能量成为求解薛定谔方程而自然演绎得出的结论以后，“量子化”才有了理论依据，成为 20 世纪物理学的重要思想。这正是在大学物理教材中关于量子物理内容展开的逻辑次序背后所蕴含的思想，也是我们在学习量子物理中需要加以把握的一条思想主线。

如果说，理解时空与运动的相对性的思想是从学习低速运动的经典物理转到学习高速运动的狭义相对论的一个重要的起点的话，那么理解“能量子”概念就是从学习关于宏观物体的经典物理转到学习关于微观客体的量子理论的一个重要的起点。

6.1.2　从“能量子”到“光量子”——“量子化”思想的形成和发展的“连续性”

“能量子”的概念最初是由普朗克为消除热辐射研究中的理论“灾难”而提出的。为从理论上推导出黑体辐射的实验公式，普朗克提出了这样一个假设：辐射的能量不再连续变化，而是以一个能量的基本单元，即一份一份的能量为单位改变的，这个能量的基本单元就是“能量子”。这就是早期量子论提出的“量子化”假设。

在大学物理课程讨论关于“能量子”这个量子物理的“量子化”基本概念时，总是从黑体辐射的实验开始，从维恩公式和瑞利公式与实验不符合的所谓“物理学危机”引出的。尽管现在的中学物理课程中也已经提到过黑体辐射实验，但是大学物理课程仍然加入这些内容，这不是一个单纯的重复的物理学历史叙述，而是通过这样的叙述来体现一个重要的物理过程：尽管“能量子”体现了一种“不连续性”，但是“能量子”概念的形成却有着它的历史“连续性”。它不是脱离了历史发展而凭空出现的，也不是一些物理学家“灵机一动”突然想到的。作为近代物理发展史上的一个重要的物理思想，“能量子”这个“量子化”的概念是在经历了普朗克为从理论上推导出黑体辐射的能量公式而提出一种能量单元关系的假设、爱因斯坦为解释光电效应而提出“光量子”假设、玻尔为克服卢瑟福原子结构模型的不足而提出原子结构的轨道“量子化”模型，以及后来能量“量子化”成为求解薛定谔方程的自然结果等一系列过程才最后形成的，是物理学家精心设计和安排实验，不断修正自己的观念和概念，在寻求建立对自然界的统一和谐的理论认识体系思想和科学研究方法引导下的产物。这也就是大学物理中“量子理论”篇安排相关教材内容上的内在逻辑次序。

6.1.3 “紫外灾难”——黑体辐射面临的思想上的“灾难性”

什么是黑体辐射？黑体辐射的理想化模型是怎样提出的？对黑体辐射的实验研究为什么在普朗克提出的“量子化”假设的形成过程中有着重要的地位和作用？

黑体辐射是一种理想化的热辐射，与大学物理中引入的其他理想模型一样，黑体辐射的模型也不是凭空出现的，它来自日常的热辐射现象，但又比日常的热辐射在更一般更本质的层次上揭示了热辐射的规律。理解这个过程，对于学生克服在学习量子物理时由与经典物理概念相抵触而造成的认识上的障碍是完全必要的。

大学物理是以“前进三步，引入三个定义”的方式定义黑体辐射的。

首先是从日常生活中见到的热辐射开始。实验证明，任何物体在任何温度下都在不断地向外发射各种波长的电磁波。在不同温度下，发出电磁波的能量按频率有不同的分布，所以才表现为不同的颜色。这种在一定温度下能量按频率分布的电磁辐射就定义为热辐射。

这里一个很自然的问题是：热辐射的能量与辐射的电磁波的波长（或频率）之间存在怎样的分布关系？对于这个问题，德国的物理学家夫琅禾费在观察太阳辐射的光谱的同时曾对光谱的能量分布做过定性的研究。实际上，人们在生产和生活中早就触及热辐射与波长有关的现象，例如，人们凭经验知道，发出明亮的紫青色火焰的炉火温度要比发出暗红色火焰的炉火温度高。“炉火纯青”的成语现在虽然主要是用来比喻一个人在某方面的能力或技巧达到了非常熟练的地步，但它的原意却是从热辐射中得出的。据说，古代道家炼的仙丹必须达到一定的高温才能炼成，在没有温度计可以测量温度的那个年代，人们只要看到炉火显示出纯青的颜色，仙丹就算在高温下“炼成”了。

然后是在确定温度下定义平衡辐射。定性的实验表明，热辐射的能量分布与辐射的电磁波的波长（或频率）之间的关系是与发出热辐射的物体的温度有关的。于是，从定性地到定量地提出问题的思路就必须分为两步：首先需要研究在某一个确定温度下，热辐射能量分布与波长的关系。由于一个物体在热辐射的同时也吸收照射在它的表面的电磁波，而一旦物体因辐射而失去的能量等于从外界吸收的辐射能时，物体的状态可用一个确定的温度来描述，这种热辐射就定义为平衡热辐射。因此，引入平衡热辐射就是完全必要的。在此基础上，就可以着手研究在不同温度下分布与波长的关系会发生怎样的改变。

最后是以理想化模型的方法定义黑体辐射。显然，物体辐射能的多少是与物体的材料有关的，此外，还取决于物体的温度、辐射的波长、时间的长短和发射的面积。吸收本领大的物体，辐射本领也大。表面越黑，吸收电磁波的本领越大，在同温度下辐射的强度也大。能完全吸收照射到它上面的电磁波而不发生反射和透射的物体叫绝对黑体，简称黑体。当然，实际上黑体是不存在的，黑体是人们从观察所有产生热辐射的物体中抽象出来的一种理想的物理模型，但可以用某种装置近似地代替黑体。例如，一个带有小孔的空腔就可以看成是近似的黑体，在这种空腔中的电磁辐射常称为黑体辐射。

理论分析表明，一种黑体不仅能够全部地吸收投射到它上面的一切辐射，而且在同样温度下，它所发出的热辐射也比任何其他物体为强。黑体既是最好的吸收体，也是最好的辐射体。对于黑体，不论其组成的材料如何，它们在相同温度下发出同样形式的辐射能量。因此，在研究平衡热辐射时，人们把黑体辐射作为一种理想模型，先不计材料的组成，提取各种材料在热辐射中的本质共性进行研究，这是具有很大的理论意义和实际意义的。

对黑体辐射能量与频率关系的研究早就引起物理学家的注意，也已获得了许多的实验结果。但是当人们用经典电磁波理论进行解释时，却无法导出与实验结果相符或相近的结论。用经典电磁理论推理的结果是：随着物体温度的升高，各种频率辐射的能量就相应增大；越接近紫外频率，辐射能量就越急剧增大，直至无限，这个结论明显与实验结果不符（这个理论结果称为“瑞利-金斯公式”）。经典电磁理论一度面临着这样的所谓“危机”！这个现象在物理学史上称为“紫外灾难”，它与测量“以太”漂移速度的迈克耳孙-莫雷实验所得到的“零结果”一起，被开尔文宣称为笼罩在20世纪物理学上空的“两朵乌云”。

6.1.4 两个经验公式的提出——能量“量子化”假设的思想

1893年，德国物理学家维恩（1864—1928）首先提出了辐射能量密度随波长变化的辐射能量分布定律（又称维恩公式）。普朗克把电磁理论应用于热辐射和谐振子的研究，通过熵的计算，从理论上得出了维恩位移律，从而使这个定律获得了普遍的理论意义。但是，实验结果表明维恩位移律仅在短波方向上与实验相符，在高温和长波方向上存在着系统误差。英国物理学家瑞利（1842—1919）注意到这些偏离，他在假设辐射空腔中电磁谐振的能量按自由度平均分配的前提下，重新推导出一个能量密度的公式。这个公式在高温和长波辐射波段比维恩定律更符合实验的结果。不久，金斯发现了瑞利在计算这个公式中的常数时存在的错误，并加以修改更正，于是这个公式后来就称为“瑞利-金斯公式”。

一个公式在短波方向上与实验相符，另一个公式在长波方向上与实验符合，这样的实验结果引起了包括普朗克在内的物理学家的重视。普朗克先把它们综合起来，仅仅在维恩公式的指数函数后面加了一个 -1 的项，很快地得出了一个新的辐射定律，这个定律与实验结果居然完全符合。普朗克在1900年10月19日向德国物理学会作了报告，这个定律就称为普朗克辐射定律。由于这个公式还是由对实验结果的归纳得出的，因此，一开始它充其量只能算是一个经验定律公式而已。但是，一个经验公式与实验如此完美地相符，这绝不是巧合，其背后一定有着理论上的某种依据。这个问题引起了普朗克的极大兴趣。他曾回忆说：“即使这个新的辐射公式证明是绝对精确的，如果仅仅是一个侥幸揣测出来的内插公式，它的价值也只能是有限的。因此，从10月19日提出这个公式开始，我就致力于找出这个公式的真正物理意义。这个问题使我直接去考虑熵和概率的关系，也就是说，把我引到了玻尔兹曼的思想。”[①] 普朗克注意到，在热力学理论把黑体中的原子和分子都看成可以吸收或辐射电磁波的谐振子，且电磁波与谐振子交换能量时可以以任意大小的份额进行（从0到 ∞ ）。于是，一开始他就试图从热力学理论推导这个公式。但是，他

① 赫尔曼．量子论初期史［M］．周昌忠，译．北京：商务印书馆，1980：19.

的努力没有成功。最后，普朗克不得不放弃了热力学方法，试用玻尔兹曼的统计方法再次进行了尝试。两个月以后，普朗克终于得出了一个结论。他认为，为了从理论上导出这个公式，必须假设辐射是带电物体振动时发出的一列波，这列波的频率只能选取某些允许的可能值，相应地它的能量也只能不连续地增加，即 $E=nh\nu$。这里 n 只能取 0，1，2，…的正整数；而 h 当初仅仅是作为常量提出来的，普朗克为了使他的理论与实验尽可能相符，得出了 $h=6.626\times10^{-34}\ \mathrm{J\cdot s}$，这个结果与近代物理的测量结果非常接近，于是 h 就称为普朗克常量；ν 是波的频率，$h\nu$ 称为能量子。物体能量按这样不连续的方式取值，就称为物体的能量是“量子化”的。

普朗克提出的假设所包含的思想在当时是十分惊人的，也是完全超出了人们的感觉经验的，因为人们在日常生活和经验中没有感受到能量不连续取值的限制。但是，从普朗克量子假设出发，从理论演绎推导得到的黑体辐射能量分布公式与实验上观察得出的能量分布却是符合得很好的。这就表明，人们日常生活中的经验可以作为学习和理解物理学知识的起点，但是物理学涉及的领域无论在深度和广度上远远超出了人们的生活经验，尤其在人们感觉无法触及的微观领域上，当人们以自己特有的想象和思维能力提出了一些假设和模型以后，检验这些假设是否正确的有力证据是实验的结果，而不是生活的经验，也不是经典物理学的现有结论。

据普朗克自己回忆，他的老师约里曾经对他说过，理论物理学正在明显地接近于如几何学在数百年中已具有的那样完善的程度，并曾建议普朗克不要去研究已经“完善”了的物理学，然而，普朗克当年没有听从约里的劝告，“不惜任何代价”地提出了堪称是现代物理学革命的先声的量子理论。但是，普朗克本人却是一个“勉强革命的角色”，他把牛顿经典理论看成是不可逾越的顶峰。他对于自己提出的“量子化”的思想，心中一直感到惴惴不安。他在提出量子论以后的几年时间里变得胆怯，开始后退。他甚至在自己的科学自传中承认自己的理论“纯粹是一个形式上的假设”。他认为，“经典理论给了我们这么多有用的东西，因此，必须以最大的谨慎对待它，维护它。”① 于是他在以后的十几年时间里，多次修改自己的理论，千方百计试图在经典物理学体系中建立作用量子，把能量的不连续性仍然拉回能量连续性的经典理论框架中去。后来，他的失败最终使他放弃了倒退的立场。通过反思，普朗克终于从失败的教训中获得了对量子化的进一步认识。普朗克后来回忆说：“我的同事们认为这近乎是一个悲剧。但是我对此有不同的感觉，因为我由此而获得的

① 杨仲耆，申先甲．物理学思想史［M］．长沙：湖南教育出版社，1993：649.

透彻的启示是更有价值的。我现在知道了这个基本作用量子在物理学中的地位远比我最初想象的重要得多。并且承认这一点使我清楚地看到在处理原子问题时，引入一套全新的分析方法和推理方法的必要性。”①

普朗克为了调和量子概念与经典概念之间的矛盾，曾把辐射能量的量子化与黑体所辐射的总能量之间的关系作了这样的比喻：他认为，人们到商店买啤酒是只能一品脱一瓶地买，这就好比是黑体辐射的“量子化”的能量；但是不能由此得出，啤酒就是由等于一品脱的不可分割的部分组成的，这就好比总能量还是连续的。爱因斯坦深入思考了这个问题，他对“能量子”的理解和比喻与普朗克完全不同。爱因斯坦提出，啤酒不仅是按一品脱一瓶为单位出售的，而且啤酒本来就是由一品脱一份的份额组成的，这个份额从本质上是分不开的。

爱因斯坦把普朗克 1900 年提出的量子概念推广到光在空间中的传播情况，在 1905 年提出了“光量子”假说，在“能量子”概念的发展上前进了一大步。

6.1.5 光电效应——爱因斯坦的“光量子”假设的思想

当光照射到金属表面时，电子会从金属表面逸出的现象称为光电效应。

光电效应的实验规律主要是如下所述。

（1）存在饱和光电流强度单位时间内从金属表面逸出的光电子数与入射光强成正比。

（2）光电子的最大初动能随入射光频率的增加而增加，与入射光强无关。

（3）存在截止电压。当电压 $U=0$ 时，光电流并不为零；截止电压 U_c 与入射光频率 v 呈线性关系。

（4）从阴极逸出的光电子必有初动能。光电子的最大初动能与入射光强无关。

（5）只有当入射光频率 v 大于一定的红限频率时，才会产生光电效应。

（6）光电效应是瞬时发生的。

在解释光电效应的实验结果上光的波动理论也遇到了“灾难”，面对这样的“灾难”，爱因斯坦没有像当时大多数物理学家一样坚信麦克斯韦电磁波动理论，而是去寻找关于光电效应的新的机制。他把普朗克提出的“能量子”的假设推广为“光量子”假设，从而成功地提供了对光电效应实验规律的理论解释。

---

① 杨仲耆，申先甲．物理学思想史［M］. 长沙：湖南教育出版社，1993：650.

爱因斯坦于 1905 年 3 月在德国《物理学年鉴》第 17 卷上发表了题为“关于光的产生和转化的一个启发性观点”的论文。爱因斯坦在论文中提出了“一个启发性”的观点，就是通过“光量子”假设断言电磁辐射场具有量子性质，并把这种性质推广到光和物质的相互作用上，即物质和辐射只能通过交换“光量子”而发生相互作用。对于光电效应，他认为，“最简单的方法是设想一个光子将它的全部能量给予一个电子。”为此，爱因斯坦提出：

（1）光是由光子组成的光子流，光的能量一份一份地集中于光子上；

（2）光子的能量和其频率成正比；

（3）光子具有“整体性”，一个光子只能“整个地”被电子吸收或放出。

爱因斯坦认为：对于时间平均值，光表现为波动性，能量是连续的；而对于瞬时值，光则表现为粒子性，能量是分立的，一个单元的能量就是一个“光量子”：$\varepsilon=h\nu$（这里 h 是普朗克常量，ν 是光的频率）。“光量子”在历史上第一次揭示了微观粒子的波动性和粒子性的统一，即波粒二象性。爱因斯坦的“光量子”思想和相应的理论圆满地阐明了十几年来经典电磁场理论一直无法解释的“光电效应”这一难题。

对爱因斯坦提出的这个“光量子”的创造性的观点，不仅当时有很多人不理解，甚至连最早提出“量子论”的普朗克也认为爱因斯坦“太极端了”。时隔八年后，1913 年，包括普朗克在内的科学家在提名爱因斯坦为普鲁士科学院院士的推荐书上还以嘲笑的口气写道：“……他（指爱因斯坦）有时在创新思维中会失去目标，例如，他对光量子的假设。可是我们不应该过分批评他……”

为什么辐射的能量可以是“量子化”的？为什么普朗克常量取这样一个很小的数值？（相比之下，同样的问题是，为什么光速常量取这样大的数值？）这些问题还有待于进一步的研究。至今人们已经知道，如果这些常量中有一个发生了改变，那么呈现在我们目前的宇宙将会有很大的不同。

6.2　三种原子结构模型和“量子化”思想的发展

6.2.1　三种原子结构模型的提出——20 世纪创立量子力学的重要起点

除了辐射能量的“量子化”，在原子内部电子的运动轨道和相应的能量上玻尔提出了“量子化”的假设，这就是“轨道量子化”的模型假设。

人们早就开始了对于原子结构模型的探究，在物理学发展史上先后有三位物理学家提出了原子结构的模型，其中丹麦物理学家玻尔在1913年把“量子化”假设的思想创造性地运用于原子结构，提出了原子结构的“轨道量子化”模型假设。这个模型假设提出，不仅原子内部电子的轨道是“分立的”，即“量子化”的，电子处于轨道上的能量也是“量子化”的。

1. 汤姆孙（1856—1940）提出的原子结构的“实心带电球”模型

英国物理学家汤姆孙提出了第一种原子结构的模型。1897年，汤姆孙通过对阴极射线的研究发现了电子。1904年，他提出，原子是一个充满着均匀带正电的“流体”的实心球体，而带负电荷的、具有一定质量的电子则嵌在这个球体内的某些固定的位置上。这就是原子结构的“实心带电球”模型。由于汤姆孙发现了原子中含有电子，从而完全否定了原子的不可分割性。基于这个模型，汤姆孙认为，电子的体积很小，而电子之间的空隙很大，因此，可以用来合理地解释电子穿透原子的现象。

2. 卢瑟福（1871—1937）提出的原子结构的“太阳系行星”模型

第二种原子结构模型是卢瑟福提出的。在居里夫人发现镭以后，卢瑟福利用强磁场发现镭的射线中有三种不同的射线，第一种射线称为α射线，这是带正电的氦离子流；第二种射线称为β射线，这是带负电的电子流；第三种射线穿透力最强，能够穿透所有的铅板，称为γ射线，它是与X射线类似的中性的电磁波，但是比X射线的波长更短。其中α粒子穿透金箔以后发生偏转的现象引起了卢瑟福的注意。卢瑟福原来是认为汤姆孙模型是基本正确的，他曾想通过这个实验的散射数据来加以确证。他估计了汤姆孙模型中的单个原子对α粒子产生的偏转的散射平均角度不会超过10^{-4}弧度，利用统计理论可以证明，受到许多原子影响的累积效应的作用，α粒子散射角为90°或90°以上的机会是10^{35000}分之一。然而，实验结果表明，大多数粒子穿过金箔后仍沿原来方向前进，偏转散射角小的粒子占优势；但确实有少数粒子发生了较大的偏转，偏转角度超过了90°。有10^4分之一（而不是10^{35000}分之一）的粒子被弹回，偏转角几乎达到180°，这是用汤姆孙的原子结构模型无法解释的。卢瑟福说：“这是我一生中从未有过的最难以置信的事件，……除非采取一个原子的大部分质量集中在一个微小的核内的系统，是无法得到这种数量级的任何结果的。”[①] 正是在这样的核心思想指导下，卢瑟福提出了原子结构的新模型：原子中心有一个很小的“核”，叫原子核，原子的全部正电荷和几乎全部质量都集中在原子核里；而带有负电荷的许多电子绕着原子核旋转。由于电子与原子核之间有很大的空隙，因此，α 粒子可以畅通地穿过金箔；当少数带正电的 α 粒子接近原子核时，由于正电荷之间存在的斥力作用而使电子的运行轨道发生偏转。鉴于这个模型与太阳系的结构的相似性，因此，它被称为原子结构的“太阳系行星模型”。

卢瑟福建立的新的原子结构模型，克服了汤姆孙模型的不足，能够较好地解释一些现象。但是，根据这个模型，绕着原子核运行的电子会不断地失去能量，最后会很快地落在原子核上，于是整个原子结构就被破坏了。然而，实际上，原子都很稳定，并没有发生任何电子与原子核碰撞的情况。另外，按照这个模型，电子围绕原子核的运动会不断发出电磁波，而随着电子不断失去能量，电子发出的电磁波频率也会相应地发生连续的变化，呈现出所谓连续光谱，但是，实验上观测到的光谱却是分立的。

3. 玻尔（1885—1962）提出的原子结构的“轨道量子化”模型

丹麦物理学家玻尔在前人研究的基础上，根据一系列的实验事实，分析了卢瑟福原子结构模型与光谱之间的矛盾。他相信行星结构模型是正确的，但也意识到这个理论在阐明微观现象方面的严重局限性。他赞赏普朗克和爱因斯坦在电磁理论方面引入的量子理论，在 1913 年初用量子化假设创造性地把卢瑟福、普朗克和爱因斯坦的思想结合起来，把光谱学和量子论结合在一起，提出了第三种原子结构的模型——原子结构的“轨道量子化”模型，成功地解释了氢原子和类氢原子的结构和性质，发展了对氢原子结构的新观点。他提出了关于原子结构的如下假设。

（1）围绕原子核运动的电子处于的运动轨道不是任意的，只可能是一系列不连续分布的特定轨道，即轨道是“量子化”的。原子的不同能量状态跟电子的不同轨道相对应。电子虽然围绕原子核在“量子化”的轨道上作高速运动，但电子不会向外辐射能量。

（2）只有当电子从一个轨道跃迁到另一个轨道时，它才会辐射或吸收能量。辐射能量伴随着光子产生（此时电子从能量较高的轨道跃迁到能量较低的轨道）的过程；吸收能量伴随着光子吸收（此时电子从能量较低的轨道跃迁到能量较高的轨道）

① 瑞斯尼克．相对论和早期量子论中的基本概念［M］．上海师范大学物理系，译．上海：上海科学技术出版社，1978：236.

的过程。光子的频率则取决于两个轨道对应的能量差（与每一个轨道对应的能量是“量子化”的）。

玻尔的理论不仅为物理学家认识原子结构提供了新模型，更重要的是突破了经典力学思想的框框，打开了物理学家认识微观世界的新视角，成为20世纪创立量子力学的重要起点。1916年，玻尔接受哥本哈根大学理论物理讲席，1920年，哥本哈根大学根据他的倡议，成立了一个理论物理研究所，他担任所长。玻尔担任这个研究所的所长达四十年，起了很好的组织作用和引导作用。在他的周围聚集着许多有为的青年理论物理学家，如海森伯、泡利、狄拉克等。他们互相磋商，自由讨论，不断创新，最后发展成了有名的量子力学“哥本哈根学派”。

玻尔的原子结构模型成功地解释了氢原子的光谱的分立性，并由此创造了一系列新的物理概念，如定态、能级等；但是，这个模型仍然把电子看成在确定轨道上运行的经典粒子，并没有从根本上摈弃经典物理的理论。这个模型既无法解释氢原子光谱中出现的更精细的结构，也无法给出比氢原子稍微复杂一点的多原子的光谱的理论说明。因而，这个模型也具有一定的局限性。

6.2.2 从理论假设到实验验证——三种原子结构模型包含的物理学思想

三种原子结构模型的相继提出不仅有力地说明了原子不是物质分割的极限，而且鲜明地把物理学家在认识物质结构时所采用的物理学思想方法贯穿于建立原子结构的三个不同阶段的始终。

首先，在每一个阶段中都是先有实验现象，后有基于假设而形成的理论解释，然后，又有新的实验现象否定了旧的理论解释，于是，新的假设性理论开始问世，再接受新的实验检验。这就是“实验现象—提出假设—理论解释—新的实验现象”的科学思想认识论，它是许多科学理论形成的有效途径。

其次，在每一个新阶段形成的新理论并不全盘否定旧的理论，而是比旧的理论更广泛、更深刻；新理论既能够解释旧理论能够解释的实验结果，又能够解释旧的理论不能解释的实验现象。

最后，尽管前一个理论总会存在某些局限性，后一个理论总是比前一个理论“高明”，今天人们对原子结构的认识也已经远远超出了玻尔的原子结构的“量子化”轨道理论，但是，在一定的条件下，以上的三种理论在各自适当的范围内还是有用的，例如，在解释大气压强和香味传播等现象时汤姆孙的“实心带电球”模型仍然是一个好的理论，没有必要动用玻尔的“量子化”轨道模型。

由原子结构模型的发展进程提供的物理学思想中可以得到一个重要的启示：对一个物理学思想及其相应的理论，我们与其一般地说它正确或不正确，倒不如说它们在一定条件下比它们的前期的物理学思想和理论更有用，但后来又会被后期的物理学思想和理论所超越更为恰当。

虽然在这三个关于原子结构模型的理论中，后者的思想依次超越了前者的思想，但是它们在理论上的一个共同点是：无论是“量子化”的能量或“量子化”的轨道的提法，都是先作为假设提出，然后再用来解释实验结果的。物理学发展史表明，一个理论假设如果得到了实验的验证，这个理论假设就具有了一个“立足之地”；只有当一个与实验结果成功地相符合的理论假设作为更高层次理论的推理结果出现时，它才能具有思想和理论的依据，成为一种物理理论体系和物理思想的重要组成部分。例如，在热学中讨论的麦克斯韦速度分布律就是一个典型例子。起先麦克斯韦先提出了关于分子运动速度各向同性的两个假设，然后演绎出了麦克斯韦速度分布律。而在统计物理关于近独立粒子的最概然分布的理论中，麦克斯韦分布律是作为最概然分布理论的应用推导出来的必然结论，而原来的两个假设也自然得以成立。于是，麦克斯韦分布律就有了理论依据，成为以“统计性”的思想研究分子运动的重要组成部分。

同样，“量子化”的假设虽然在解释一系列实验结果中获得了很大的成功，但是只有在1924年以后，在根据微观粒子波粒二象性思想创立和发展起来的量子力学理论框架中，当能量“量子化”作为从薛定谔方程中演绎推导出来的必然结论以后，“量子化”才有了理论依据，从而成为现代物理学的一个重要思想。

6.3 物质波理论和“量子化”思想的提升

6.3.1 微观粒子的“波粒二象性”——微观粒子的本质属性

量子理论先后出现了两种理论表述形式，一种是由奥地利物理学家薛定谔（1887—1961）基于物质波的理论而创立的波动力学，另一种是由德国物理学家海森伯（1901—1976）利用玻尔对应原理创立的矩阵力学。1925年，薛定谔证明了波动力学与矩阵力学是等价的，指出了它们在数学上是完全等同的，可以从一种理论表现形式转换到另一种理论表现形式。

虽然两种理论表述方式是等价的，但是大学物理课程主要介绍的还是薛定谔的波动力学理论。这是因为，波动力学是以波函数作为讨论对象、以偏微分方程的形式建立起一个关于波函数的动力学确定性方程，这就类似于经典力学描述质点运动时以位移作为讨论对象、以常微分方程的形式建立起对位移的动力学确定性方程那样；尽管波函数的意义并不如位移那样简单明了，求解偏微分方程比求解常微分方程困难得多，但是确定性方程的数学表现形式毕竟不会使人们感到完全陌生，以至无从下手。此外，从普朗克提出“量子论”假设在辐射的波动能量上加上了“粒子性”到后来德布罗意提出“物质波”理论在微观粒子的能量上加上了“波动性”，从而使“波粒二象性”成为微观粒子的本质属性以后，建立一个微观粒子的运动方程就“势在必行”了。薛定谔在 1926 年从经典力学和几何光学的对比中提出了波动力学的波动方程——薛定谔方程。因此，大学物理课程从波动力学着手介绍量子理论，是容易被人们接受的。大学物理课程在量子理论内容上着重讨论波动力学既符合物理学发展进程，也符合“由浅入深”的教学原则，有助于学生更好地理解和接受“量子化”的物理思想。

6.3.2 物质波理论和德布罗意关系式——微观客体“非此非彼”的复杂性思想

学生对波并不陌生，但人们对波的概念的认识有一个发展过程。大学物理在从量子论开始引入物质波的概念时，已经先后提到了两类波。第一类是在“振动与波”的章节中讨论过的如同水波、声波那样的机械波。这类波的形成需要两个条件：一是波源，即有一个初始的振动源；二是传播振动的介质。水波和声波分别是相应的振动在水和空气介质中的传播，它们都可以被人们直接感觉到。第二类是在“电磁学”的章节中讨论过的如同可见光那样的电磁波。电磁波的产生也需要有一个波源，但电磁波可以在真空中传播，电磁波本身也不是介质，然而人们可以测量到它的物理实在。

在量子论中提到的是第三类波，即物质波。物质波理论是由法国物理学家德布罗意（1892—1987）首先作为假设提出的。但是，作为一个名词，“物质波”却不是德布罗意提出的，它是在薛定谔方程建立以后，在诠释波函数的意义时由薛定谔提出的。

与机械波和电磁波完全不同，物质波既无法被人们感觉到，也不是通常物理介质中的波，更无法对它进行任何形式的测量，它是一种纯数学的抽象概念，一个信息数学库。例如，电子的物质波不代表电子本身，它仅仅是提供了关于电子的信息源，因为通过物质波，可以得出电子在空间出现的“分布概率”。因此，更确切地说，这种波应该被称为“非物质波”。

德布罗意提出物质波假设的物理背景首先应该归于爱因斯坦提出的关于光的“波粒二象性”的实验和理论给他的启示。当时，人们已经观察到了辐射的电磁波会发生干涉和衍射，显然这只能从电磁波的波动性上进行解释；此外，光电效应的实验结果，又使波动性理论的推理结果与实验不符。为此，爱因斯坦提出了“光量子”的假设，提出了光波具有“粒子性”，但不再是经典意义上的“粒子性”，而是表现为光波能量的“量子性”。后来，1923 年康普顿效应的发现更加证实了光既具有“波动性”，又具有“粒子性”，从此以后，光具有“波粒二象性”成为不争的事实。当大多数物理学家还没有认识“波粒二象性”的本质，还在设法消除看起来似乎矛盾的和混乱的现象时，德布罗意却首先注意到这个不可否认的事实具有重要的意义。基于物理学中广泛的对称性思想，德布罗意从上述事实中提出了这样的思考：光的行为长期被看作是波动，但光电效应等实验证实了这样的波动具有“粒子性”。那么，由对称性的考虑，自然也可以提出这样的问题：长期被看成粒子的电子的行为是否也具有某种“波动性”呢？其次，他还注意到玻尔提出的关于电子轨道量子化条件已经意味着电子的运动与波的干涉有着某种自然的联系，因为决定量子化条件的整数 1，2，3，…，自然会使人们联想到波的干涉条件。

1923—1924 年，德布罗意在《法国科学院通报》上连续发表了三篇论文论述了有关波和量子方面的观点。他受法国物理学家布里渊关于“以太”会因为电子运动而激发波动，以至形成轨道“量子化”的思想所启发，提出了“实物粒子也具有波粒二象性”的大胆假设。他认为，“不能简单地把电子看作微粒，还应当赋予它们以周期的概念。”他提出，与运动着的微观粒子对应的还有一假想的正弦波，电子的周期运动与正弦波两者有着相同的位相。这是一种非物质波，德布罗意称之为“相波”。他在论文中没有明确表示但蕴含地提出了相波的波长与动量之间的关系是 $\lambda = \dfrac{h}{p}$，这就是德布罗意关系式。由这个关系式可以得出，一个具有 54 eV（电子伏）能量的电子的“相波”的波长只有 1.66×10^{-10} m。一个质量为 1 千克的宏观物体具有比电子大 10^{31} 数量级的质量，于是“相波”的波长更是如此之小，以至于在通常条件下宏观物体不会显示出任何的波动性。

如果说，爱因斯坦推广了普朗克的“量子论”假设，提出了“光量子”假设，揭示了光的“波粒二象性”，那么德布罗意把爱因斯坦提出的关于光的“波粒二象性”的思想又加以扩展，提出了所有实物的微观粒子都具有“波粒二象性”的思想。爱因斯坦高度评价了德布罗意的工作，认为他指出了“一个物质粒子或一个物质粒子系可以怎样同一个（标量）波场相对应”的问题。德布罗意的思想引起了当时物理学界的重视，也为以后薛定谔创立波动力学做了重要的思想准备。鉴于德布罗意的这一重大理论成就，他荣获了1929年诺贝尔物理学奖。德布罗意曾提出通过电子束的衍射实验有可能观察到电子束波动性的预言，这个预言在1926年先后为戴维森和G.P. 汤姆孙所做的单晶散射实验和电子衍射实验所证实。他们两人也为此共同获得了1937年诺贝尔物理学奖。

一个是粒子性，一个是波动性，在经典物理中这是宏观物体分别具有的两个“非此即彼”的特性。然而，在微观领域中，它们却可以同时在一个微观客体上呈现出来，从而显示了微观粒子具有“非此非彼”的“波粒二象性”的本质属性。这里指的“粒子性”不再是经典意义上的粒子性，例如，一个微观客体——光量子也有能量和动量，但是它不是经典粒子——因为，光量子是不能像一个台球点粒子那样可以单独拿在手中计数的；这里指的“波动性”也不再是经典意义上的波动性，例如，一个微观客体显示的物质波虽然也有波长和频率，但是这种波是无法像水波声波那样被人们直接感觉到，也无法像电磁波那样可以被直接测量它的物理实在的。

微观粒子具有“波粒二象性”思想的提出在思想方法上表明，经典物理“不是这个，就是那个”的两端思维的简单性思维越来越不适合于人们对客观世界的认识；在微观领域中“不是这个，也不是那个”的多元思维的复杂性思维取代了简单性思维。当代复杂性科学倡导的复杂性思维方法不是简单地抛弃简单性思维的理性逻辑，而是主张把两个互相排斥的原则和概念联结起来，它们是不可分割的，也是同一的。微观粒子具有的波粒二象性的本质属性体现的正是这样的一种同一性。

6.3.3 波函数及其动力学方程——波函数的概率性因果观思想

既然微观粒子具有波动性，那么就应该先建立起相应的波动方程，据说，这正是当年著名的化学物理学家德拜对奥地利物理学家薛定谔提出的一个启示。薛定谔通过研究，把从波动光学的方程出发作近似而得到几何光学的基本方程这一推导过程反过来，从经典力学的基本方程去建立波动力学的基本方程。开始他试图建立一个相对论性运动方程，但是由于当时还不知道电子具有自旋，在关于氢原子光谱的精细结构的理论上得到的结果与实验不符，后来他改为用非相对论波动方程来处理电子的运动，得出了与实验相符的结果。于是不久他就在 1926 年 1—6 月连续发表在德国的《物理学纪事》杂志上的四篇系列论文中宣布找到了这样的波动方程——薛定谔方程，这是一个描述微观粒子波动状态的函数——波函数的动力学方程。从方程中求解得出的具有物理意义的波函数必须满足单值性、有限性和连续性的标准条件。

量子波动方程在量子理论中有着与经典波动方程在牛顿力学中相似的重要地位。为了理解量子波动方程的特征，可以对经典的波动方程和量子的波动方程的求解条件作一个这样的比较：经典的波动方程由位移对时间的二阶导数和对空间的二阶导数构成，因为粒子的运动状态是由每一个时刻的位置和动量两个物理量来确定的，因此，求解经典波动方程需要两个初始条件。但是，薛定谔方程是由波函数对时间的一阶导数和对空间的二阶偏导数构成的，因为粒子的微观状态（这是根本不同于经典力学的状态概念）是由每一个时刻的波函数来决定的，因此，求解薛定谔方程只需要一个初始条件和关于波函数和波函数的一阶导数的边界条件。与经典波动方程不同的是，薛定谔方程不是根据实验的结果归纳而得出的，是从物质平面波的复数表达式中建立起来的。薛定谔方程只是量子力学的一个基本假定，它的正确性主要就是看由此推论出的结果是否符合客观实际和实验的结果。

用薛定谔方程讨论在无限深势阱中的粒子的能量和谐振子的能量是大学物理“量子理论”篇中作为薛定谔方程应用的两个典型例子展开讨论的，它们之所以成为典型例子，是因为量子力学的许多特征和思想都可以从这两个应用中体现出来。

首先，在这两种势场中的粒子处于“束缚态”之中。无限深势阱的势场特点是“分段连续”的；而谐振子势是“对称连续”的。它们都是实际势场的一种很有用的理想化模型，而且数学上已经具备了对这两个例子求解方程的有效方法。

其次，求解这两类薛定谔方程都可以自然得出微观粒子能量的一个“量子化”的分立谱，能量的大小就由分立的“量子数”来决定。正是从这里开始，普朗克等提出的“量子化”的假设才从物理上提升为理论演绎的必然结果。

最后，薛定谔方程是一个关于波函数的线性方程，它的解满足线性叠加原理。在薛定谔方程可以精确求解或几乎可以精确求解的简单情况下，由给定初始条件和边界条件下的波函数，可以得出任意时刻的波函数。因此，薛定谔方程对于波函数仍然是一个确定性方程。利用这个方程，可以预言得出光谱频率的准确值、谱线强度和原子、分子的所有其他可观察的性质，以与实验结果进行比较。

在人们学习量子理论，并通过求解方程得出一些结果的同时，都自然会产生这样一个疑问：波函数描述的究竟是什么样的"振动"状态或传播什么样的"波动"状态？是描述了微观粒子本身在"振动"吗？例如，是不是电子本身在振动？或者，是描述了电磁场的振动吗？例如，是不是电场强度或磁场强度的矢量在"振动"？显然，由于电子已经不再被看作是经典粒子，因此，波函数不可能是表示粒子振动的物理量；又由于波函数是复数，因此，波函数也不可能是表述电场强度或磁场强度的物理量。那么，波函数究竟是一个什么性质的物理量？或者它与微观客体的什么性质的物理量有关呢？

先从与经典力学的对比中看。在人们熟悉的经典力学中，对宏观世界的认识次序是"从静到动"，即从确定物体的位置开始，再定义位移和位移随时间的变化的物理量——速度和加速度等。牛顿运动方程描述的正是关于位移随时间变化的规律。然而在量子理论中，由于"波粒二象性"的存在，人们对微观粒子运动的认识次序发生了根本的改变。取代经典力学描述粒子运动状态的位移、速度和加速度等物理量的是波函数，取代描述位移随时间变化的牛顿运动方程的是描述波函数随时间和空间改变的薛定谔方程。因此，正如玻尔指出的那样，微观世界的物理学无法与自然的传统概念一致。微观粒子不再是经典意义上的粒子，在微观世界中没有"粒子位置和位移"的概念，当然也没有"粒子速度和加速度"的概念。波函数是位形空间的波而不是普通空间的波，它们可以从位形空间变换到动量空间或能量空间中，因此，微观粒子也不会呈现出经典意义上的波动，在微观世界也没有"振动"的概念，当然也就没有"振动传播"的概念。既然从经典的方式上看，无论是"粒子"的概念或"波动"的概念都不可能完整地提供描述微观粒子运动状态的概念。那么，从量子理论的方式上看，从定义初始时刻的波函数到得到以后任意时刻的波函数，获得的是关于微观粒子运动的什么信息呢？归结以上的讨论，由此提出的一个很自然的问题是：波函数的物理意义究竟是什么？

薛定谔自己曾把波函数解释为一种由许多波合成的"波包"，他认为，所有微观粒子都是"相当小的波包"，而"运动着的粒子只不过是形成宇宙物质的波动表面的泡沫"，在薛定谔看来，波包才是唯一的实在，而粒子只不过是派生出来的东西。但是，薛定谔这种只强调连续性而排除粒子性的解释不仅在理论上受到其他物理学家的反对，而且由于波包的发散性与电子始终保持着稳定性相矛盾，因而很快被否定了。

目前得到公认的是 1926 年由玻恩提出的关于波函数的概率解释。

在物理思想上，玻恩提出的关于波函数的概率解释是爱因斯坦的“幻场”理论的一种合理的推广。爱因斯坦曾把“电磁波场”看作是一种“幻场”，他认为，就是这样的“场”引导着光子的运动，而电磁波的振幅的平方决定了单位体积内一个光子存在的概率。玻恩发展了爱因斯坦的思想，在关于波函数——Ψ 函数的解释上强调了粒子性，而把物质波体现的波动性看作是对粒子在各处出现概率的一种描述。他说：“爱因斯坦的观点又一次引导了我。他曾经把光波振幅解释为光子出现的概率密度，从而使粒子（光量子或光子）和波的二象性成为可以理解的。这个观念马上可以推广到 Ψ 函数上：$|\Psi|^2$ 必须是电子（或其他粒子）的概率密度。”而 Ψ 函数因此就称为概率幅。

概率幅在量子论中有着重要的地位。从表面上看，似乎概率才是可以与实验相联系的有意义的量，概率幅是一个抽象的无意义的符号。其实不然，因为正是概率幅的存在使得量子论中的概率概念与日常生活中的概率完全不同。日常生活中的概率（例如，扔骰子出现的结果就是一个随机事件）是从数学上直接可以计算出来的，不存在什么概率幅；而量子论中的概率恰恰是通过概率幅的平方这样的特殊数学程序得出来的，这里没有与经典概率论可以对应的东西。正是基于这一点，狄拉克认为，“我相信，这个概率幅概念也许是量子论的最基本的概念。”①

在量子物理中，概率幅的重要性是通过对电子双缝实验的分析提出的。在大学物理教材中一般都会概述电子双缝实验的结果，作为一个典型的实验，这个实验的重要意义表现在以下三个方面。

一是说明当一个电子通过双缝时，在屏幕上留下的是一个点状的光斑图案。几个电子甚至几十个电子相继通过双缝时，屏幕上出现的依然是点状的图案。这是电子具有粒子性的表现。但是，一个电子究竟通过哪一个缝和打在屏幕上什么地方，都是完全不确定的。即一个电子究竟到达屏幕何处是概率事件，因此，电子不是经典粒子。

二是说明在大量电子通过双缝时，屏幕上出现了衍射图像，电子的确具有波动性；但是在入射强度很弱的情况下，屏幕上仍然表现出点状的图像，因此，这类物

---

① 狄拉克．相对论和量子力学 // 中国科学技术大学《现代物理学参考资料》编辑组．现代物理学参考资料：第三集［M］．北京：科学出版社，1978：42.

质波不是经典波。

三是说明当入射的电子数越来越多时，屏幕上就开始呈现出如同光的干涉现象中出现的那样明暗相间的条纹，与大量电子短时间内通过双缝以后形成的条纹一样。而且，不管如何控制和调整电子源，从这样的双缝得到的都是同一个图像。如果说，一个电子通过双缝的行为是不确定的、随机的，那么许多电子通过双缝呈现在屏幕上的行为却又是确定的、有规律的。

这个确定性的、有规律的行为是怎样形成的呢？当两缝同时开启时，按照经典概率理论，屏幕上电子出现的概率分布应该是电子分别通过两个缝的概率的叠加，屏幕上应该出现的是两个单缝衍射图像的叠加。但是，屏幕上出现的却是明晰的双缝衍射图像，这种图像的出现意味着，叠加是概率幅的叠加而不是概率的叠加，正是概率幅的叠加使得相应的概率分布中包含了两个波函数的交叉项，而正是有了这个交叉项，才使得屏幕上就出现了电子通过两缝形成的干涉图像。概率幅叠加的奇特规律被费曼称为“量子力学的第一原理”。

在确定性的意义上，经典的动力学方程是一个确定性的方程，在给定初始时刻质点的运动状态以后，通过求解方程可以得出在以后任意时刻质点的运动状态。这是经典机械因果观思想的一种表现。量子的动力学方程对波函数也是一个确定性的方程，给定初始时刻的波函数以后，就可以得到以后任意时刻的波函数。但是，波函数并不表示微观粒子的物理特性，一个电子的波函数是永远不能说明电子的行为的。在量子理论中，没有电子的时空因果运动。

按照玻恩的概率解释，波函数的平方表示粒子出现在某处的概率，因此，从初始波函数平方得到的概率信息通过求解方程得到的是以后任意时刻波函数平方提供的概率信息，这也是一种确定性，但显然不是经典意义上的确定性；因为概率毕竟只能给出电子可能出现在什么地方而不能给出电子究竟确定地出现在某处的结论，也不能给出电子的运动状态和运动方式的任何线索。同样这个方程也表示了一种因果观，但也不是经典意义上关于电子运动的机械因果观；因为概率的思想进入了因果观，微观粒子的运动过程服从的不是机械确定性规律，而是统计确定性的规律，而机械确定性只是统计确定性的一种特例。

对于波函数的统计解释，包括玻恩、海森伯等在内的哥本哈根学派认为，它表明了自然界的最终实质。温伯格曾经用只可能处于两个可能构型的一个粒子的虚拟系统来说明波函数的概率意义。在经典力学中，这个系统的粒子只有两种可能位置，要么在这个状态，要么在另一个状态——例如，这里和那里。在力的作用下，它可以从这个状态移动到另一个状态。在量子力学这个系统的状态就复杂得多。在没有观察粒子前，系统在任意时刻的状态可能完全在这里，也可以完全在那里，也有可能既不肯定在这里也不肯定在那里，如果对粒子的位置进行测量，那么发现粒子处于这里的概率由测量前这里的波函数的平方决定，而处于那里的概率由测量前那里的波函数的平方决定。而以爱因斯坦为代表的另外一批物理学家不同意这样的结论，爱因斯坦说过："上帝并不是在跟宇宙玩掷骰子游戏。"著名物理学家狄拉克认为，我们得到的统计性解释是不能令人满意的，但是必须承认，这种情况无疑是现有量子力学框架所能做到的最好情况。

从认识论上看，薛定谔方程体现的概率性因果观是对牛顿动力学方程体现的机械性因果观的一个发展，但是不管是在力学中讨论的机械确定性的因果观或在量子理论中涉及的概率性因果观，都还只是人们对客观存在的因果观认识过程中的一个阶段而已，人们对因果观的认识必将随着科学的发展而不断地深化。

6.4　海森伯不确定原理和现代复杂性科学中的"不确定性"思想

6.4.1　海森伯不确定原理——微观粒子的内在不确定性思想

在经典力学的理论中，可以认为，质点（宏观物体或粒子）在任何时刻都有完全确定的位置、动量、能量等；还可以认为，由初始条件可以得出以后任意时刻的确定的运动状态，这是经典运动方程体现确定性思想的一种表现。实际上，这样的表述仅有理论上的意义，或者说，这样的表述指的仅是理论上或概念上的确定性而已。例如，在定量地讨论问题或求解物理的题目时是完全可以出现类似这样的表述的："一个质点初始时刻处于坐标系的什么位置上或具有多大的速度和加速度等。"但是，一旦需要通过实验对初始位置或初始速度进行具体的测量时，一个不可回避的问题就是每次测量能在多大的精确度范围内进行？以测量速度为例，由于速度本来就是一个在极限意义上定义的物理量，任何实验测得的只可能是物体在一段时间（无论时间间隔多么短）内的平均速度，而不是瞬时速度；退一步说，即使测量的是物体的瞬时速度，那么对物体实际运动速度进行测量时，得到的数据与实际的速度也存在着一定的不确定性，这是因为任何测量仪器都只能具有一定的精确度。如同无论以多么精密的细节测量，得到的地图都对实际地形存在一定的不确定性那样，力学测量得到的数据都只能是对质点实际运动状态的一种近似描述，不同的仪器测量同一个物理量得到结果只是在近似程度不同而已。对此，美国物理学家费曼早就强调指出，在某种意义上经典物理也是不确定的。他还指出，因为确定性总是和作出预言联系在一起的，而对任何运动状态的测量都是有一定精确度的，但无论怎样地精确，我们都能找到足够长的时间，以至于在超过这个时间以后就无法作出对运动状态的有效的精确预言，只可能作出对于运动状态可能性的预言。这里费曼所说的不确定性指的就是由测量的有限精确度带来的不确定性，是一种由仪器而造成的人们对物体运动状态认识上的一种限制性。可以预料，随着测量仪器精密程度的不断提高，对于物体运动状态进行测量而出现的限制性也会逐渐缩小，但是，这种不确定性是不可能完全消除的。那么，一个自然产生的疑问是：在微观世界中，是否也有类似的测量位置或速度的不确定性问题呢？

1927 年，作为量子力学的一个基本原理，海森伯提出了以下列关系形式出现的"不确定性关系"（曾称为"测不准关系"）：

（1）位置与动量的不确定性关系

$$\Delta x \cdot \Delta p_x \geqslant \frac{\hbar}{2}$$

$$\Delta y \cdot \Delta p_y \geqslant \frac{\hbar}{2}$$

$$\Delta z \cdot \Delta p_z \geqslant \frac{\hbar}{2}$$

（2）能量与时间的不确定性关系

$$\Delta E \cdot \Delta t \geqslant \frac{\hbar}{2}$$

如果用物理语言来表述的话，则海森伯指出的是，每个粒子都有着位置和动量的内在不确定性，尽管测量其中任意一个量可以取任意精确度的数值，但是同时对它们两者测量存在不确定性的乘积的数量级只能大于或近似等于普朗克常量，对能量和时间这两个量也是如此。换言之，不确定性原理表明，不能以任意高的精确度同时（注意：是同时！）测得微观粒子的某些成对的物理量（它们被称为共轭的物理量），例如，坐标与动量、能量与时间等。这些共轭的物理量在测量中的不确定性范围的乘积称为这个粒子的可能性疆域。不同质量的粒子有着不同的可能性疆域。质量越大的粒子，其对应的疆域范围就越小，相应的不确定性也就越小。例如，一个质子的可能性疆域只有电子的 2000 分之一，因此，预言质子未来的运动状态就比预言电子的运动状态的不确定性要小得多。而对同一个粒子，对它的一个物理量测量的不确定性程度的减少，必定导致另一个与它共轭的物理量测量的不确定性程度的增加。

与上面提到的由经典力学测量的有限精确度带来的不确定性相比，量子力学中的这个不确定性关系是否也与测量仪器的精确度有关？除此以外，量子的不确定性还具有哪些不同的特点？

由于微观粒子具有“波粒二象性”，因此，首先，“确定一个微观粒子的位置或速度”这样的提法本身就失去意义，因为波动性的存在，人们是无法通过一个实验来测量微观粒子的“位置”和“速度”的；其次，即使从实验上能够测量到所谓微观粒子的位置或速度，其实，这往往也并不是真实粒子的运动状态。典型的例子就是测量宇宙射线粒子的“威尔逊云雾室”实验。海森伯注意到当云室接收到来自测量宇宙空间的射线粒子时，云室中就会显示出粒子的运动径迹，这个径迹似乎可以用来表征粒子的位置，但是这显然不是粒子运动的真正轨迹，而是水滴串形成的雾迹。水滴远比粒子的线度大得多，因此，观察得到的只是粒子所在的一个不确定性位置的范围而已，同样，运动径迹并不是一条数学意义上严格的曲线，它划出的前进方向也就不是粒子的真正速度方向，仅仅是粒子具有的一个速度的不确定性范围而已。

量子的不确定性是可以通过实验来证实的。在玻尔和爱因斯坦的著名争论中，对这些实验曾经作了相当详细的分析，由此得出的产生这种不确定性的一个原因是：任何测量都不可避免地存在着观察者（或观察仪器）与被测量对象之间的相互作用。这一点对于微观粒子显得特别明显。例如，当人们需要精确地确定电子的位置时，就必须使用像 γ 射线这种短波长的显微镜来进行观察。因为从理论上说，入射光的波长越短，显微镜的分辨率就越高，测定得到的电子坐标的不确定性程度就越小；但是由于测量的过程是光子与电子的碰撞过程，在碰撞过程中电子吸收了高频光量子的能量，产生了很大的“冲击”；波长越短的光量子具有的动量也越大，碰撞造成的电子的动量不确定性也就越大，于是，人们就不可能精确测量出它的动量了。反之，当人们需要精确地测量电子的动量时，就必须使用长波长的光，波长越长的光量子其具有的动量越小，这样电子与光子碰撞时吸收的能量较小，受到的“冲击”也较小，但是，长波长的光子碰撞电子时会发生衍射，波长越长的光，在碰撞以后产生的衍射现象越明显，从而造成的电子的位置不确定性也就越大，于是，人们就无法精确测量出电子的位置了。对此，海森伯写道："在位置被测定的一瞬间，即当光子正被电子偏转时，电子的动量发生一个不连续的变化，因此，在确知电子位置的瞬间，关于它的动量我们就只能知道相应于其不连续变化的大小的程度。于是，位置测定得越准确，动量的测定就越不准确，反之亦然。"由此可以看到，测量仪器对微观粒子的相互作用导致了这样的不确定性。

测量仪器与被测对象之间的这个相互作用对被测的宏观物体也存在，但是光子的动量对宏观物体的影响是微乎其微，完全可以忽略不计的。由此可以对测量微观粒子的不确定性和宏观测量的不确定性作如下的比较。

首先，测量微观粒子的不确定性是观察者与被测量对象的相互作用所造成的，而宏观测量的不确定性是由仪器的精密程度反映出来的，不涉及观察者对被测量对象的相互作用；测量微观粒子的不确定性不是由测量仪器不精确而造成的，也不会随着提高测量仪器的精密度而相应减少，而宏观测量的不确定性是可能随着仪器精密程度的提高而减少的。这是量子的不确定性与经典的不确定性的第一个区别。

其次，经典不确定性总是对测量某一个物理量而言的，只要测量仪器足够精密，则测量的不确定性总是可以逐步减小的，而且对一个物理量测量结果的不确定性（例如，对位置）不会影响对另一个物理量测量结果的不确定性（例如，对动量）。但是，量子不确定性关系表明，对一个物理量（例如，对位置）测量得到结果的不确定性必定会影响对另一个物理量（例如，动量）测量得到结果的不确定性；而且如果对一个物理量测量的不确定性减少，那么对另一个物理量测量结果的不确定性就会增加。例如，如果改进仪器提高了对电子动量测量的精确度，那么，这就意味着对电子位置的测量将越来越不精确。如果完全精确测得某时刻的动量（不确定性程度为零），那么对位置的测量就变得完全不确定（不确定性程度趋于无限大），也就是说，如果"确切知道"了电子的动量，那么对电子的位置就一定是"一无所知"的。这是量子的不确定性与经典的不确定性之间的第二个区别。

由不确定性关系可以得出一个结论：微观世界中的粒子不可能保持静止。以电子为例，原子内一个电子的位置不确定量总是被限制在原子的尺度上，这是一个很小的量，由不确定性关系可以得出，与此对应的电子的动量不确定量必然是一个大量，相应的速度也是一个很大的量。例如，如果在动量不确定量下粒子的速度不确定量是 1000 km/s，那么粒子本身具有的速度平均值至少是 500 km/s，这就表明，大量微观粒子仍然在作着高速运动，而不会静止不动。

海森伯认为，从观察者与被观察对象之间的相互作用看，不确定性原理体现的量子的不确定性表示的只是观察者通过测量能够得到的知识上的局限性，而不是自然界本身存在的不确定性。从这个意义上说，“测不准关系”的提法似乎比“不确定性关系”的提法更为恰当。海森伯认识到，“不确定关系”原理“保护”着量子力学，如果有可能以更高的精确度同时准确地测出位置和动量的话，量子力学的“大厦”就会倒塌。

确实，不确定关系使人们测量微观粒子得到的认识受到了某种限制，这个限制实际上就是对使用经典物理理论的限制。微观粒子既不是经典意义上的粒子（例如，力学中的质点）也不是经典意义上的波（例如，水波声波），（注意：一般不能说，微观粒子既是粒子，又是波。这是有各自独立含义的命题）当人们还在使用对经典物理量测量的语言去描述微观粒子的特性时，就一定会暴露出经典理论的局限性。不确定性原理揭示了人们只能运用量子理论来认识微观世界，但是微观世界内部的运动情况对人们目前的认识依然是一个“黑匣子”。从这个意义上看，这种限制是否意味着自然界对我们还隐瞒了什么？这是不确定性原理引起的物理学上更深刻、又更令人困惑的一个问题。

不确定性关系揭示了测量仪器对被测量客体的相互作用，这一点也使人们产生了物理学上关于客观性的一个值得质疑的问题。经典物理理论各学科声称以研究物质结构和物质的各种运动形式为自己的研究对象，这里隐含着作为观察者的人和作为客观世界的自然界的一种对立：自然界是独立于观察者之外的，不管是否被进行了观察，自然界总是客观存在的，是按照一定的客观规律运行的。然而，不确定性关系表明，测量微观粒子的不确定性是观察者对被测量对象的相互作用所造成的，也就是说，观察者能够观察到什么，是取决于观察者如何进行测量的，不同的测量过程就是不同的观察，而不同的观察就产生了不同的相互作用。于是，自然界的客观性地位被大大地降低了，观察者得到的测量结果不再是客观的和独立的世界的一部分，而仅仅是由主观和客观作用产生的认识的一部分。从这个意义上看，是否意味着我们通过观察和测量获得的知识就不再是客观的和独立的；在相同物理条件下实验或观察将可能导致不同的结果，是否就意味着从此不再有实验的可重复性和可检验性，有的只是可能性和概率性？这是由不确定性引起的物理学上更深刻、又更令人困惑的又一个问题。

哥本哈根学派对此的解释是肯定的。这个学派认为，微观世界发生的事件真的是不可预言的，“上帝确实是在扔骰子”。微观粒子的不确定性并不归结于对粒子位置和动量认识上的局限性；相反，这个粒子确实没有确定的位置和确定的动量。如果一次测量发现粒子处于某个特定位置，那么由此就判定粒子在测量之前就处于这个位置或处于很靠近这个位置的附近，这样的判定恰恰是错误的。这个粒子在测量前就处于位置的不确定量范围内，实际上在某种程度上，测量不是在某位置上发现了粒子，而是在某位置附近生成了粒子。测量也在某种程度上生成了需要由测量探测的属性，如果一次对位置测量生成一个位置，那么对动量的测量就将完全不确定；反之，如果一次对动量测量生成一个动量，那么对位置的测量就将完全不确定。但不确定性原理使得任何测量不可能同时精确地测得粒子的位置和动量，它们只能在不确定的一个可能性疆域内共存。类似地，光在反射折射过程中呈现粒子性，而在干涉和衍射过程中呈现波动性，但波粒二象性使得粒子的行为不可能同时呈现粒子性和波动性。玻尔从提出原子模型开始就敏锐地意识到，微观世界的物理学思想与自然的传统思想是无法取得一致的，为此，他提出了著名的“互补性原则”，这个原则表明，在对微观世界的描述中，两个对立的观点（例如，精确测量位置和动量；又如，呈现粒子性和波动性）是相互排斥的，又是相互补充的，它们各自都不可能提供关于微观世界的完整概念，但它们都是认识微观世界概念所必需的。

从不确定原理中还可以得出这样的思想启示：经典理论有着其适用的范围，也就是说，它只能在宏观物体低速运动的领域中揭示出物体的运动规律，超过了这个范围就会显示出理论的限制性。量子论是在微观领域中修改和超越了经典理论，而不是抛弃和推翻经典理论。类似地，可以肯定的是，量子论也有它的适用范围，在一定的范围内也会暴露出其限制性。今后肯定还有更新的理论修改和超越量子论，而不是抛弃它们。

6.4.2 非线性科学的出现——现代复杂性科学中的“不确定性”思想

在量子理论中，由于微观粒子具有的“波粒二象性”，从而存在内在的不确定性，由海森伯提出的不确定性关系成为这种不确定性的一种定量表示式。不确定性原理是量子理论的一条基本原理。而现代非线性科学的发展进一步揭示出，即使在只有少数自由度的用确定性方程描述的经典系统里，也存在着内在不确定性，混沌现象的出现正是这种内在不确定性的表现。近代混沌动力学理论正在从根本上改变人们对经典物理中或者只有确定性（如牛顿力学）或者只有概率性（如统计物理）两个极端的认识，使人们更深刻地理解了确定性与概率性的辩证统一。

尽管海森伯的粒子不确定性关系是从人们对微观粒子运动特征的认识中提出来

的，但实际上，人类在对客观自然界的认识中存在程度不同的不确定性正是科学世界观的基本内涵之一，也是科学事业能永葆活力不断开拓的原因所在。这是当代复杂性科学给我们的思想启示。

自 20 世纪 80 年代以来，在物理学科中出现了许多复杂性问题，例如，“非平衡系统的自组织”“非线性动力学混沌”等现象正在成为物理学科前沿的重要内容。复杂性科学作为一门新兴的学科正在蓬勃发展，人们开始打破了经典物理学把复杂问题简单化、把实际问题线性化的研究框架，不仅已经涉足了宇宙天体、地球、生命体等自然界出现的种种复杂性现象，而且开始把目光投到人类社会和教育的复杂性现象上来，由此产生了面向 21 世纪的复杂性科学。

基于对复杂性问题的认识，复杂性科学的原理和方法正在开始被引入教育教学问题的研究中。在众多的关于教育复杂性研究的工作中，1999 年，法国著名的哲学家埃德加·莫兰以“复杂思维范式”的独特思想体系所提出的对未来教育的理念引起了人们的格外关注。20 世纪 90 年代，莫兰进行“为一个可行的未来而教育”的跨学科研究项目，以复杂性思想为背景，表达了他对未来教育的思想。他提出，改革思想与改革教育密不可分，教育的目标与其说是造就充满知识的头脑，不如说是构造得宜的头脑。特别引起注意的是，莫兰把在物理科学、生命进化科学和历史科学中出现的不确定性的认识也列入了复杂性的范畴；莫兰指出：“应该抛弃关于人类历史的确定性观念，教授关于在物理学、生物进化学和历史科学中出现的不确定性的知识，教授应对随机和意外的策略性知识。”[①] 应该承认，前人创造和积累的物理学知识体系反映了人类对自然界的认识，正是这样的认识的真理性使人们对自己的行为变得更加理智，社会的发展走向更加文明。然而，我们也应该承认物理学理论和结论存在着不确定性，这不是“怀疑一切”或主张“不可知论”，而正是对物理学理论真理性的一种肯定，正是对不断建立和完善物理学知识体系系统性的一种追求。

20 世纪 30 年代，逻辑经验主义就提出，所有知识都是有条件的，它们只在支持它们的事实证据的意义上是正确的，从逻辑上和经验上看，总存在一旦发现了新的证据，就足以证明这些知识是虚假的可能性。在这个意义上，承认知识本身的不确定性正是科学自身最优秀的品质之一，爱因斯坦曾担心，某一天早上醒来，发现物理学的大厦已经倒塌。因此，只要是承认科学知识本身存在的这种不确定性，那

① 莫兰. 复杂性理论与教育问题［M］. 陈一壮，译. 北京：北京大学出版社，2004：8.

么，作为基础学科的大学物理课程的知识体系内容就应该体现这种不确定性。由此可见，在大学物理课程中，虽然接触到的不确定性问题是从学习量子理论开始的，但实际上对不确定性思想的理解和渗透应该贯穿于学习大学物理的整个学习过程之中。

第7章

大学物理课程的“学科文化”思想

本章引入

前几章分别从大学物理课程的各个分支学科上探讨了物理学思想。从整体上看，大学物理课程及其丰富的物理学思想是进入物理教育领域的一种特定的物理学科文化。在大学物理课程中构建的“学科结构”体系始终体现着教材编写者和教师的“物理学科文化”理念——以符合学习者认知规律的方式，把物理学的内容、思想方法和内在的科学精神以及价值、信念、情感和动力赋予学生。

在大学物理教学过程中构建“学科结构”体系，有利于学生对物理学科内容的深入理解和整体把握，有利于学生形成学习的普遍迁移，有利于学生对物理学科基本观念在记忆中得到巩固。

基于“逻辑统一性”文化理念，可以构建大学物理“学科结构”的“金字塔”体系；基于“层次相关性”文化理念，可以构建大学物理“学科结构”的“细胞型”体系。在大学物理课程中构建“学科结构”体系，在方法论上体现了“整体”与“部分”之间和“分解”与“关联”之间的复杂性思维方法。

7.1 大学物理课程是进入教育领域的一种物理学科文化①

7.1.1 物理学科文化——科学的一种文化形态

在具有悠久历史的文化长河中，每一个社会时期都需要并出现过相应的先进主流文化——无论是音乐、美术、文学作品还是自然科学，它们都是一个社会的进步

① 朱鋐雄，王向晖. 试论大学物理思想方法教育的缺失和教育资源库的建设及实施策略——对前五届物理基础课程教育学术研讨会论文的评述//2011年全国高等学校物理基础课程教育学术研讨会论文集. 北京：清华大学出版社，2011.

以及这个社会的人的全面发展所不可或缺的。

一个社会的先进主流文化主要由人文文化和科学文化两大部分组成。先进的人文文化反映了人们的世界观、人生观和价值观，它包含着人们对人生理想、信念的追求，对善良、诚信、道德的赞颂。人文文化主要体现在文学、艺术、哲学等领域。先进的科学文化是科学的文化形态。科学文化的内涵主要包含科学知识、科学思想方法和科学精神几个方面。科学知识是构成科学文化的基础。随着人们掌握的科学知识在深度和广度上的不断进步，科学文化也得到了长足的发展。科学的思想方法是科学文化的主体。它是科学家在认识、探讨复杂客观世界的过程中，所创造并运用的思维方式和思想方法。科学精神是科学文化的核心，它包括注重实践、尊重事实的实证精神，合理怀疑敢于创新的批判精神，独立思考视野宽广的理性精神，关注社会善于合作的协同精神等。科学精神是科学共同体在追求真理、逼近真理的科学活动中所形成发展的一种精神气质，也是国民基本素质的一个重要方面。

7.1.2 大学物理课程——进入物理教育领域的一种特定的物理学科文化

作为研究物质结构和物质基本运动形式和规律的物理学，是自然科学的重要组成部分。现代物理学不仅正在深化着人们对自然界从宏观到微观各个层次上的物质结构和运动形式的认识，而且正在成为人类发展对自己生存目标的认识——例如，道德、精神和美学价值——的有力手段。物理学已经融入人类的整个文化体系之中，成为当代人类文化的重要组成部分。

作为一门学科，大学物理课程既蕴含着科学文化的共性，又体现了物理学区别于其他学科的文化个性，它是进入物理教育领域的一种特定的物理学科文化。学习大学物理课程是一项掌握物理知识和技能的活动，更是一种价值活动或文化活动。大学物理课程既具有科学文化的品格，也具有教育意义上的人文文化的品格。

7.2 大学物理课程的“学科结构”体系是“物理学科文化”的体现

7.2.1 “动态历程”和“心智地图”——构建“学科结构”体系的文化

每门基础学科（例如物理学、化学和生物学）都试图描述整个世界，从某种意义上说，它们都创造了自己的虚拟世界。但是大学物理课程并不是简单地为学生描绘世界，而是为学生提供对世界的科学解释，因此，以何种结构化的方式把世界作为普遍的整体呈现出来，必然体现了一种物理学科文化，也正是这样的学科文化，提供了把物理学科与化学、生物学等其他学科区分开来的“分界线”。

美国著名心理学家 J.S. 布鲁纳在 20 世纪 60 年代提出了“学科结构”的思想，强调了学科是“活”的实体，是不断地生长和改变的知识体。学生学习一门学科，必须对该学科的“动态历程”和某种“心智地图”有所感悟，必须了解学科知识的主张从何而来，它们之间如何关联以及得到何种评价。他指出：“掌握事物的结构，就是以允许很多别的东西与它有意义地联系起来的方式去理解它。简单地说，学习的结构就是学习事物是怎样相互关联的。”“无论我们选教什么学科，务必使学生理解学科的基本结构。”①

大学物理教材是编写者根据学习者的认知规律而对物理学科文化的一种重组，大学物理教学过程是教师结合教学要求和学生的认知水平而体现和传播物理学科文化的过程。大学物理教学过程中构建的“学科结构”体系始终体现着教材编写者和教师的“物理学科文化”理念——以符合学习者认知规律的方式，把物理学的内容、思想方法和内在的科学精神以及价值、信念、情感和动力赋予学生。

如果说，把学生培养为未来的物理教师和物理学工作者需要树立这种“学科文化”的理念，那么，从事大学物理教育的教师更需要首先具备这样的理念。在大学物理课程中构建“学科结构”不仅是一种有效的物理教学方法，而且是物理学科文化的体现。大学物理的教学过程，本质上就是把物理知识的传授和学科文化的传播相结合的过程。

7.2.2　构建“学科结构”体系的文化意义——三个“有利于”的思想

1. 构建“学科结构”体系有利于学生对学科内容的深入理解和整体把握

布鲁纳指出，“学科结构”对整个学科内容具有统帅作用。学生通过学习基本结构，理解基本概念和原理，很自然地就会比较容易、比较深入地理解所包含的具体学习内容。

“学科结构”体系与具体知识内容的关系可以用“森林”与“树木”的关系来

---

① 布鲁纳. 布鲁纳教育论著选［M］. 邵瑞珍，张渭城，译. 北京：人民教育出版社，1989：27.

类比。如果学习者只见具体内容（“树木”），不见“学科体系”（“森林”），就会不理解所学内容在学科体系处于何种地位，有着何种价值。大学物理教学常常需要讨论“教什么”和“怎样教”这两个主要问题，实际上还有第三个问题值得引起重视，那就是“为什么教”，即“教”的价值问题。如果学生对所学习的大学物理课程只停留在理解具体的知识点和解题技巧上，缺少了对大学物理“学科结构”体系的把握，就难以理解大学物理这门课程的学科文化的价值；而不理解大学物理的学科文化价值，就难以达到这门课程育人的基本目标。爱因斯坦指出：“用专业知识教育人是不够的。通过专业教育，他可以成为一种有用的机器，但是不能成为一个和谐发展的人。要使学生对价值有所理解并且产生热烈的感情，那是最基本的。他必须获得对美和道德上的善的辨别力。否则，他——连同他的专业知识——就更像一只受过很好训练的狗，而不像一个和谐发展的人。”①

2. 构建“学科结构”体系有利于学生形成学习的普遍迁移

布鲁纳指出：“任何学习行为的首要目的，在于它将来能为我们服务，而不在于它可能带来的兴趣。学习不但应该把我们带往某处，而且还应该让我们日后再继续前进时更为容易。”② 今天的学习应该对今后的学习发挥作用，这就是学习行为的“迁移”作用。

把握“学科结构”知识体系与学习具体的知识内容的迁移关系也可以用“看图”与“走路”的关系来类比。人们走路时为了避免盲目性少走弯路，常常采取以下三种方式：“先看图，后走路”“边走路，边看图”和“走完路，再看图”。不管采取哪一种方式，“看图”的目的是及时发现“迷途”，找出下一步走向目的地的最佳途径。对物理学科而言，这个“图”就是它的物理“学科结构”体系，“走”出的下一步就是一种“迁移”。布鲁纳把“迁移”划分为“特殊迁移”和“非特殊迁移”两种。

一种是“特殊迁移”，它属于知识、技能的迁移。这种迁移依赖于迁移情景和学习情景的相互性。把大学物理的具体知识应用于后继课程专业知识的学习和相关技能的实践训练就是这样的“特殊迁移”。

另一种是“非特殊迁移”，它属于原理和态度的迁移，这种迁移具有广泛的适

---

① 爱因斯坦．爱因斯坦文集：第三卷［M］．许良英，等编译．北京：商务印书馆，1979：310.

② 布鲁纳．布鲁纳教育论著选［M］．邵瑞珍，张渭城，译．北京：人民教育出版社，1989：31-36.

用性。这样的迁移不限于学习情景的影响。以大学物理课程中的基本原理和基本概念以及渗透的物理学思想方法这样的一般观念作为认识后继问题的基础，并应用于解决看来与物理学知识无关的问题，就是这样的“非特殊迁移”。

我们通常讲的“掌握了物理基本概念或原理，就可以据此去举一反三，触类旁通”，就是对这两种迁移的生动的概括。布鲁纳指出，“非特殊迁移”应该是“教育过程的核心——用基本的和一般的观念来不断扩大和加深知识。”①

3. 构建“学科结构”体系有利于学生对学科基本观念在记忆中得到巩固

布鲁纳指出：“学习普遍的或基本原理的目的，就在于记忆的丧失不是全部丧失，而遗留下来的东西将使我们在需要的时候得以把一件件事情重新构思起来。高明的理论不仅是现在用以理解现象的工具，而且也是明天用以回忆那个现象的工具。”②

“学科结构”体系与具体的知识内容的关系还可以用“房子”与“砖瓦”的关系来类比。如果一个人有许多“砖瓦”，但是他没有对“房子”的整体结构的构思，他就无法盖成“房子”。只有通过对“房子”结构的把握，建造者才能在众多“砖瓦”中找到合适的“砖瓦”，从而把它们放置在恰当的位置上。否则，再多的“砖瓦”看起来也只不过是“一堆乱石”。具体的物理定理和定律就如同是整个物理学科体系的“砖瓦”，“学科结构”就如同“房子”结构。只有对整个大学物理课程从历史和“学科结构”上加以把握，对大学物理中蕴含的物理思想和方法产生感悟，才能真正记忆并理解具体的物理定律和定理的作用和意义。

7.3　不同学科文化理念形成的两种大学物理的“学科结构”体系

基于不同的学科文化理念可以形成不同的大学物理“学科结构”体系。其中基于“逻辑统一性”理念可以构建大学物理“学科结构”的“金字塔”体系；基于“层次相关性”理念可以构建大学物理“学科结构”的“细胞型”体系。

---

①② 布鲁纳. 布鲁纳教育论著选［M］. 邵瑞珍，张渭城，译. 北京：人民教育出版社，1989：31-36.

7.3.1 “金字塔”体系——基于“逻辑统一性”的大学物理“学科结构”体系

爱因斯坦说：“科学的目的，一方面在于尽可能完备地从整体上理解感觉经验之间的联系，而另一方面在于通过使用最少原始概念和关系来达到这一目的（只要有可能，便力求找出世界图景中的逻辑统一，即逻辑基础的简单性）。”这里爱因斯坦提出了一个包含多个层次的“学科结构”的“金字塔”体系（图 7.1），他把从日常思维中获得的原始概念以及把它们联系起来的定理作为“第一层次”，在这个层次上的知识体系尚缺乏逻辑性。然后保留第一层次的原始概念，通过建立不再与感觉经验直接相关的概念和关系作为基本概念来达到“第二层次”，在这个层次上的科学知识体系具有更高的逻辑统一性。在这个层次中，第一层次的原始概念仍然得以保留，但是它们不再“基本”，而是逻辑上的导出关系。对逻辑上的统一性很自然地引起再“追问”：第二层次的基本概念是不是也是更高层次（第三层次）上基本概念的导出关系？于是就有了“第三层次”，甚至可以一直发展下去，直到达到一个这样的体系，它最大程度地具有可以想象的统一性及最少的逻辑基本概念，并与人们感觉所作的观察一致。

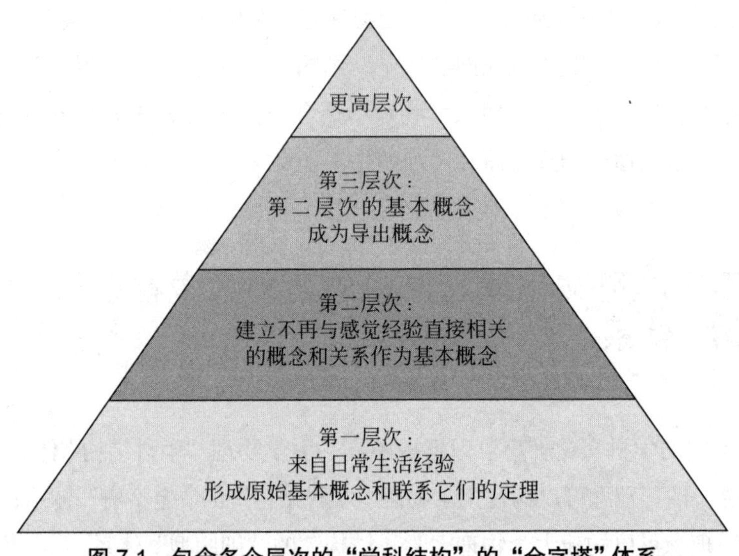

图 7.1　包含多个层次的“学科结构”的“金字塔”体系

以大学物理课程的热学为例。人们在日常生活中早已产生了对判断冷和热的感觉经验，也产生了关于温度、压强等的原始概念。在这些原始概念基础上人们分别得到了关于气体的三个实验定律。这三个定律都体现了某一个热学过程的两个热学量的关系（例如，在等温过程中压强和体积的关系等），但三个定律之间存在什么样的逻辑关系是不清楚的，这就是热学的第一层次。

在建立了理想气体这个模型以后，从三个实验定律的推理中得到了理想气体的状态方程，于是三个实验定律就不再成为基本概念，而成了理想气体状态方程在一定条件导出的过程方程。这就是热学的第二层次。

在气体动理论中，基于分子运动的统计假设和个体假设，从分子结构模型出发，可以导出理想气体状态方程，于是理想气体状态方程也不再是基本概念，而是气体动理论的导出结果。这就是热学的第三层次。

在气体动理论中，一开始把压强和温度作为基本概念，对压强和温度的微观解释是把它们看成是微观量的统计平均值，压强是大量无规则运动的分子碰撞器壁产生的平均效应，温度是无规则运动分子平均平动动能的统计效应。这是统计方法的“集中度”。这是统计物理的第一层次。

后来麦克斯韦在速度空间利用“两个假设”得出了处于平衡态的热力学系统的分子速度概率分布函数，这是统计方法的“分散度”，它比粗粒化的统计平均更细致地体现了分子运动的无规则性。从这个分布函数可以导出分子平均动能和压强的表示式，于是压强和温度不再成为基本概念，这就是统计物理的第二层次。

麦克斯韦和玻尔兹曼在分子相空间建立了相应的能量的统计分布律以后，麦克斯韦的速度分布律就成了从能量统计分布律的导出结果。吉布斯在系统相空间提出系综理论以后，玻尔兹曼能量分布律也就成了从系综统计分布导出的结果，这就是统计物理的第三层次。

7.3.2 “细胞型”体系——基于“层次相关性”的大学物理“学科结构”体系

Tseitlin 和 Galili（2005）提出[①]，任何物理理论都在一个“细胞型”的、有层次的学科结构体系中展开它们的所有表述。这样的“学科结构”体系就是附带着它们自身的价值、语言、概念和形式等的一类“学科文化”。“细胞型”的“学科结构”

① TSEITLIN M, GALILI I. Physics teaching in search for its self: from physics as a discipline to physics as a discipline-culture [J]. Science & Education, 2015, 14:235-261.

体系从内到外由互相交织在一起的“核心”（“细胞核”）、“主体”（“细胞质”）和“外围”（“细胞膜”）三个层次组成（图 7.2）。

Ⅰ．“核心”——确定了“学科结构”的中心地位，其中包括这个学科的基本概念和基本原理、基本图像等。

Ⅱ．“主体”——确定了“学科结构”的主要内容，其中包括了所有的常规的学科知识，它的每一项都是以在“核心”中的基本概念和基本原理为基础的。

Ⅲ．“外围”——确定了“学科结构”的外围边界，其中包含着与在特定的“核心”中的基本原理相冲突的知识，这些知识表现出对“核心”和“主体”中基本要求和内容的挑战，同时也呈现出对它们的改变和重构的机制。

对于一个确定的“核心”，所有互相自洽的科学表述就构成学科的“主体”知识，而其他与“核心”相关但又与“核心”冲突的表述则属于结构的“外围”。于是就构成了一个超学科的世界，它是自洽的和自身有序的。

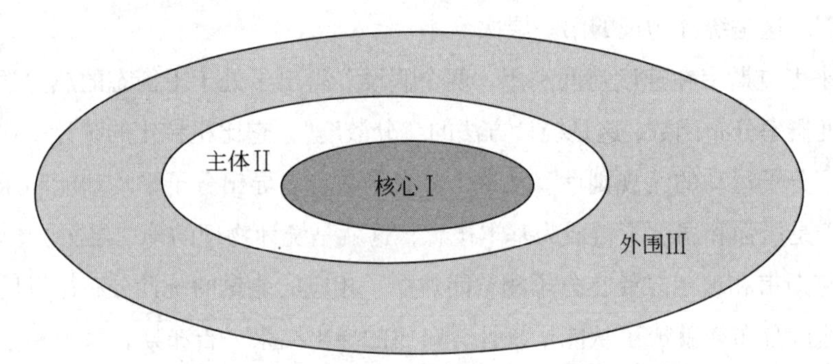

图 7.2 “学科结构”的“细胞型”体系示意图

20 世纪 30 年代，逻辑经验主义指出，所有知识都是有条件的，它们只在支持它们的事实证据的意义上是正确的，从逻辑上和经验上看，总存在这样的可能性，即一旦发现了新的证据，就足以证明这些知识是虚假的。在这个意义上，承认知识本身的不确定性正是科学自身最优秀的品质之一，也是在这个意义上，爱因斯坦曾担心，某一天早上醒来，发现物理学的大厦已经倒塌。因此，只要承认科学知识本身存在的这种不确定性，那么，只强调课程知识体系内容的确定性就是片面的，大学物理课程的知识体系内容应该体现这样的不确定性①。从学科文化的视角分析，这种不确定性主要就体现在“核心”的内容上。一旦“核心”被修正甚至被推翻，整

① 朱鋐雄，王世涛．关于大学物理课程和物理教学改革的若干复杂性思考［J］．第一届全国高等学校物理基础课程教育学术研讨会论文集，2006，8：6.

个学科结构体系也就倒塌，而被在新的“核心”基础上建立的学科结构体系所取代。大学物理课程的“学科结构”体系决定了大学物理教学并不等同于就是它的“主体”内容的教学。为了更好地体现大学物理课程在培养创造性人才方面的作用，应该格外重视它的“核心”部分的教学。

以经典力学为例。经典力学的“核心”包含了绝对空间与绝对时间以及时空独立性和两个理想模型：质点和刚体。在“核心”里还包括惯性原理、惯性质量的概念、力的概念和相互作用的对称性。

在这个基础上发展起经典力学的“主体”知识。“主体”知识包括了牛顿三大定律和其他所有规则和所有定理，其中还包括力学基本原理的应用，如对大量自然现象的解释和应用力学知识建造的机械装置等。

“外围”包括了与“核心”冲突的很多知识项。例如，在高速运动时物体运动对牛顿定律的相对偏离，还有迈克耳孙-莫雷实验的“零结果”，质点的波动行为（电子衍射、隧道效应），带电粒子的相互作用以及在这些知识点基础上建立的相对论、量子论和经典电动力学等。这些知识虽然与“核心”相冲突，但是它们还是处于作为学科文化的经典力学视野里，而且在一定条件下还可以回归到经典力学。例如，相对论物理一般可以取低速极限转化为经典物理，量子力学可以在大量子数极限下转化为宏观物理。

一个学科文化的“外围”区域的特征还在于既包括历史的前人的，也包括以后的更先进的物理知识。经典力学作为一个学科文化，既能“回忆”起它的过去（什么是可以相信的，为什么和怎样被重构或被取代），也能“预见”它未来的失效（哪些现象是难以解释的）。例如，在经典力学“外围”里包括以前曾经被经典理论超越的一些理论，如关于运动的亚里士多德理论和伽利略理论等。而处于“外围”的爱因斯坦“相对论”就是在“空间和时间”这个“核心”问题上“超越”了牛顿。20世纪70年代发展起来的“混沌”理论也是对牛顿力学“确定性”的“超越”。

再以平衡态热学为例。因为平衡态热学最初就是在牛顿力学的理论基础上发展起来的，在热学中出现的“核心”仍然包含力学的“核心”，但要加上把微观状态的统计平均与宏观状态量之间建立对应关系的假设。此外，在微观上，分子、原子被假设为作无规则运动的“弹性小球”，它们仍然服从力学定律。对在实验和日常生活中观察到的热现象的研究，从宏观状态开始要加上平衡态和准静态过程的假设等。

热学的“主体”是气体状态方程、热力学定律和一系列热力学状态函数和热机的运行原理及其效率，还有麦克斯韦速度分布、玻尔兹曼分布等。

热学的“外围”是超越了平衡态热力学统计物理讨论的内容，但它们在一定条件下又可以回归到平衡态热力学和经典统计。一是非平衡态的不可逆热力学，包括近平衡态的线性不可逆热力学和远离平衡态的自组织理论等；不可逆热力学在内部的各种“流”和“阻力”消失以后可以回到可逆热力学。二是量子统计理论，它不仅包括微观粒子状态的波函数表示和统计诠释，也包括粒子的空间坐标和动量能量的量子化。在高温和低密度条件下，量子统计又可以回归到经典统计。

7.4 大学物理课程“学科结构”体系的复杂性思想探讨

7.4.1 “整体”与“部分”的关系——“整体思维”：复杂性理念的一种表现

人类的认识总是从研究简单性现象为开端，然后再转向对复杂性现象的研究。复杂性思想产生于20世纪40年代，而在20世纪80年代以后物理学科才明确提出“复杂性理论”，对“自组织”“混沌”等现象的探究开始成为研究复杂性科学前沿的重要领域。

在大学物理课程中建立“学科结构”体系，体现了复杂性科学的思维方法。什么是复杂性？这是一个“仁者见仁，智者见智”的问题，目前许多学者从不同角度提出的复杂性的定义不下于50种，至今尚没有公认的统一的定义。尽管如此，众多的表述都对复杂性勾画出这样的共性：复杂性是“简单要素的丰富相互作用的结果”；这些相互作用不是线性的，而是非线性的；不是单向的，而是可以实现反馈的。复杂系统是由大量简单要素构成的。当观察复杂系统的行为时，人们的注意力就从系统的个别要素转移到了系统的整体性复杂结构上。

“整体”与“部分”的关系历来是科学思维方法涉及的一个重要内容，也是复杂性思维方法的一个重要方面。把握“学科结构”体系着眼于把握学科整体，从整体把握部分，因此，研究“学科结构”体系就是“整体思维”复杂性理念的一种表现：先认识“整体”，再从“整体”上去理解“部分”的来龙去脉，从而有助于更好地理解“部分”。

我国古代思想家老子说的“道生一，一生二，二生三，三生万物”就是整体思维的一种集中体现。“道”是无所不在的“整体”，由它才产生了万事万物的“部分”。与西方哲学相比，从“整体”认识“部分”正是中国哲学的思维特点。西方哲学强调“部分”，从“部分”认识“整体”，中国哲学强调“整体”，从“整体”把握“部分”。这是两种不同但又互补的思维方式。

作为古典时代的一个思想家，帕斯卡把东西方哲学思想互补地融合在一起，提出了关于“整体”与“部分”的复杂性思维方法的重要命题。帕斯卡在《思想录》中提出：“我认为不认识部分就不可能认识整体，同样地不认识整体也不可能认识部分。”①

在大学物理教学过程中，有些教师往往把大量精力和时间花费在引导学生掌握作为“部分”的具体物理知识和物理定律上，这对于刚接触物理不久的低年级大学生是完全必要的。但是，一个比较普遍的现象是，教师在按照教材仔细讲解部分知识的同时，疏忽了引导学生在“整体”上建立大学物理的“学科结构”体系；即使是在一章或一部分教学内容完成以后教师进行的概括和小结，也往往停留在知识点之间的表面联系上，缺乏对“学科结构”体系的深层次揭示。这种教学的效果是，学生记住的只是学科内容的具体公式、定理和定律，缺乏从整体上对大学物理“知识结构”体系的把握，也没有真正获得对这些具体公式和定律的深刻的理解，更谈不上“迁移”。于是，这样的教学失去了“整体”，因而也就没有了“部分”。

在大学物理教学过程中，在结束某一“部分”内容的教学并需要转入新的章节内容和新的物理概念的教学前，加入一个“学习导读”的环节是有些教师做出的一种教学设计安排，例如，先提出这样的问题：第 1 章学习结束后为什么要进入第 2 章的学习？什么问题在第 1 章得到了解决，但是还有什么问题没有解决？第 2 章将会从什么角度提出问题，再说明在物理学发展史上物理学家用什么物理学方法探讨了物理现象及其规律，等等。在课堂教学过程中，安排这样的教学环节往往被看成不过是一种“承上启下”的教学方法而已，实际上这样的“学习导读”力图把物理学发展史和渗透在物理学史中的物理学思想方法结合在一起，既引导学生体验学习的“动态历程”，也引导学生构建知识的“心智地图”，而这两项正是构建大学物理“学科结构”体系的两大要素。因此，“学习导读”环节是在教学上有助于学生构建“学科结构”体系的一个很好的“开端”和“把手”。只有当学生对“整体”有了一定的了解和认识以后，才可能激发深入学习的好奇心和兴趣，才可能产生学习“部

---

① 莫兰．复杂性理论与教育问题［M］．陈一壮，译．北京：北京大学出版社，2004：26.

分”并理解“部分”及其相互关系的强烈愿望。

7.4.2 “分解”和“关联”的关系——“关联思维”：复杂性理念的一种表现

“分解”和“关联”的关系是复杂性思维方法涉及的另一个重要内容。笛卡儿在《方法论》中提出的“还原论”的基本原则是，为了研究一个问题和解决一个问题，需要把它们分解为简单的要素；于是为了研究整体就必须研究部分，部分搞清楚了，整体也就搞清楚了。这种分析的还原方法系统地渗透在从力学、热学、电磁学到原子物理等物理学的各个分支中，以致为了强调学科本身的逻辑性和系统性，大学物理教学的力学的研究对象从质点开始，再到质点系和刚体。又如，电学内容从点电荷产生的电场引入，再延伸到电荷系和连续带电体产生的电场。又如，为了研究物体的性质，需要先认识该物体的分子结构，而要搞清分子结构就需要构筑原子结构模型；为了理解原子结构，就相继出现了原子核和电子的模型；为了理解原子核的性质，则需要继续深入原子核内部寻找更深层次的微观“基本粒子”，等等。这个“从部分到整体”的简化思维原则，大大提高了人们对自然界客观事物的认识水平，推进了近代物理学的发展。但是随着现代科学的进展，这种方法也显示出了它只适用于简单系统的局限性。莫兰指出，我们的教育注重“分解”而忽视“关联”，注重“分析”而忽视“综合”，在人们面前，知识的整体“形成了一个难以理解的七巧板”。为此，莫兰指出，“整体性的挑战因此同时是复杂性的挑战”。“整体”虽然由“部分”组成，但正是因为“部分”之间存在相互作用的“关联”，因此，“整体”不能分解还原成“部分”，“整体大于部分之和”。[①]

近几十年来，现代物理学正在发展起来的系统论和随机论的认识论模式是对牛顿以来的还原论和确定论的认识的在更高层次上的更新，它承认系统内部的相互作用，系统与环境的相互作用，承认人类是自然界不可分割的一部分，人类与大自然的关系不是对立的主宰和被主宰的关系，而是和谐的、统一的协调共存关系。建立“学科结构”体系正是超越了以往对学科内容进行“分解”和“还原”的简单性思维方法，体现了强调各部分“关联”和“交织”的复杂性思维方法。

从教学上看，建立了“学科结构”体系，能更好地理解学科知识中每一个“部

---

① 莫兰．复杂性理论与教育问题［M］．陈一壮，译．北京：北京大学出版社，2004：26，30，102.

分”知识点在“整体”中所处的地位以及与相邻知识点的相互“关联”。从课程上看，大学物理课程对学生不仅有知识的价值，它对学生发展还具有独特的、有别于其他学科的育人价值。因此，这样的“关联”不仅存在于物理学的各部分知识点之间，还存在于物理学课程与学生这个学习主体的发展之间，有助于加强大学物理课程对学生提高科学素养和人格发展的相互关联。从更深的层次看，学习大学物理还有助于学生认识、阐述、感受、体悟、改变这个自己生活在其中并与其不断互动着的、丰富多彩的世界（不仅是自然界的物质世界，更有社会、群体，实践、交往、反思、学习、探究、创造等精神世界）。通过学习大学物理课程，学生在发展对外部世界的感受、体验、认识、欣赏、改变、创造能力的同时，不断丰富和完善自己的生命世界，体验丰富的学习人生，满足生命的成长需要。①

从教材编写的角度上看，每一本大学物理教材的编写者在构思教材内容框架时一定包含着编写者自己对“学科结构”体系的一种文化理解，包含着编写者从整体上构思问题和解决问题的理念和思想方法，但这样的文化理念和编写意图一般是不会明确地用文字写在教材上的，需要教师和学习者自己去领会和感悟。

爱因斯坦指出，“在建立一个物理学理论时，基本观念起了最主要的作用。物理书上充满了复杂的数学公式，但是所有的物理学理论都是起源于思维与观念，而不是公式。”从物理学发展史上看，一个重要的物理问题的提出和解决，一个物理定律和定理的形成总有它的地位和作用，必然会蕴含着物理学家对问题思考和分析的思想方法。物理学家的思维和观念及其建立的“学科结构”体系，其作为成功之道对后人来说是比具体知识更有价值的一笔文化“财富”。但是这样的文化观念一般也是不会明确地用文字写在大学物理教材上的，然而对于学习者来讲，理解这样的文化观念是完整的学习过程所不可缺少的，体现这样的文化理念对于实现大学物理基础课程的地位和价值是尤其必要的。②

---

① 叶澜. 重建课堂教学价值观［M］. 教育研究，2002，5：6.

② 朱鋐雄，王向晖. 大学物理思想方法教育资源库的建设及其实施策略［J］. 物理与工程，2012，3：49.

主要参考文献

1. HOLTON G，BRUSH S G．物理科学的概念和理论导论（上册）[M]．张大卫，等译．北京：人民教育出版社，1982.
2. HOLTON G，BRUSH S G．物理科学的概念和理论导论（下册）[M]．戴念祖，等译．北京：人民教育出版社，1987.
3. COLE K C．物理与头脑相遇的地方 [M]．丘宏义，译．长春：长春出版社，2002.
4. 施皮尔伯格，安德森．震撼宇宙的七大思想 [M]．张祖林，等译．北京：科学出版社，1992.
5. 牛顿．探求万物之理：混沌、夸克与拉普拉斯妖 [M]．李香莲，译．上海：上海科技教育出版社，2000.
6. 迪昂．物理理论的目的与结构 [M]．张来举，译．北京：中国书籍出版社，1995.
7. 内格尔．科学的结构——科学说明的逻辑问题 [M]．徐向东，译．上海：上海译文出版社，2002.
8. 琼斯．普通人的物理世界 [M]．明然，黄海元，译．南京：江苏人民出版社，1998.
9. 普利高津．确定性的终结——时间、混沌与新自然法则 [M]．湛敏，译．上海：上海科技教育出版社，1998.
10. 皮尔逊．科学的规范 [M]．李醒民，译．北京：华夏出版社，1999.
11. 哈曼．19 世纪物理学概念的发展——能量、力和物质 [M]．龚少明，译．上海：复旦大学出版社，2002.
12. 霍布森．物理学：基本概念及其与方方面面的联系 [M]．秦克诚，等译．上海：上海科学技术出版社，2001.
13. 瑞斯尼克．相对论和早期量子论中的基本概念 [M]．上海师范大学物理系，译．上海：上海科学技术出版社，1978.
14. 莫兰．复杂性理论与教育问题 [M]．陈一壮，译．北京：北京大学出版社，2004.
15. 费曼．费曼物理学讲义 [M]．上海：上海科学技术出版社，1983.
16. 狄拉克．相对论和量子力学 [M] // 中国科学技术大学《现代物理学参考资料》编辑组．现代物理学参考资料：第三集．北京：科学出版社，1978.
17. 温伯格．终极理论之梦 [M]．李泳，译．长沙：湖南科学技术出版社，2003.
18. 爱因斯坦．爱因斯坦文集：第三卷 [M]．北京：商务印书馆，1979.

19. 布鲁纳. 布鲁纳教育论著选 [M]. 邵瑞珍，张渭城，译. 北京：人民教育出版社，1989.
20. 爱因斯坦. 爱因斯坦晚年文集 [M]. 方在庆，等译. 海口：海南出版社，2000.
21. 郭奕玲，沈慧君. 物理学史 [M]. 2 版. 北京：清华大学出版社，2005.
22. 杨仲耆，申先甲. 物理学思想史 [M]. 长沙：湖南教育出版社，1993.
23. 申先甲，杨建邺. 近代物理学思想史 [M]. 上海：上海科学技术文献出版社，2021.
24. 王锦光，洪震寰. 中国古代物理学史略 [M]. 石家庄：河北科学技术出版社，1990.
25. 朱荣华. 物理学基本概念的历史发展 [M]. 北京：冶金工业出版社，1987.
26. 周昌忠. 西方科学方法论史 [M]. 上海：上海人民出版社，1986.
27. 陆果. 基础物理学：上、下卷 [M]. 北京：高等教育出版社，1997.
28. 张三慧. 大学物理学：第三册 [M]. 北京：清华大学出版社，1999.
29. 吴百诗. 大学物理 [M]. 第二次修订本. 西安：西安交通大学出版社，2004.
30. 吴国盛. 科学的历程 [M]. 2 版. 北京：北京大学出版社，2002.
31. 杨建邺. 窥见上帝秘密的人——爱因斯坦传 [M]. 海口：海南出版社，2003.
32. 爱因斯坦. 狭义与广义相对论浅说 [M]. 张卜天，译. 北京：商务印书馆，2018.
33. 杨振宁. 爱因斯坦：机遇与眼光 [R]. 在第 22 届国际科学史大会（北京）上的讲演. [2005-7-24].
34. 朱鋐雄. 物理学方法概论 [M]. 北京：清华大学出版社，2008.
35. 朱鋐雄. 物理学思想概论 [M]. 北京：清华大学出版社，2009.
36. 朱鋐雄，王向晖，朱广天，等. 大学物理学科教学知识的 108 个“大问题” [M]. 北京：清华大学出版社，2020.
37. 朱鋐雄，王向晖. 试论大学物理思想方法教育的缺失和教育资源库的建设及实施策略——对前五届物理基础课程教育学术研讨会论文的评述 [J] //2011 年全国高等学校物理基础课程教育学术研讨会论文集. 北京：清华大学出版社，2011.
38. 朱鋐雄，王向晖. 大学物理思想方法教育资源库的建设及其实施策略 [J]. 物理与工程，2012，3：41-48.